专业法式甜点制作教科书
组合设计与装饰篇

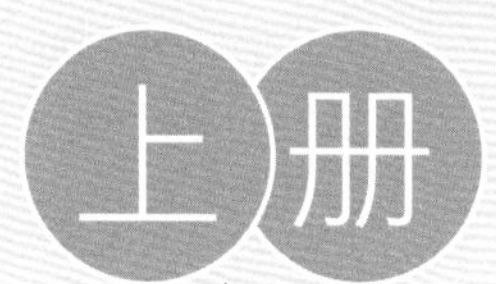

主　编　王　森

主　审　王　子

副主编　张婷婷　栾绮伟

参　编　王子剑　霍辉燕

于　爽　向邓一

张　姣　张娉娉

机械工业出版社
CHINA MACHINE PRESS

法式甜点以浪漫和优雅闻名于世，丛书将法式甜点进行拆解，解析法式甜点的各个组成部分。本书从法式甜点的组合设计与装饰入手，用充足的理论知识加配方精准的实践产品，全面介绍了常见的五大装饰风格，从产品层次、基础组合、装饰组合、制作流程等方面解读产品制作要点，并将各类产品配方中的要素进行延伸，配合设计图展示要素的“多次利用”，用科学的方式带你了解法式甜点的装饰知识。

本书可供专业烘焙师学习，也可作为烘焙“发烧友”的兴趣用书，还可作为西式面点师短期培训用书。

图书在版编目（CIP）数据

专业法式甜点制作教科书．组合设计与装饰篇．上册 / 王森主编．—北京：机械工业出版社，2023.7
（跟大师学烘焙系列）
ISBN 978-7-111-73136-8

Ⅰ．①专…　Ⅱ．①王…　Ⅲ．①甜食－制作－教材
Ⅳ．①TS972.134

中国国家版本馆CIP数据核字（2023）第082649号

机械工业出版社（北京市百万庄大街22号　邮政编码100037）
策划编辑：卢志林　　　　　责任编辑：卢志林　范琳娜
责任校对：薄萌钰　张　薇　责任印制：张　博
北京华联印刷有限公司印刷
2023年9月第1版第1次印刷
210mm×260mm・16.5印张・2插页・323千字
标准书号：ISBN 978-7-111-73136-8
定价：98.00元

电话服务　　　　　　　　　网络服务
客服电话：010-88361066　机　工　官　网：www. cmpbook. com
　　　　　010-88379833　机　工　官　博：weibo. com/cmp1952
　　　　　010-68326294　金　　书　　网：www. golden-book. com
封底无防伪标均为盗版　　机工教育服务网：www. cmpedu. com

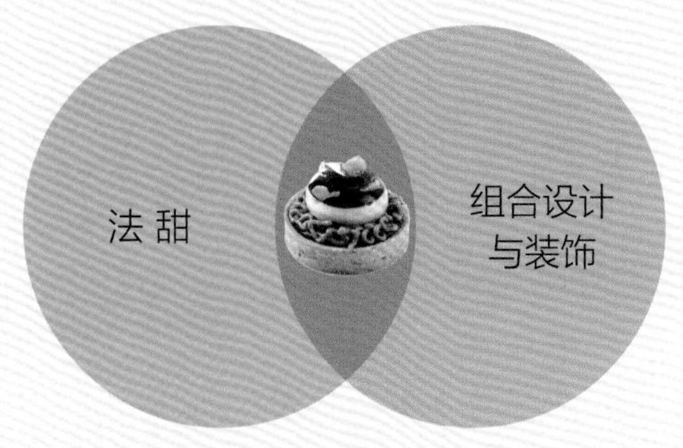

法甜的组合设计与装饰

甜品制作中，基本层次分为底坯、馅料、贴面装饰和表面装饰，各个层次都在甜品组装中发挥着自己的作用与价值，可以是支撑作用、补充作用、平衡作用或装饰作用，层次之间相互配合共同组成一个完整的产品。

甜品在组合时，基本离不开组合设计与装饰，甜品组合需要选择适宜的层次与内容，通过不同的材料搭配，以合理的结构呈现出来。甜品组合具有多样性，也具有一定的内在逻辑。

本书从甜品的基本层次与结构方面进行深层剖析，找出甜品制作的规律，并加以阐述、总结。在实践案例中，以甜品常见的装饰类型进行基础分类，详细解析了五大不同装饰风格的甜品制作，从产品层次、基础组合、装饰组合、制作流程等方面解读产品制作要点，还将各类产品配方中的要素进行延伸，配合设计图展示要素的“多次利用”，让读者对甜品的“拆解”与“重组”有基本概念。在此基础上，使读者掌握甜品设计的基本内容与方法，并对甜品整体的技术框架有一个清晰的认识。

此外，本书还附有多类产品赏析与小配方检索，给读者提供丰富的制作素材，希望本书能给读者打开一扇全面解读甜品的窗口，给甜品设计增添新思路、新乐趣。

目 录

理论篇

实践篇

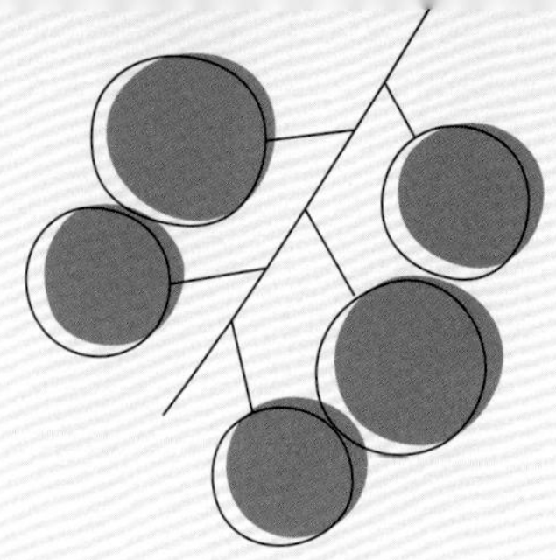

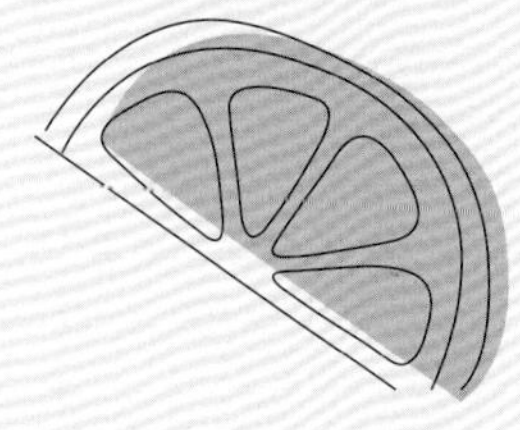

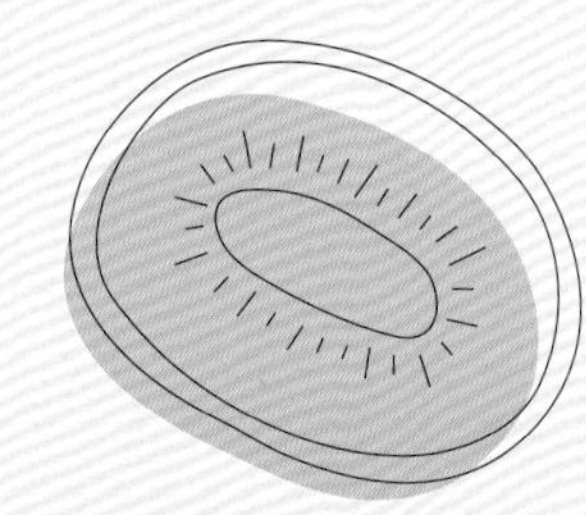

附录

索引

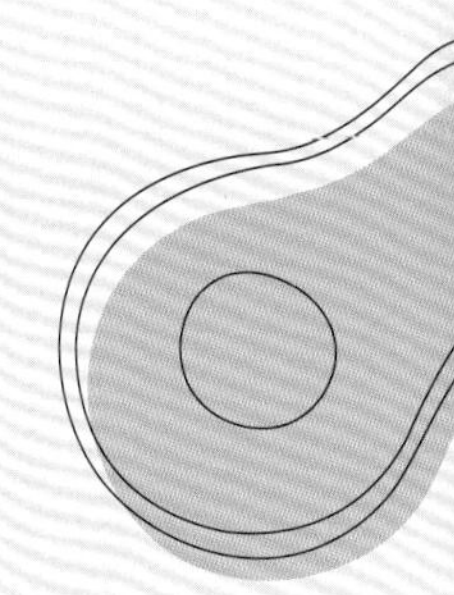

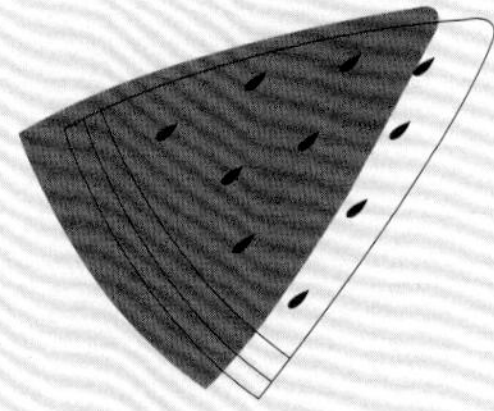

理论篇

甜品的层次

基础层次介绍

主体层次

主体层次与产品需求直接相关，是甜品制作中最为核心的部分，也是制作的最主要目的。

比如制作一款巧克力慕斯，无论组合层次有多少种，必须有一层是巧克力慕斯，其他层次的口感、质地不能削弱巧克力慕斯的口味特点，不能“喧宾夺主”。

再比如制作一款磅蛋糕，在面糊混合完成后，经过烘烤即可得到磅蛋糕。可以不做其他层次的补充。

主体层次是甜品制作的核心，不可以没有它，但可以只有它。

支撑层次、补充层次、平衡层次

在进行甜品复合组装时，在主体层次的基础上，为了口味、质地、颜色、形状达到更完美的综合状态，可以在主体层次之外增加其他层次。

层次	支撑层次	补充层次	平衡层次
作用	支撑整个甜品结构，维持甜品结构稳定	已有层次的口味、质地、颜色、形状等没有达到理想状态，补充层次可以帮助其达到制作需求	已有层次的口味、质地、颜色、形状等有不和谐之处，平衡层次有模糊或中和矛盾的作用
主要作用点	质地、口味	颜色、质地、形状、口味	颜色、质地、形状、口味
具体特点	1. 固体，有形状 2. 有一定的硬度	—	—
常见甜品类型	蛋糕类底坯、面团类底坯、泡芙、马卡龙等	无特定类型	无特定类型

趣味对话

补充层次与平衡层次该怎么理解?

补充层次——

A “来尝下这款甜品。”

B “嗯，没有达到想象中的酸，还不够。”

A “那怎么办？”

B “最好还是增加一层酸度更强的馅料，有递进效果，口感也会更有层次。”

平衡层次——

A “来尝下这款甜品。”

B “这个太酸了。”

A “那怎么办？这款慕斯配方不好改。”

B “增加一款甜度较高的底坯或馅料，中和一下吧。”

基础层次之间的组合

层次的多少在一定程度上决定了产品的复杂程度，一般“主体层次”或“主体层次加上支撑层次”就能做出较简单的甜品。

复杂型产品由多种层次复合组成。

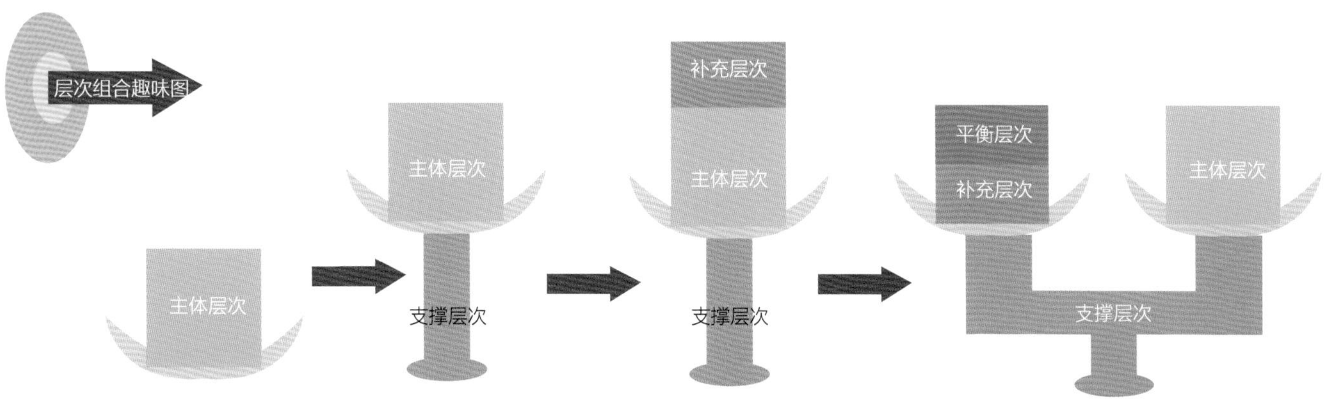

图示中的四个阶段都可以成为一个完整的产品，层次由简至繁。

组合解析

1

主体层次是“核心内容”，产品组合和设计以主体层次为重点，需要先确定下来。

2

支撑层次是根据主体层次确定形态的，且支撑层次大多本身都具备独自成型的条件，如蛋糕类底坯等。支撑层次并不是必需品，杯装甜品和盘式甜品是比较有特点的两类甜品，它们有自己独特的盛装器皿，组合内容不必过度依赖支撑层次也能维持外形。支撑层次本身的食品性质使其具有风味特点，尤其是在质地方面，其极大区别于一般性馅料，有自己独有的质地特点。

3

补充层次的作用是“雪中送炭”。在确定主体层次后，从质地、口感等方面决定支撑层次，再根据整体状态评定或与设想版本进行对比，确定是否有短板需要补充，使整体更加和谐。

4

平衡层次需要“锦上添花”，切忌“画蛇添足”。在组合层次基本确定后，平衡层次需要根据甜品设计的大体观感、口感等确定是否需要，一切以和谐为主，切忌无主题、无目的地堆砌，否则难成佳品。

5

无论是哪一种层次，在主要功能的基础上都可以通过组装使之富有装饰意义，这个与层次摆放结构有直接关系。如盘式甜品的每个层次都可以直接展示在盘内，使每个层次都具有装饰意义。

甜品基础组合结构

组合方法

除盘式甜品和杯装甜品外，甜品的外形结构与模具使用、组成层次的外形有直接关系，各个组合层次在一定空间内进行叠加，形成有一定形状的甜品。叠加有异形叠加、相形叠加两种方式。

异形叠加：层次之间的形状完全不一样，如将两种或多种样式的模具制成的甜品进行组合，虽然形状完全不一样，但是组合起来会产生很好的视觉效果，常见的有圆柱形产品搭配球形产品。

相形叠加：层次之间的形状（不包括厚度和大小）是相同的，进行叠加可以突出规律性和整齐感。如直径10厘米的圆柱体搭配直径6厘米的圆柱体，再如歌剧院蛋糕的层次叠加。

这两种叠加方式适用于不同的甜品结构与口感需求。

组合结构

甜品的结构指甜品层次之间的搭配和安排方式，在一般性甜品制作中，其结构特点有着一定的规律。总结这些结构特点，可以快速应用于各式甜品的组合实践中。

包围结构

包围结构指产品的连续区域被某一种材料完全覆盖的结构类型，常见的有“侧面”包围、“侧面+顶面”包围、“侧面+底面”包围、“侧面+顶面+底面”全包围及其他包围等。

包围结构能够给甜品多样性表达提供一个比较好的承载空间，在有限的空间内可以叠加一种或多种层次，是追求“外形精致”与“内在饱满”双需求的较常用的甜品结构。

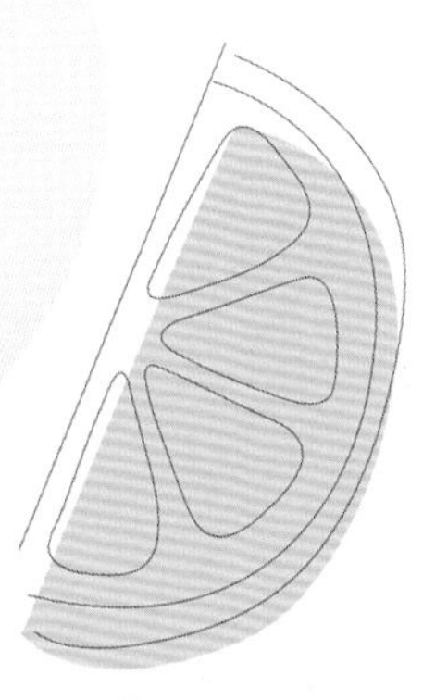

“侧面”包围

概念图

“侧面”包围指产品的侧面被同一种材料包围的结构类型。

代表性包围材料：手指饼干等蛋糕类底坯、巧克力装饰件、饼干等。

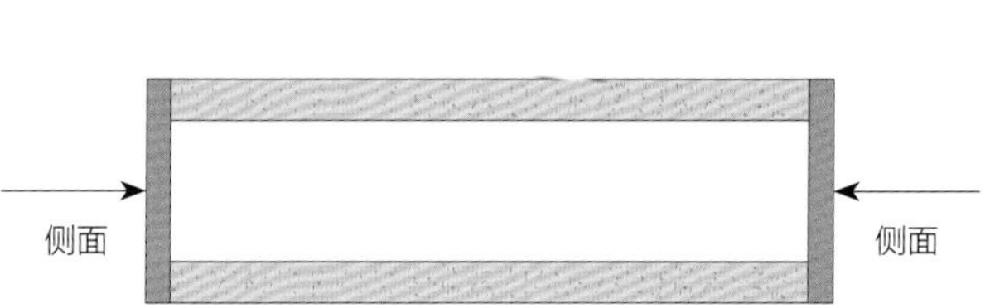

常见的基本结构如下

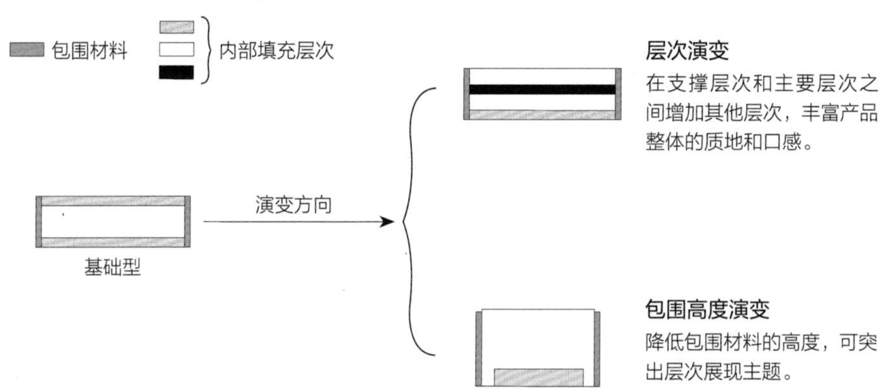

实际产品效果示例

第一类：先包围后组合

①制作包围层次。

②在包围层次内部填充其他层次。

③装饰形成成品（也可以在前期完成装饰）。

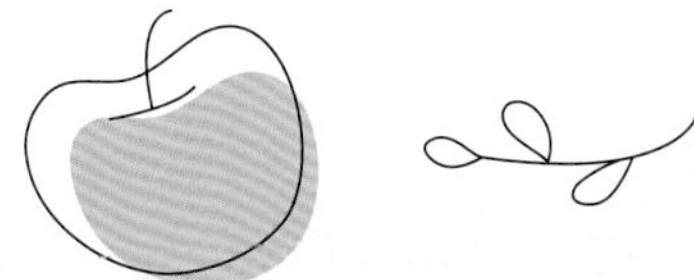

第二类：先组合后包围

①组合层次（装饰在前在后都可以）。

②增加包围层次。

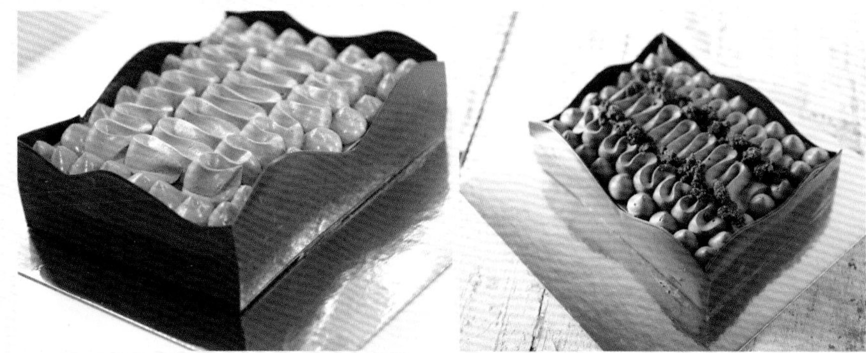

“侧面＋顶面”包围

概念图

“侧面+顶面”包围指产品的“侧面和顶面”被同一种材料包围的结构类型。外观整洁、统一。

代表性包围材料：淋面、喷砂、奶油馅料（多是具有可塑性或凝固性的材料类型）。

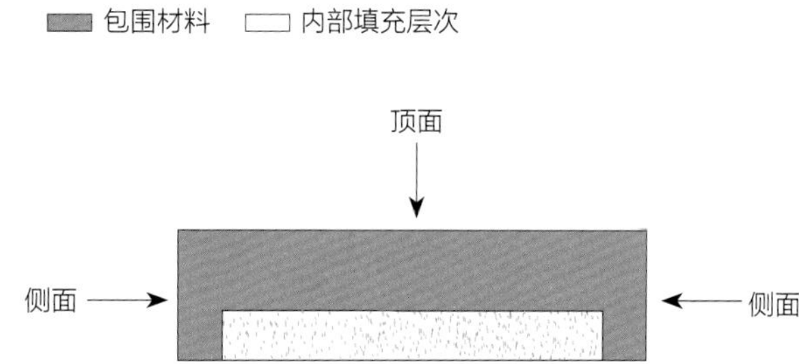

常见的基本结构如下

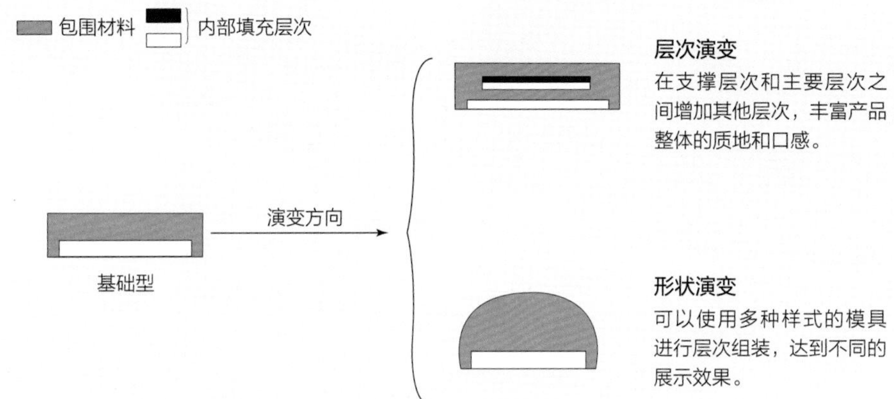

实际产品效果示例

第一类：非装饰性包围（常见于各式奶油馅料组合中）

奶油馅料依托模具进行塑形，形成包围结构的“外框”（包围型的馅料组合多是倒置）。“外框”的形成一般有两种制作方式，适用于不同馅料。

①流动性不好的馅料。

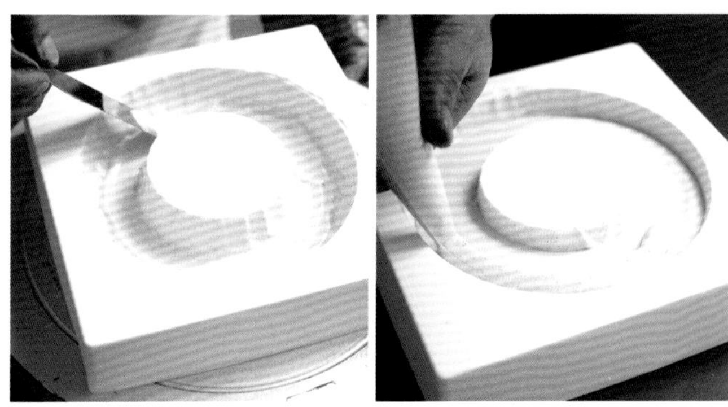

方式1：可以使用小抹刀或小勺带起慕斯液至铺满整个内壁，之后再填入其他层次。从切面可以看出包围结构。

方式2：使用涂抹或挤裱的方式形成包围结构。

②有一定流动性的馅料。

方式1：可以通过其他材料的重力叠加形成“包围”。

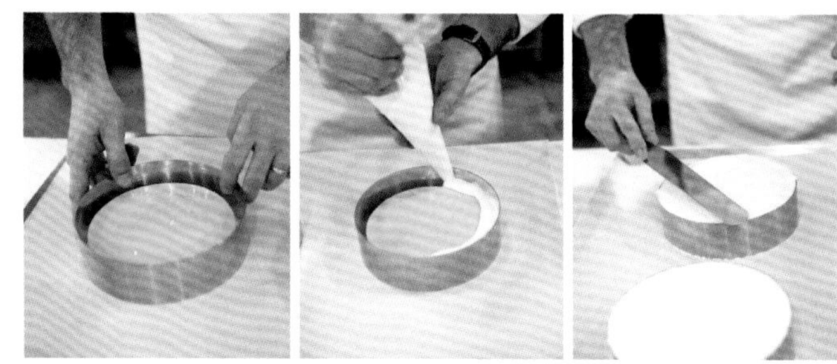

方式2：在组合层次的外部挤入同一种材料，形成“包围”。

第二类：装饰性包围（常见于淋面、喷砂等整体性装饰）

淋面、喷砂在甜品制作中的作用倾向于装饰，装饰迅速、均匀，覆盖效果比较好。

淋面

喷砂

“侧面 + 底面”包围

概念图

“侧面+底面”包围指产品的侧面和底面被同一种材料包围的结构类型。一般这类材料的支撑性比较好，足够稳定。

代表性包围材料：挞、派。

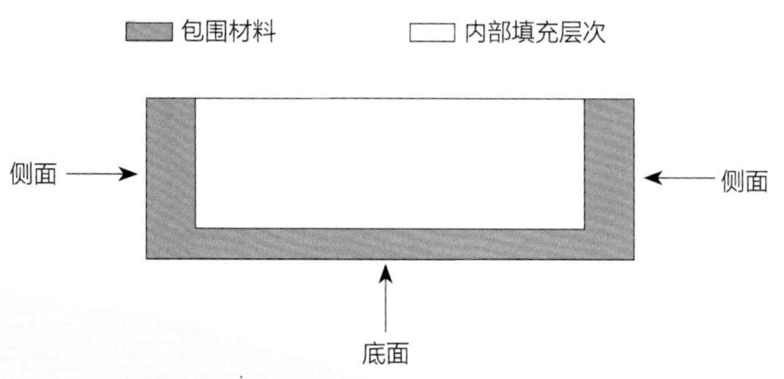

常见的基本结构如下

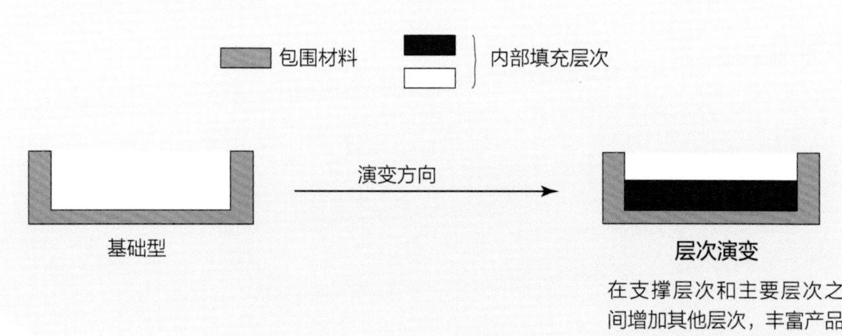

实际产品效果示例

挞派皮：制作出面团底坯后，使用工具将其擀压成具有一定厚度的面皮，将面皮装入有一定高度的模具内，在内部可以挤入馅料。

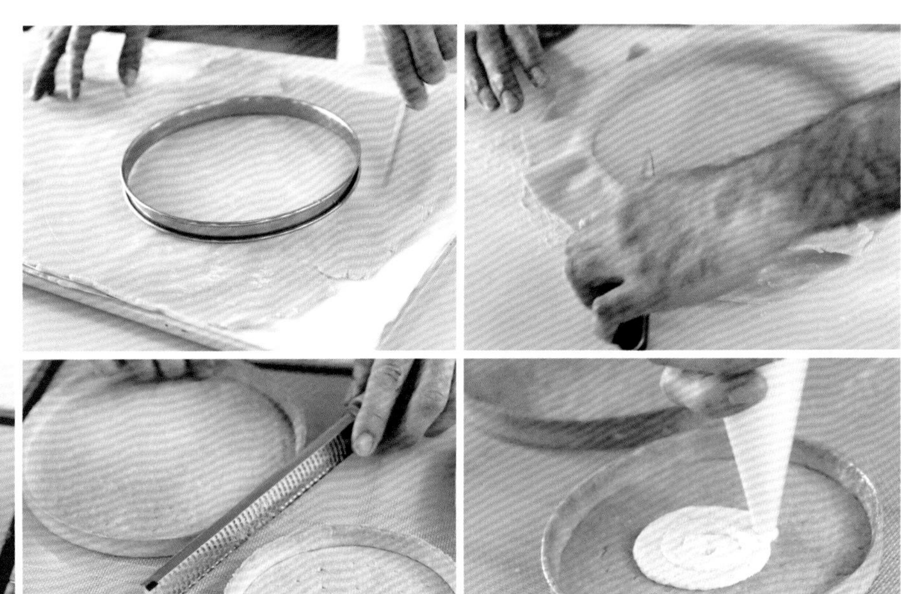

“侧面 + 顶面 + 底面”全包围

概念图

“侧面+顶面+底面”全包围指产品的外表全部被同一种材料包围的结构类型。产品整体属于全包围结构。

代表性包围材料：泡芙、国王派、特殊模具的慕斯产品。

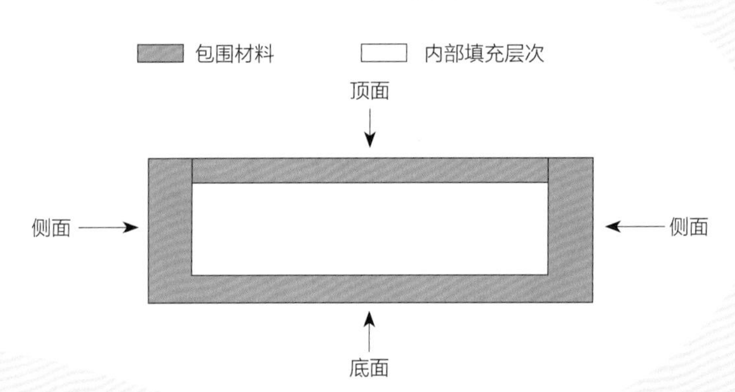

常见的基本结构如下

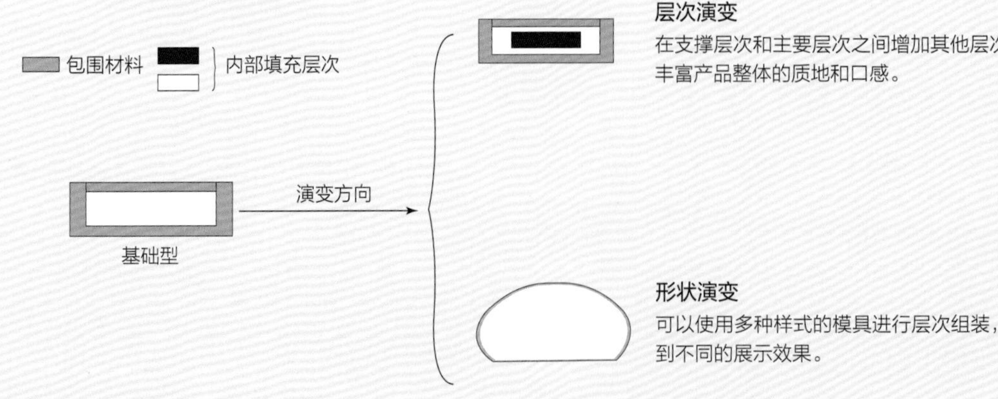

实际产品效果示例

非装饰性

装饰性—淋面

装饰性—粉类

其他包围

除了以上四种常见的包围结构外，在甜品创意制作上，也有很多甜品体现出了“包围”的概念。这种结构与产品设计有直接关系，有着统一性特点，能够突出主题，有惊喜感，同时包围材料具备遮瑕功能。

①蛋糕卷类的包围。蛋糕卷在甜品中是较为常见的一种类型。其以蛋糕底坯为支撑层次，在上面涂抹叠加层次，通过折卷的方式将层次包裹在底坯内，形成外形较为特殊的产品。

②特殊性包围。创意性甜品的形状可能没办法用常规形状的描述方式来叙述，外形特点也没办法用普通的指代方法来说。尤其是装饰材料和甜品模具越来越多样化，甜品的样式也越来越多样化。

用瓦片饼干做支撑层次

用弯曲型巧克力装饰件做支撑层次

特殊摆放方式

特殊模具

上下结构

上下结构属于多层叠加式组合，没有外框结构。其延伸的上中下结构，也是比较经典的类型。上下结构可以相形叠加，也可以异形叠加。

上下结构可以重复或不重复，可以是两层、三层或四层等。

依据模具形状、大小可以组合出很多有新意的甜品外形，巧克力件、奶油挤裱也是变换形状的好帮手。

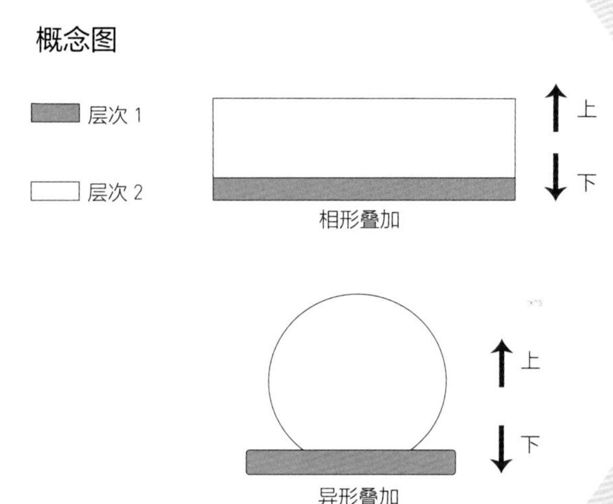

常见的基本结构如下

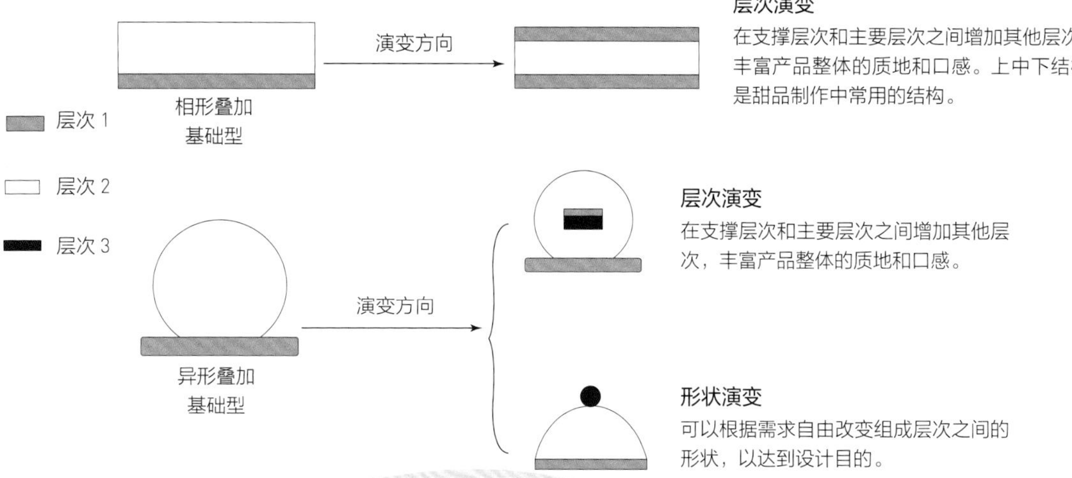

层次演变

在支撑层次和主要层次之间增加其他层次，丰富产品整体的质地和口感。上中下结构是甜品制作中常用的结构。

层次演变

在支撑层次和主要层次之间增加其他层次，丰富产品整体的质地和口感。

形状演变

可以根据需求自由改变组成层次之间的形状，以达到设计目的。

实际产品
效果示例

相形叠加

异形叠加

镶嵌形（穿插）结构

镶嵌形结构主要针对小型成品或半成品的组合类甜品。镶嵌形结构的产生主要是为了在符合主题设计的前提下，进一步完善产品的外部呈现和口感层次。多见于以泡芙、马卡龙、奶油球等为主材的组合中，因为需要使用填充材料填补主材组合时留下的空隙。

概念图

主要材料　填充材料　支撑层次

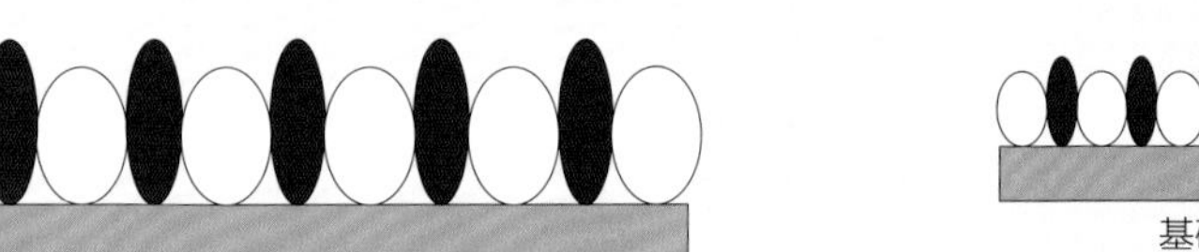

主要材料　填充材料　支撑层次

基础型

当支撑层次与主要层次的摆放方式确定后，可以根据整体装饰效果和表达效果来确定填充材料的处理方式，给产品加分。

实际产品效果示例

常见的可以用于镶嵌形结构填充的材料有奶油、巧克力件、水果（或颗粒）、瓦片饼干等。

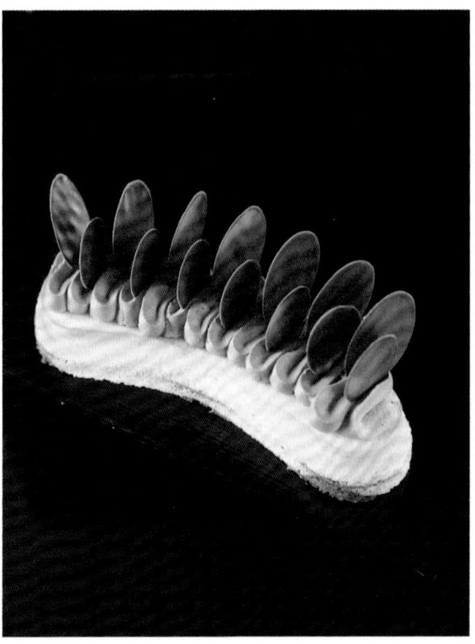

甜品组合设计的基本流程

1. 想要一款什么样的甜品

   每个产品都有对应的制作需求，如情感需求、节日/活动需求、季节需求、口味需求等，不同的需求在装饰上的风格呈现和关键点会不一样。

甜品的常见制作需求

需求	方向	关键词	代表性装饰	常用装饰颜色
情感需求	亲情	暖意、成长	花卉、文字	紫色、红色、黄色
	爱情	浪漫、甜蜜	巧克力、花瓣	红色、黑色、白色
	友情	阳光、陪伴	花卉、人偶	绿色、黄色、红色
节日 / 活动需求	情人节	浪漫、甜蜜	心形装饰物、玫瑰	红色、黑色、白色
	教师节	感恩、暖意	康乃馨	黄色、紫色、红色
	圣诞节	梦幻、希望	白雪、圣诞老人、圣诞树	白色、绿色、红色
	感恩节	感恩、爱意	心形装饰物、南瓜等蔬菜、苹果等水果	绿色、白色、红色
	婚礼庆典	浪漫、温馨	婚纱、花卉、戒指	白色、红色、粉色
	生日庆典	欢乐、活泼	乐园、主人翁喜好	黄色、红色、粉色
季节需求	春季	饼干、常温蛋糕	奶油、果酱等	红色、白色
	夏季	慕斯、水果蛋糕	水果、淋面、喷砂、奶油、马卡龙等	黄色、红色、黑色
	秋季	慕斯、栗子蛋糕	水果、淋面、喷砂、奶油、马卡龙等	黄色、棕色、黑色
	冬季	派、磅蛋糕	谷物、糖霜、淋面、糖粉等	白色、褐色、黄色
口味需求	酸	柠檬、覆盆子	柠檬、覆盆子、果酱	黄色、红色
	甜	糖、水果	水果、糖霜、奶油、淋面	白色、红色、黄色
	苦	巧克力	巧克力件、喷砂、淋面	黑色、褐色
	咸	盐	咸焦糖酱	褐色

2. 对这款甜品有什么要求

   确定甜品主题、主要材料以及主体，根据相关信息确定产品的主要制作方向。

3. 这款甜品需要复杂层次，还是简单层次

   无论是单层还是多层，甜品都有各自的优点，主体层次是最主要需求，可以围绕主体层次进行其他层次的设计。需要注意的是，主体层次可以指代任何甜品的组成部分，如底坯、慕斯馅料、装饰物等，根据需求而定。

   组合需要考虑各个层次间色、形、质、味等方面的和谐统一，使各个层次之间的“矛盾”弱化，使“优点”形成互补。

4. 这款甜品具体需要做成什么样子

   甜品的结构取决于产品实际使用的工器具、产品的组成方式以及模具样式，甜品结构的形成决定了产品最终的样式。每种结构都有其自有的变换方式和方向。

5. 制作这样的甜品需要做什么

   确定好产品设计信息后，下一步就要落实到行动上。制作中需要什么工器具、材料，需要通过何种方式进行制作和成型，这些是产品的基本制作过程。

6. 完成甜品

   完成后要检查是否有瑕疵并补救。

ASTERISQUE

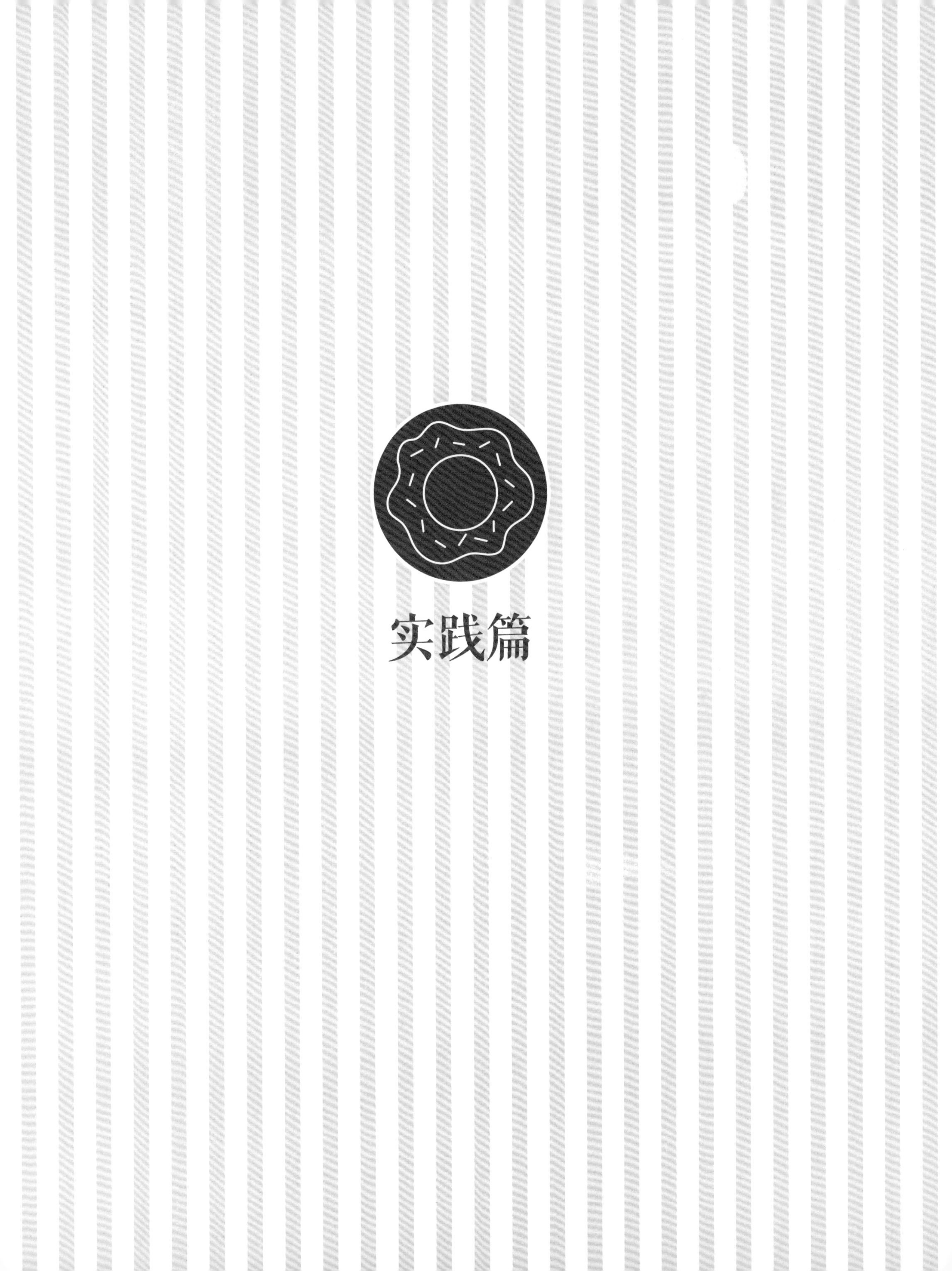

实践篇

水果类材料装饰

在甜点装饰中，水果是较常选用的素材，其不但拥有可口、清新的口感，大部分水果的外形也具有很好的观赏性。水果在产品装饰中，主要有三种参与方式。

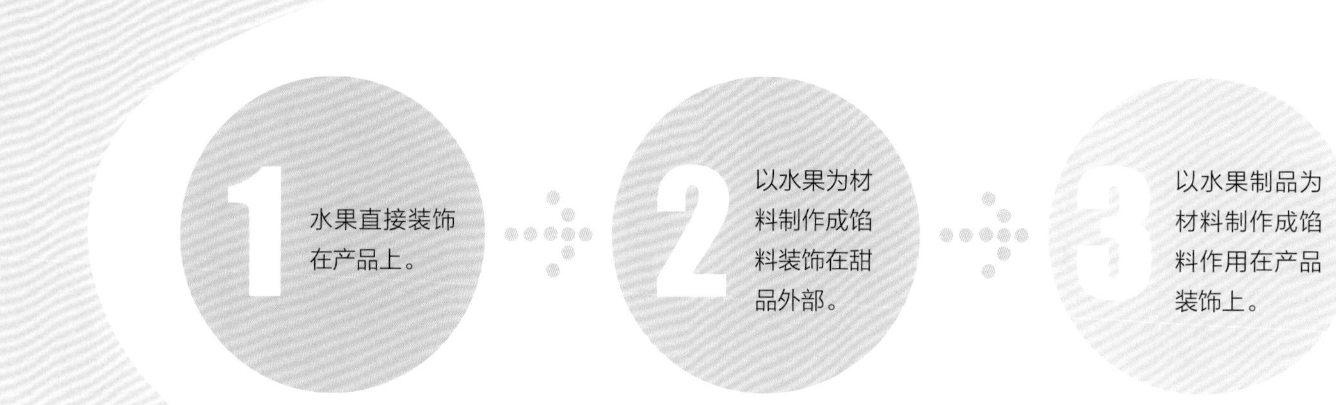

水果直接装饰

水果直接装饰是指用我们常见的水果，如草莓、苹果、梨子、香蕉等，直接嵌入到甜点中，也可以通过切块、切片等方式作用在甜品的外部。给人新鲜、明快、健康的观感，是现代甜品较为常见的装饰方法。

原形装饰

水果外形多是非常漂亮的，鲜亮的色彩也能极大地勾起人们的食欲，而且原形装饰可以最大程度上传达“原生态、健康”的信息。通过简单的切割，将水果由大变小装饰在甜品上，是比较省时、有效的做法。

水果不但适用于甜品的直接外部装饰，部分水果也可以通过内部裸露的方式起到装饰作用，切块类的水果蛋糕多用这种装饰方法，如40页的“法式草莓蛋糕”。

如果将水果放入内馅中，所选用的水果不能太大、不能有籽、不能有皮，籽和皮需去除，以免影响口感。这点与表面装饰不同，表面装饰为了更好地突出水果特点，可以带皮、带籽、带核，但要注意大小与样式。通常情况下外部装饰是内在馅料的一种外在表达，且最好是对应关系。如制作甜品内馅选用的主要食材是草莓，那么在外部装饰时就宜选草莓或与草莓有关的水果。

同时内部装饰所用水果也不能太软，否则会被酱料挤压变形。

哪些水果适合原形装饰？

外形和色彩良好

常见的有草莓、青苹果、芒果、无花果、蓝莓等。

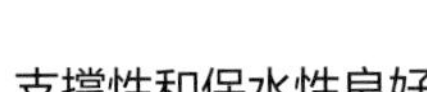

支撑性和保水性良好

一般水果装饰会经过简单的切割或去皮等操作，果肉多数直接呈现在外部，长时间与空气接触，会使水果因为脱水而变形，影响美观。因此有些水果会带着果皮一起，如提子、葡萄、无花果等，这类水果的果皮可以减少果肉中水分的流失，同时也有一定的装饰效果。

抗氧化能力良好或有可用的防护措施

有些水果的果肉直接暴露在空气中，会因为空气氧化而变黑，为了防止氧化，可以在表面刷一层镜面果胶，同时也可以提亮水果色泽。

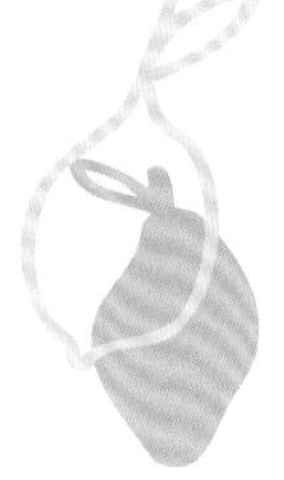

示例：提子花装饰

1　用水果雕刀在提子表皮切出“十”字口。

2　用水果雕刀的刀尖将提子切开部分的皮肉分开。

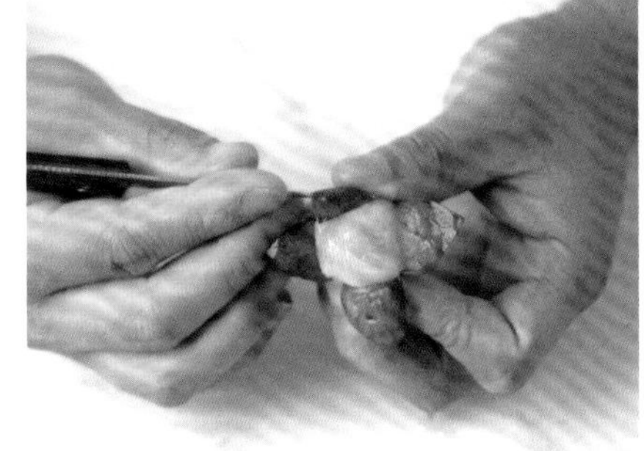

3　将果皮打开呈花状。

延伸小知识　为什么在果肉外层刷一层果胶可以保护果肉不变黑呢?

大多果肉变色是因为内部的多酚类物质在酶的作用下产生深色物质，从而引起颜色变化。为了防止产生这一现象，最直接的方式就是将果肉与空气隔绝开来，除了刷果胶防护外，也可以将果肉在柠檬汁中浸泡一下，再取出来使用，因为柠檬汁中含有的柠檬酸和维生素C会先接触氧气，以“自我牺牲”的方式保护内里的果肉。

原形改造装饰

通过外力或加工对水果外形或口味加以改造，使之更加贴合甜品设计的一类装饰方式。比较常见有以下几种类型。

外形改造

常见的有水果雕刻、拼接等，比较考验刀工技巧和创意巧思。

常见的水果雕刻

片形： 用刀对水果进行简单的片形切割，适用于硬质水果，下面以青苹果为例。

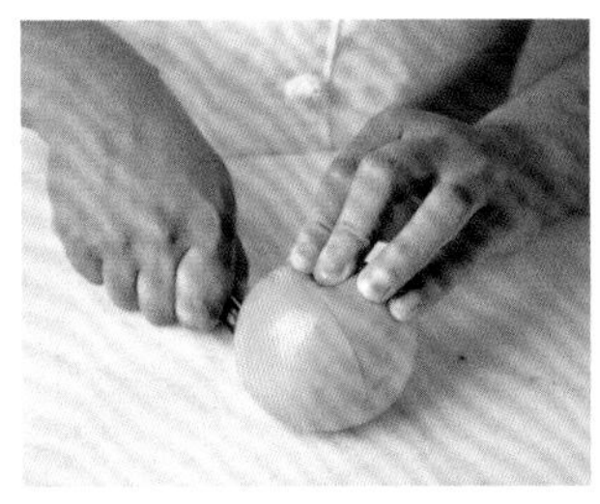

1　将水果雕刀放在苹果的1/3处，用力切开。

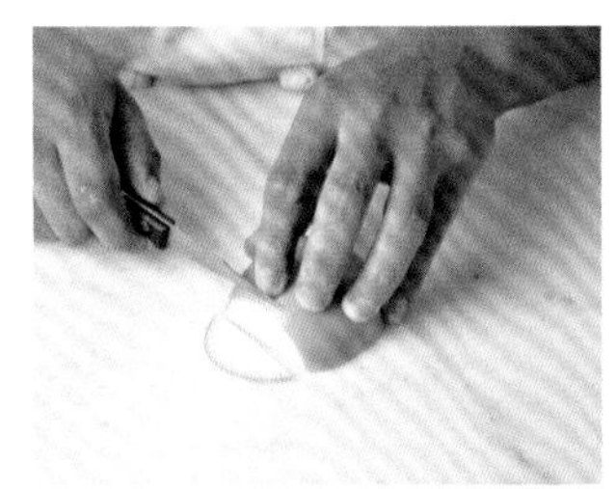

2　取小苹果块，用水果雕刀将苹果切成薄片。

3　将切好的苹果薄片展开，呈扇状。

通过改变片形水果的组装和摆放方式，可以产生多种造型。

扇形苹果切片1

扇形苹果切片2

扇形苹果切片3

球形： 需使用挖球器，适用于多数水果，下面以火龙果为例。

1　用挖球器在火龙果肉中转出圆球。

2　将圆球平放，备用。

龟甲形：用小刀在带皮的果肉上划出刻痕，再进行翻折，下面以芒果为例。

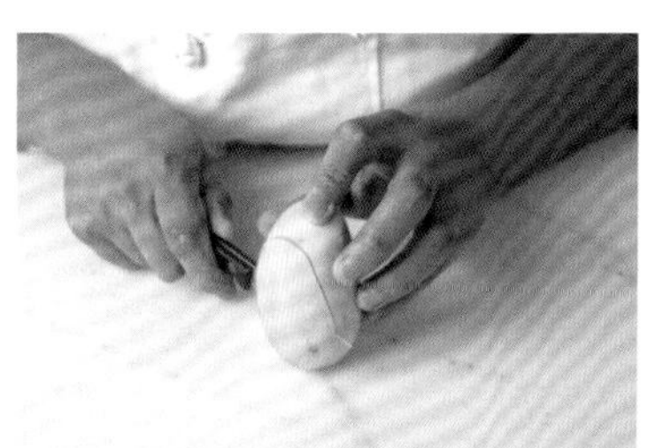

1　用水果雕刀从芒果柄部沿扁核切下果肉。

2　用水果雕刀的刀尖从果肉中横向划口，注意不要划到果皮。

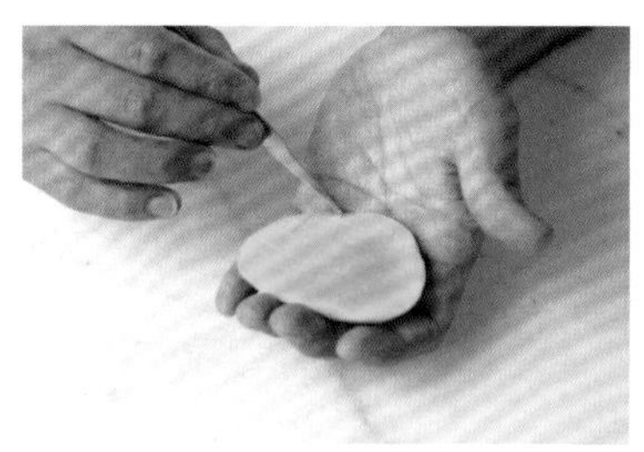

3　以同样的手法纵向划口。

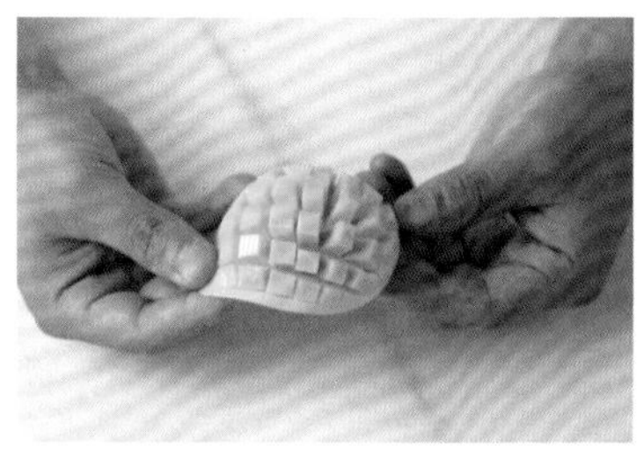

4　双手拇指压住边缘果肉，其余手指抵住果皮中间向上反扣。

5　展开的形状类似龟壳，故又称“龟甲”。

还有许多其他带皮水果也适用于龟甲形雕刻方法，如黑布林、火龙果等。

黑布林龟甲

火龙果龟甲

模具：使用各式压模对水果进行切割，使果肉带有形状特点，比较可爱，也较简单。以心形模具为例。

1　将心形模具放于黄桃中心处，用力向下压。

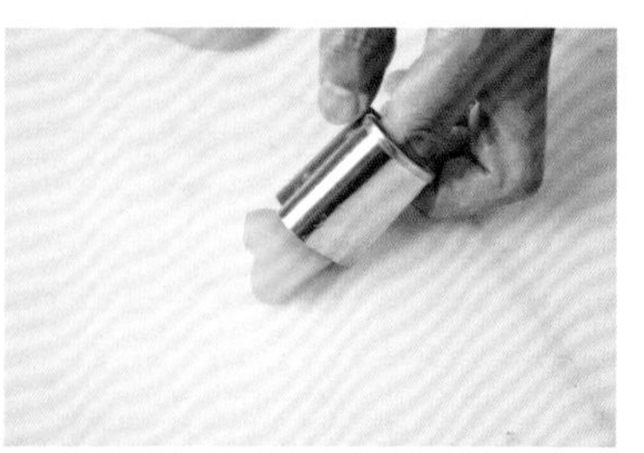

2　将模具中的黄桃推出。

3　将其放平呈心形。

口味改造

水果本身的口味比较原始，可以通过加工的方式赋予其更有层次的口味，如果同时需要保持外形，需挑选质地较硬的水果。如49页“脆米苹果芒果挞”中的苹果球即是通过熬煮的方式增加风味，一些水果也可以通过烘烤改变颜色和丰富香味。

烘烤类的苹果挞

苹果球

果皮装饰

水果中除了果肉能装饰外，果皮也是宝贝。多数水果的果皮有很强的塑造性，色彩明艳，且具有强烈的个性风味，柠檬皮就是其中的代表，可以将其做出弯曲造型放在甜品表面增加立体感。除了这种辅助装饰外，有些果皮可以替代杯装盛器来支撑整个甜品组装，比较有个性。

柠檬皮装饰

1 用水果雕刀从柠檬外侧向内侧削出一个“V”字瓣。

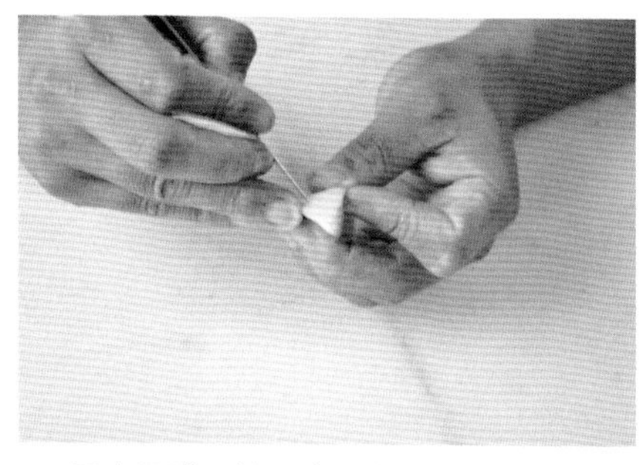
2 用水果雕刀从距离顶部0.5厘米处向下斜划口，至2/3处。

3 用水果雕刀将柠檬皮削至2/3处。

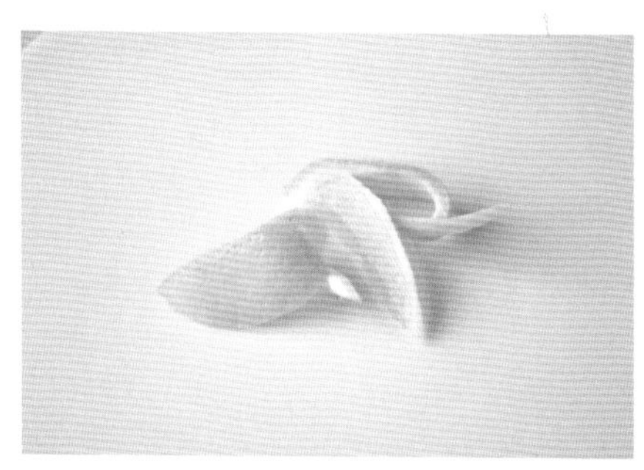
4 将皮向内卷起即可。

果皮装饰——西柚果冻

参考配方

新鲜西柚	适量
水 1（凉白开）	300 克
白砂糖	150 克
水 2	130 克
吉利丁片（冷水泡软）	28 克
君度酒	20 克

制作过程

1. 取新鲜西柚，对半切开后挖出果肉，果皮壳留用。
2. 将西柚果肉去除白色筋络，榨出果汁后过滤（约400克），再与水1混合成西柚果汁。
3. 将白砂糖和水2混合加热煮沸，加入泡软的吉利丁片，搅拌至完全溶化，再隔水降温。
4. 将步骤3和西柚果汁混合，加入君度酒混合搅拌均匀。
5. 将混合物倒入西柚果皮壳中，入冰箱冷藏凝固。
6. 取出，用刀切成小块。

水果馅料装饰

以水果为原材料之一，添加砂糖、凝结剂、果酱等材料制作而成的馅料品类。水果馅料的主要特点是能从外表直接看出水果色彩或水果果肉，有显著的个性特点和口味特点。其多数情况下是作为夹心馅料包裹在甜品内部，但有些“颜值”较高且符合甜品设计需求的，也可以直接裸露在甜品外部，不但能丰富口味，也可以为甜品“锦上添花”。

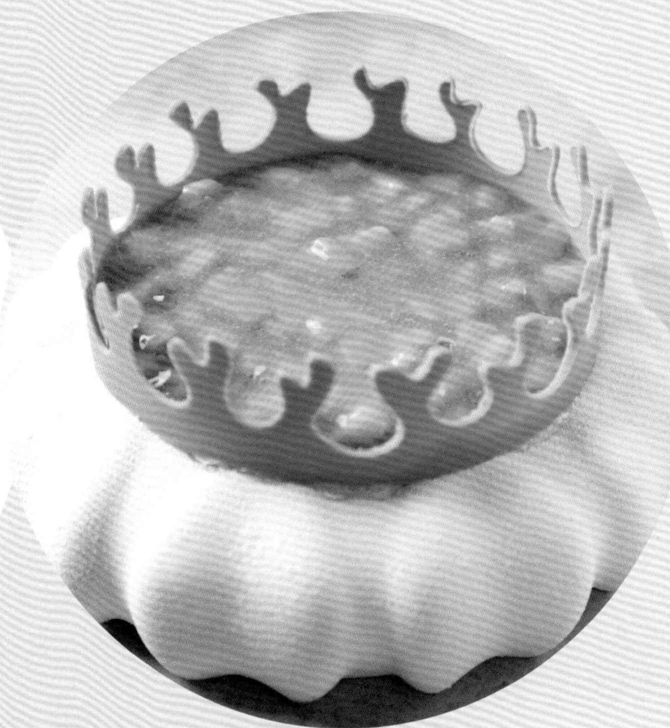

以芒果颗粒为主要特点的啫喱产品

以酸樱桃和蔓越莓为主要特点的果酱产品

小贴士　取果肉的方法

取用水果果肉时，要及时去除果肉中一些不适宜的成分，如有些水果中的橘络（橘子、柚子等水果中白色或黄色的筋络，可作为中药药材）和果皮，部分带有苦味，且不易咀嚼，所以在制作中通常会去除。

以橙子为例讲述去除筋络和内果皮的方法：

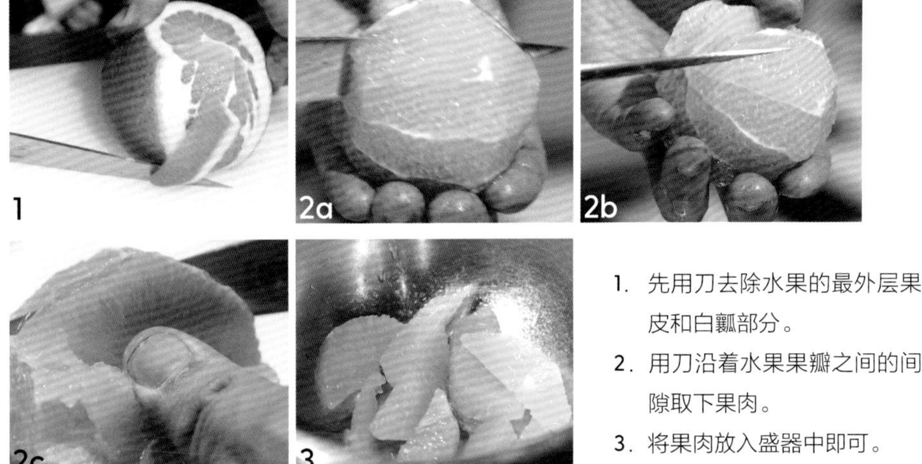

1. 先用刀去除水果的最外层果皮和白瓤部分。
2. 用刀沿着水果果瓣之间的间隙取下果肉。
3. 将果肉放入盛器中即可。

水果制品装饰

水果制品是甜品制作中较常用的包装类材料，常见的有果酱、果蓉、果泥等，这类材料根据品牌不同，水果含量大不一样，质地和口味也有较大的区别，一般充当配方中的一种材料，与其他材料混合加工成啫喱、酱汁等水果馅料，再进行组合和装饰。当然，如果水果制品本身的质地和口味比较好的话，也可以直接在表面做点、线的装饰。在盘式甜品中，还可以充当面的铺陈装饰。

水果制品用于装饰有以下几个优势：

1）自然色彩。水果拥有自有色彩，参与产品制作可以减少色素的使用。

2）口味加持。以水果制品加工的啫喱等馅料，口味更加有层次，同时不同的加工方式和配料也会赋予馅料不同的成品体现，可操作性非常大。

本书60页“水果合奏”就是此类装饰。

果酱点缀装饰

果酱铺面

常见水果基础性质与装饰搭配一览表

名称	类别	色	形	质	味	熟成期（一般）	营养说明
青苹果	仁果类	1. 果皮青绿 2. 果肉白色偏青色	中等偏小	硬、脆	酸、甜	6~11 月	果酸含量较高，益胃 健脾
红苹果	仁果类	1. 果皮红色或红色与淡黄色相间 2. 果肉乳白色偏黄	中等偏大	脆	甜、酸	6~11 月	维生素、黄酮类、多酚
黄苹果	仁果类	1. 果皮金黄或乳黄色 2. 果肉乳黄色偏白	中等偏大	较软	甜、酸	6~11 月	低脂、低热量
梨	仁果类	1. 果皮黄色 2. 果肉乳黄色偏白	中等偏大	脆、多汁	甜（略酸）	8~9 月	含消化酶，能促消化 滋阴润肺
黄桃	核果类	1. 果皮黄色 2. 果肉黄色	中等偏小	脆、多汁	甜（略酸）	7~9 月	富含果胶、纤维素，含 铁量也较高
黑布林	核果类	1. 果皮黑色 2. 果肉偏红、偏黄	中等偏小	脆、多汁	甜、酸	7~8 月	李子的一种，富含各种 氨基酸，果酸含量较高
青橄榄	核果类	1. 果皮绿色 2. 果肉青绿色	小	硬、脆	甜、酸、涩	10~12 月	钙含量较多
樱桃	核果类	1. 果皮红色 2. 果肉红色	小	软、多汁	甜、酸	5~7 月	含铁量和维生素 C 较
葡萄	浆果类	各色	小	软、多汁	甜或酸	8~10 月	含有酒石酸，健脾和胃 含大量复合铁元素
香蕉	浆果类	1. 果皮黄色 2. 果肉乳黄色偏白	中等偏大	软、糯	甜	9~12 月	富含维生素、膳食纤维 柠檬酸，助消除疲劳，助 肠胃蠕动
猕猴桃	浆果类	1. 果皮绿褐色 2. 果肉白色与绿色相间	中等偏小	软、多汁	酸、甜	8~10 月	富含维生素 C，低脂， 调节情绪
草莓	浆果类	果实整体呈红色	中等偏小	软、脆、多汁	酸、甜	5~7 月	富含维生素 C、果胶， 调理肠道，促进新陈代谢
树莓	浆果类	果实整体呈红色	小	软、多汁	酸、甜	5~8 月	富含维生素 C、有机酸
荔枝	浆果类	1. 果皮红褐色 2. 果肉乳白色	小	软、韧、多汁	甜	5~7 月	富含糖分、维生素 C

基础搭配说明	装饰搭配说明	挑选建议	甜品使用推荐指数
果酸含量较高，可以与甜度较高的食材组合，起到很好的中和作用	果皮与果肉色彩明度都较高、纯度较低或中等，与红色、紫色等对比色、互补色有很好的搭配效果，但是需注意比例	1. 外皮完整，有光泽 2. 质地较硬	★★★★☆
甜度较高，与奶油等混合时，特点不明显，可用小块状填充馅料、补充质地	果皮色彩纯度和明度较高，与果肉色彩对比强烈，整体色彩层次比较抢眼，注意摆放比例和位置，不要喧宾夺主	1. 外皮完整，有光泽 2. 质地较硬	★★☆
肉质较粉，不宜填充馅料	果皮色彩明度较低、纯度较高，与其他材料组合装饰时不抢眼，可单独装饰	1. 外皮完整，有光泽 2. 质地较硬	★☆
水分较大，常以果蓉制作馅料	果皮色彩明度较低、纯度较高，与其他材料组合装饰时不抢眼，可单独装饰。因其烘烤后变色不大，所有组合烘烤是常用方式之一	外皮无损伤、外形圆润	★★★☆
黄桃果肉紧实，价格便宜，可用小块状填充馅料、补充质地	果皮需去除，果肉在做表面装饰时注意水分处理，易变软、易变形	外皮无损伤、外形圆润	★★☆
质硬，甜酸均等，可用小块状填充馅料、补充质地	果皮与果肉色彩对比强烈，可组合装饰，质硬可雕刻	外皮无损伤、外形圆润	★★★☆
果小含核，不适宜做内馅组装	果皮与果肉同色系，绿色较抢眼。可做单人份慕斯顶部装饰	果皮光滑、颜色青绿或深绿色	★★★☆
果小含核含皮，不适宜做内馅组装	果皮颜色鲜亮，十分适合做表面装饰，有可爱、活力之感，不宜去皮，可带梗装饰	1. 外皮无损伤、颜色鲜艳 2. 无腐烂气味	★★★★☆
果小含核含皮，不适宜做内馅组装	葡萄果皮色众多，可雕刻，可用于表面装饰	1. 外皮无斑点、无损伤 2. 外形饱满，不软	★★★☆
需去皮，果肉软糯，量多，质软，可以做成各种馅料，且与很多材料相容性很好，余味很强	果皮不宜食用，果肉太软，一般不宜做外部装饰	1. 表皮鲜黄，光亮感较好，表皮稍带黑斑 2. 从外部闻气味，有很好的香味	★★★★☆
质地特别软，不宜做内馅组装	去皮后，可以雕刻，放在蛋糕表面装饰	1. 注意避免软硬不一的，宜选质地较硬的，可造型 2. 外表无疤痕、体型饱满	★★★☆
硬度适中，可以直接作为夹馅；也可以做成馅料、酱汁等	果实整体鲜红，去蒂后，可以直接用于表面装饰，可以整颗、切块、切片使用	1. 颜色整体鲜红，不带绿色、不带白色 2. 不带损伤，不软	★★★★★
质软，颗粒较小，价格较高，可制作馅料或酱汁等	果实整体鲜红，颗粒较小，可以直接用于表面装饰	1. 色泽亮红、圆润饱满，避免果肉软且熟透的，这样的极易腐烂 2. 建议提前一天购买，不宜久放	★★★★☆
皮、核不能食，果肉或果蓉可用于馅料制作	果肉呈乳白色，较少用于装饰，但甜品本身如果与荔枝有关的话，可将果肉切块放在表面装饰，与主体呼应	色泽鲜艳，鲜嫩多汁，皮薄肉厚，颗粒均匀	★★

名称	类别	色	形	质	味	熟成期（一般）	营养说明
无花果	浆果类	1. 外壳紫红色或黄褐色 2. 内部红色	倒圆锥形	脆(果皮)、有颗粒（内部）、果肉软糯（内部）	甜	5~7 月	含果胶，可促进肠胃蠕动；含脂肪酶、水解酶等，可调节血脂和分解血脂
杨桃	浆果类	1. 外壳青色、金黄色 2. 内部果肉青色、金黄色	五角星（横切面）	皮薄、果肉脆滑	酸甜	9~10 月	含有大量的糖类和维生素
火龙果	浆果类	1. 外壳呈红色 2. 根据品种不同，内里有红色和白色两种颜色	中等偏大	软、多汁	甜	5~11 月	大量果肉纤维，有丰富的胡萝卜素、维生素
蓝莓	浆果类	1. 果皮蓝紫色 2. 果肉深蓝紫色	小	皮薄、果肉细软、多汁	甜	7~9 月	富含花青素
橘子	柑橘类	1. 果皮从青到黄皆有 2. 果肉黄色	圆形	软、多汁	酸甜	10~11 月	含有大量的维生素 C
橙子	柑橘类	1. 果皮从青到黄皆有 2. 根据品种不同，内里果肉有红色（血橙）、黄色两大类	圆形	软、多汁	酸甜	10~11 月	含有大量的维生素和矿物质
柠檬	柑橘类	1. 果皮从青到黄皆有 2. 果肉黄色	圆形	软、多汁	酸	2~4 月	含有丰富的维生素 C 和柠檬酸
哈密瓜	其他水果	1. 果皮从青到黄皆有 2. 果肉黄色	大、椭圆形	硬、脆	甜	5~10 月	含糖量非常高
百香果	其他水果	1. 外皮偏褐色 2. 果肉偏黄色	鸡蛋形	软、颗粒感	香、甜酸	8~11 月	维生素和矿物质含量丰富
芒果	其他水果	1. 外皮从青到黄皆有 2. 果肉偏黄色	椭圆形	软、多汁	甜、香	5~8 月	含有丰富的维生素 A

（续）

基础搭配说明	装饰搭配说明	挑选建议	甜品使用推荐指数
比较甜，带有颗粒，具有胶质感，可制作馅料夹心	新鲜果品的颜色较清亮，果皮与果肉颜色有层次感，可剖开以切面做装饰	1. 新鲜的果实颜色宜红褐色，头部可有龟裂 2. 一般甜品中选用无花果干较多，宜选择大的无花果干，用汁水泡软后使用或直接切碎使用	★★★☆
较少用于内馅组合	独特的横切面呈现五角星形，可以横切薄片，与其他水果做组装搭配	1. 注意色泽要有透明感 2. 皮色过青，会偏酸	★★☆
火龙果甜度较大，质软、含水量很大，但香味比较淡，个性风味不强	火龙果果肉不是纯色，所含颜色较浓重，与其他颜色的水果搭配较能组合出“热闹”之感，可切块装饰	1. 外皮完整无损坏 2. 外形饱满，略发软 3. 同等大小的越重越好	★★☆
较少用于内馅组合	可直接带皮摆放在甜品表面进行基础装饰	果皮细滑，无损坏	★★☆
常作为果味材料用于内馅制作，以果汁、果蓉的形式居多	1. 可直接将橘肉放于甜品表面进行装饰，一般需去除大多数的橘络 2. 果皮可制作成糖渍陈皮，可塑造出形状放在甜品表面装饰	1. 果皮细滑，大小适中 2. 从外部轻捏一下，有一定的弹性	★★☆
品种较多，果肉颜色以红色和黄色偏多，常作为果味材料用于内馅制作，多以果汁、果蓉出现	果肉可直接装饰；果皮可直接雕刻出形状用于装饰	外形圆润，无破皮	★★★☆
常在馅料制作中加入少许柠檬汁水用于提香和去腥，不会大量加入到主体制作中	可带皮切块用于表面装饰；果皮可塑形后用于表面装饰	果形圆润、果皮鲜亮、果皮无损坏	★★★☆
甜度较高，有奶油香；多以果蓉的形式参与馅料制作，应用较少	经过雕刻可以用于甜品表面装饰	1. 外皮鲜艳、外皮完整 2. 从外部能闻到香味 3. 从外部触摸有一定的软度，不要太软也不会太硬	★☆
香气十分浓郁，口感带颗粒感，常用于馅料制作	清洗果壳后，直接切块带壳即可装饰，适用于内部使用了百香果的甜品装饰	1. 外形圆润，接近圆形 2. 从外部闻气味，香味比较浓郁	★★★☆
新鲜水果直接用于酱汁、啫喱等制作，常以果肉、果汁或果酱形式呈现	芒果多以颗粒状、龟甲形做甜品装饰	1. 外皮无损伤 2. 从外部闻气味有很浓郁的香味 3. 从外部按压芒果，有一定的弹性	★★★★☆

法式草莓蛋糕

水果装饰特点

本款甜品中水果的组合和装饰方法使用的是嵌入式、裸露式，不改变水果的原貌，用本色吸引关注，给人清新、原生态、健康的感觉。

产品组合特点

本款甜品的底坯为坚果风味，馅料中的乳脂含量非常高，草莓的清香和多汁可以有效中和产品的油腻感和厚重感。同时其口感清新，与其他材料相配合，能使层次感更加突出。

组合层次说明

产品名称	类别	主要作用
开心果底坯	蛋糕底坯	支撑；平衡质地；平衡色彩；平衡口感
黄油奶油—意式蛋白霜	夹心馅料 / 馅料基底	馅料基底；补充轻盈度
黄油奶油—香草奶油	夹心馅料 / 馅料基底	馅料基底；补充醇厚度
黄油奶油	夹心馅料	平衡口感；平衡质地；平衡色彩
红色镜面	贴面装饰	补充色彩；平衡质地
草莓	夹心馅料 / 表面装饰	呼应主题；平衡质地；平衡色彩；平衡口感
马卡龙	表面装饰	平衡形状；平衡色彩
巧克力装饰件	表面装饰	平衡形状；平衡色彩

开心果底坯
（蛋糕底坯）

黄油奶油—意式蛋白霜
（夹心馅料 / 馅料基底）

黄油奶油—香草奶油
（夹心馅料 / 馅料基底）

黄油奶油
（夹心馅料）

红色镜面
（贴面装饰）

草莓
（夹心馅料 / 表面装饰）

马卡龙
（表面装饰）

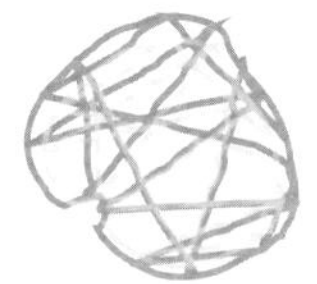

巧克力装饰件
（表面装饰）

基础组合说明

1. 两层底坯之间夹上奶油馅料。
2. 奶油馅料中裹入水果颗粒，补充口感层次。

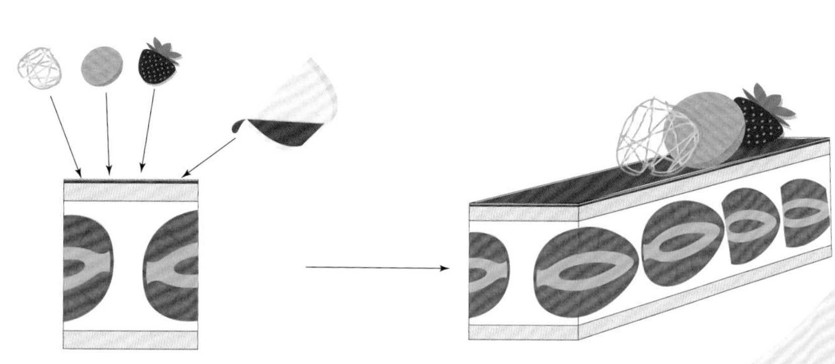

装饰组合

1. 馅料内部的水果自带装饰效果。
2. 贴面以红色镜面做装饰，既可以补充色彩也可以呼应主题食材。
3. 表面装饰使用带蒂的草莓、马卡龙和镂空圆形巧克力片，青春活泼。

组合与设计理念

口味层次：酸甜适口，奶油醇香。

色彩层次：草莓清亮、鲜红，加上绿色底坯的衬托，更加红艳，乳白色的黄油奶油有中和色彩的作用。

质地层次：三种主材的质地不一，软、脆、滑、多汁，有互相中和的效果。

形状层次：整体是切块类慕斯，草莓装饰是整颗或半颗，奶油以填充的方式加入其中，上下是两层片状底坯。内部草莓的摆放方式可以是立体式，也可以是平放式。

组合注意点

1. 选择草莓时，要注意草莓的颜色与大小，颜色要红，颗粒中等偏小，尽量统一。
2. 制作底坯时，加入开心果粉是为了给底坯制造更加健康的绿色。组合时，要去除底坯表面上色部位，以免切块后整体颜色不统一。

嵌入式水果制作重点

1. 不能太大，否则影响整体形状，不易组装。
2. 不能有籽、有皮，否则影响口感，造成不好的食用感受。如果水果本身有籽或皮，需要去除后使用。
3. 不能太软，否则会被酱料挤压变形。
4. 颜值要高，否则可能会达到反向效果。

开心果底坯

配方

杏仁粉	74 克
开心果粉	74 克
糖粉	150 克
蛋黄	80 克
全蛋	130 克
细砂糖	100 克
蛋白	230 克
低筋面粉	125 克

材料说明

将开心果和糖粉按重量1：1混合，放入粉碎机中打碎，即可制作成简易的开心果粉。如果不加糖粉直接打，开心果会出油，容易打成酱。开心果粉也可以用低筋面粉或杏仁粉替换，之后再用绿色食用色素进行调色。

制作过程

1. 将杏仁粉、开心果粉和糖粉混合，过筛，倒入搅拌桶中。
2. 将蛋黄、全蛋和1/3的细砂糖加入步骤1中，混合拌匀，再隔水加热至35℃左右，最后快速打发至浓稠状。
3. 将蛋白和剩余的细砂糖倒入另一个搅拌桶中，混合搅打至中性偏硬状态，制成蛋白霜。
4. 取1/3蛋白霜和步骤2混合拌匀，加入低筋面粉（过筛），拌匀，再加入剩余的蛋白霜中，混合拌匀。
5. 将面糊倒入40厘米×60厘米的烤盘中（底部垫有油纸），用抹刀将表面抹平，放入烤箱中，以上下火各180℃烘烤约12分钟。
6. 取出，倒扣在烤盘（或烤架）上，将底部油纸揭开，放入冰箱冷藏（冷冻）快速降温或室温慢速晾凉。
7. 将底坯取出，用刀切割出与模具大小相同的形状，备用。

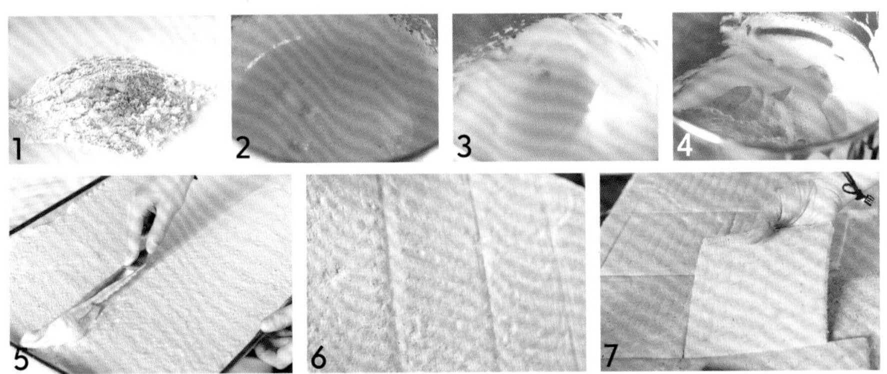

小技巧

1. 打发蛋黄或全蛋时，一般需要隔水加热，温度升至35~40℃后，再进行打发会更容易。如果不加热，打发出的柔软度和湿润度会不理想，操作时间也会很长。隔水加热要注意：不能长时间加热，也不能加热温度过高，避免蛋白质变性。常使用的方法是先将温度加热至35℃左右，再离火，进行打发。
2. 在切割底坯时，要根据模具的大小来定。简单的做法是：将模具洗干净，放在底坯表面，稍稍按一下，使模具在底坯上留下痕迹，再使用刀具来分割，这样可以避免切割浪费，也避免切割出的产品不符合实际需求。

意式蛋白霜

配方

蛋白	86 克
幼砂糖	170 克
水	52 克

制作过程

1. 将蛋白放入搅拌桶中，打发至有细腻气泡。
2. 将幼砂糖与水放入锅中，煮至116~121℃。
3. 边搅拌边将步骤2冲入步骤1中，继续打发，至温度接近手温，表面呈现有光泽的状态。

小技巧

1. 可利用滴落拉丝判断糖浆熬煮温度，116℃时拉丝短，121℃时拉丝长，冷却后质感硬脆。
2. 蛋白质遇高温会变性凝结，质地会更稳定。

110℃左右的糖浆

120℃左右的糖浆

香草奶油

配方

牛奶	103 克
细砂糖	122 克
香草籽	1/2 根
蛋黄	54 克
黄油	475 克

制作过程

1. 将牛奶、1/3细砂糖和香草籽放入锅中，加热至微微沸腾，再将其过筛入容器中。
2. 将蛋黄和剩余的细砂糖放入盆中，用手动打蛋器搅拌均匀。
3. 边搅拌边将步骤1冲入步骤2中，混合均匀后再倒回锅中，加热至80~90℃（杀菌），离火。
4. 将其降温至25~27℃（可隔冰水持续搅拌进行降温），备用。
5. 将黄油放入微波炉中，加热软化至22℃，呈膏状。
6. 将黄油倒入干净的搅拌桶中，用扇形搅拌器搅拌至微发状态（黄油在搅拌桶中呈均匀分布、不会结团的状态）。
7. 边搅拌边将步骤4分次加入步骤6中，继续拌至顺滑状态。

小贴士

1. 如果液体混合物温度过高，混合时容易引起黄油溶化，整体混合物会变稀，冷却后成品会很硬。
2. 液体混合物与黄油混合时，黄油的质地也比较重要，若过硬则不宜混合。

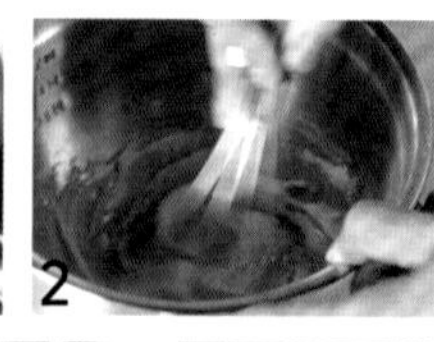

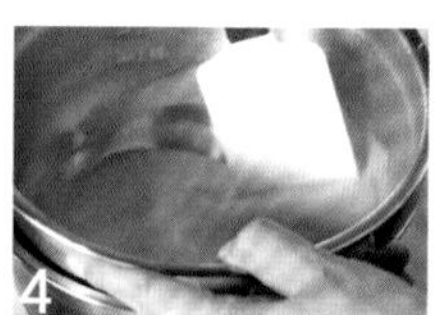
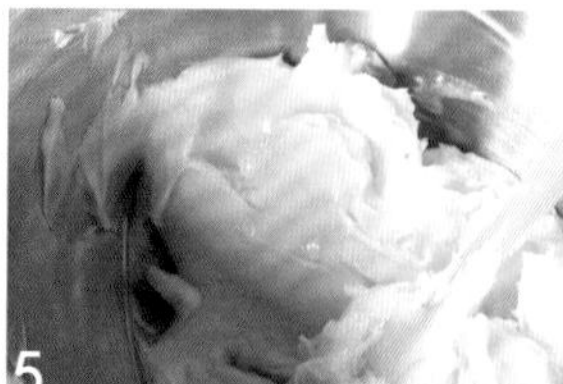

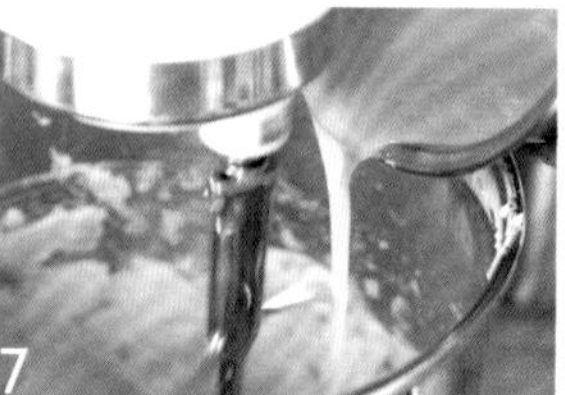

黄油奶油

配方

香草奶油	750 克
意式蛋白霜	300 克

制作过程

1. 将香草奶油与意式蛋白霜放入搅拌桶中，搅拌。
2. 待两者完全融合，成奶油膏状时，装入裱花袋，备用。

1

2

红色镜面

配方

镜面果胶	240 克
覆盆子果蓉	72 克
葡萄糖浆	36 克

制作过程

1. 将葡萄糖浆放入容器中加热至软化，再加入镜面果胶，混合拌匀。
2. 将覆盆子果蓉加入糖浆混合物中，用刮刀拌匀即可。

1

2a

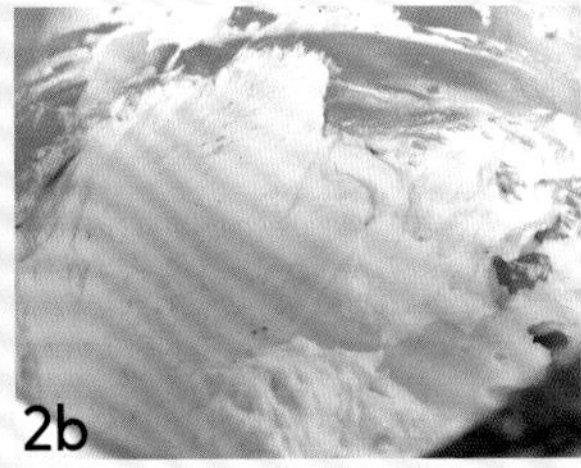
2b

组装

配方

中小号草莓	适量
马卡龙	适量
巧克力装饰件	适量

制作过程

1. 草莓去蒂。
2. 拿出切割好的底坯，用锯齿刀去除表皮，使蛋糕整体颜色一致。
3. 取一片蛋糕底坯放在模具底部。
4. 在蛋糕底坯表面挤上薄薄一层黄油奶油。
5. 取少许草莓对切，切面贴于模具内壁上，围一圈。
6. 根据后期切块标准，摆放上所需草莓（切块后呈现的切面效果与内部摆放结构有直接关系，如果需要切块的蛋糕四面都能看到草莓切面，那么就需要事先设计好切块大小以及草莓的摆放位置。可以在模具上标出要切的位置，确保下刀的位置有草莓）。

7. 在草莓缝隙处填满黄油奶油。
8. 在表面挤上适量黄油奶油，用抹刀将整体抹平。
9. 在表面放上另外一块底坯，稍微按压（根据模具的高度，如果还有空间，还可以再抹一层黄油奶油）。
10. 将其放入冰箱冷藏，待内部定型再取出，脱模。
11. 在表面抹上红色镜面（如果表面是一层黄油奶油，抹上镜面后，视觉上更加清亮些；如果表面是底坯，视觉上带有质朴感）。
12. 根据步骤6的设计，用刀进行切割（如果草莓上沾有奶油，用刮刀刮掉，保持切面平整干净）。
13. 在切块蛋糕的一端放上草莓，蒂端朝外。
14. 依靠着草莓，放一片马卡龙。
15. 依靠着马卡龙，放一片巧克力装饰件。

产品联想与延伸设计

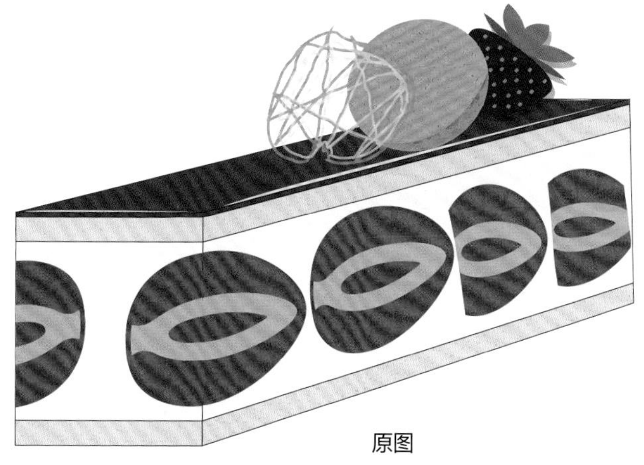

原图

延伸设计 1

说明：使用杯子来盛装甜品。底部放一片开心果底坯，将黄油奶油与各种果粒混合叠加，顶部使用香缇奶油挤裱装饰，再撒一些果粒装饰。食用时，趣味较多，也较和谐。

香缇奶油参考：蘑菇蛋糕——香缇奶油。

使用模具：普通杯装器具即可。

延伸设计 2

说明：基础结构和层次都没有改变，改用圆形模具制作。内部草莓切片后贴着模具围一圈，形成装饰。

使用模具：圆形慕斯圈模（可大可小）。

延伸设计 3

说明：组合层次由上下结构改成半包围结构；装饰元素不变；在层次装饰上用黄油奶油做主体层次，内部填入开心果底坯和草莓颗粒，成型后做镜面和其他装饰。

使用模具：普通圈模即可。

延伸设计 4

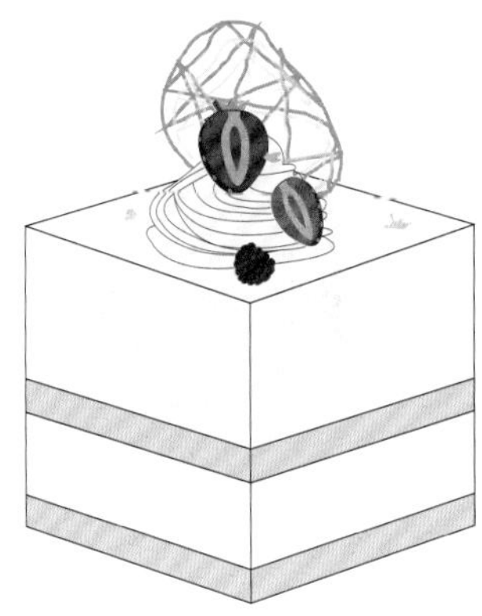

说明：依然采用上下结构。以开心果底坯和黄油奶油依次叠加，整体口感偏厚重，奶香味十足，适合做成小口甜品。表面使用锯齿花嘴挤裱香缇奶油，红色水果装饰增添鲜亮。

香缇奶油参考：蘑菇蛋糕——香缇奶油

使用模具：框模，成型后再切割成块。

小配方产品的延伸使用

本次制作	你还可以这样做
开心果底坯	可单独制作，用模具切割出各种造型，放入密闭容器内，作为小零食，随时补充能量
黄油奶油—意式蛋白霜	可以与其他基底混合制作奶油馅料，也可以单独作为馅料，偏轻盈、偏甜。也可以作为甜品的表面装饰，详情见78页“蛋白霜与马卡龙装饰”
黄油奶油—香草奶油	可以与其他基底混合制作奶油馅料，也可以单独作为馅料，偏厚重。可以做多种底坯夹心
黄油奶油	意式蛋白霜与香草奶油混合制成，也可直接在意式蛋白霜中添加软化黄油制成
红色镜面	流动性较差，可用于平面涂抹装饰，底层可以是蛋糕底坯或慕斯类产品
草莓	家中常备水果，随取随吃
马卡龙	根据颜色可做百搭装饰物，也可单独食用
巧克力装饰件	基础表面装饰件，根据需求可放于其他产品表面

脆米苹果芒果挞

水果装饰特点

本产品使用了裸露水果的装饰方法，并且改变了水果的原始样貌，将其改成几何形状，突出时尚、立体感，增加趣味性。

苹果球和芒果啫喱球除了装饰外，还有中和口感的作用。如果不想用这种方式，可以使用其他水果以平铺形式摆满甜品表面，如梨、红柚、苹果片等，但需要注意防氧化。

产品组合特点

本产品制作中使用的挞壳属于油酥底坯，馅料中使用了藏红花、八角和柠檬等口味刺激性材料，水果在口味上要选择清淡、无刺激、包容性较强的种类，用来中和底坯和馅料的醇厚感，增加轻盈度。

组合层次说明

产品名称	类别	主要作用
扁桃仁油酥面团	面团底坯	支撑；平衡质地；平衡色彩
脆米	夹心馅料 / 馅料基底	馅料基底；平衡质地
卡仕达奶油	夹心馅料 / 馅料基底	馅料基底；平衡质地
巴伐利亚脆米	夹心馅料	平衡质地；增加个性化口味
液态扁桃仁奶油	夹心馅料（烘烤型）	平衡质地；平衡口感
藏红花 / 八角苹果球	表面装饰	呼应主题；补充色彩；平衡质地；增加个性化口味
芒果啫喱	表面装饰	补充色彩；平衡质地
扁桃仁瓦片碎	表面装饰	拉伸视觉；平衡色彩

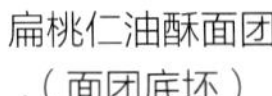

扁桃仁油酥面团（面团底坯）

脆米（夹心馅料 / 馅料基底）

卡仕达奶油（夹心馅料 / 馅料基底）

巴伐利亚脆米（夹心馅料）

液态扁桃仁奶油［夹心馅料（烘烤型）］

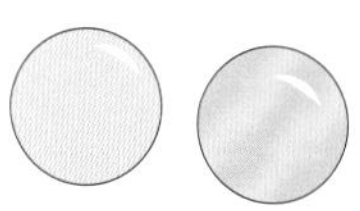

藏红花 / 八角苹果球（表面装饰）

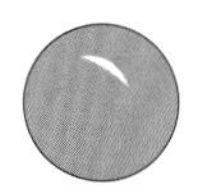

芒果啫喱（表面装饰）

扁桃仁瓦片碎（表面装饰）

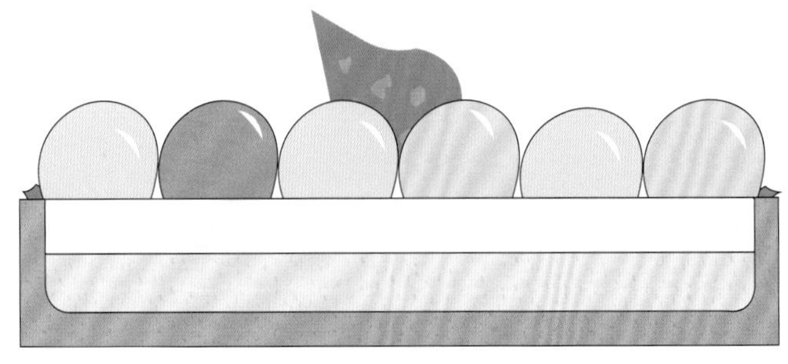

基础组合说明

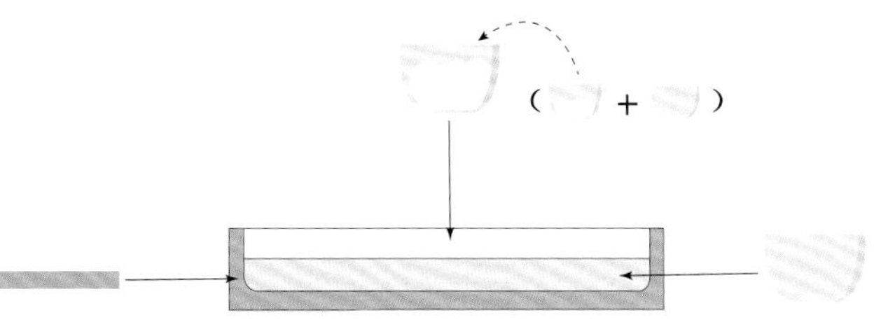

1. 将面团底坯制作成挞底，内部填充液态扁桃仁奶油，烘烤定型后做主要支撑。
2. 巴伐利亚脆米作为特色风味进行补充。

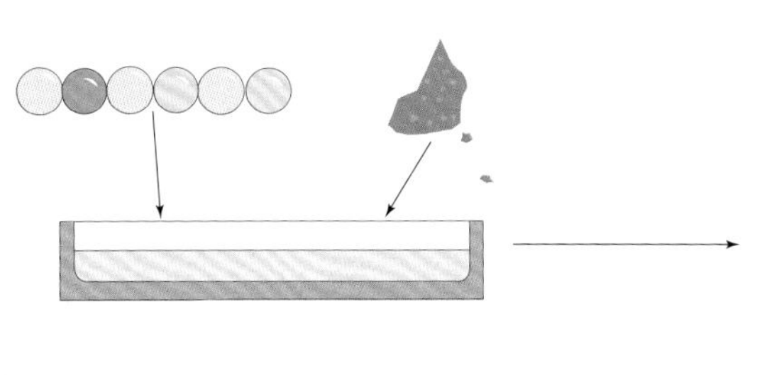

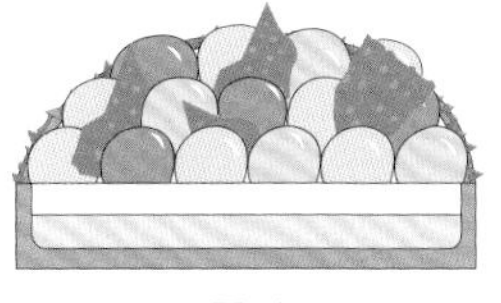

圆形

椭圆形

装饰组合

1. 水果球既是主题材料，也是外部装饰。
2. 为了保持水果球的亮度，需要在表面刷上镜面果胶。
3. 扁桃仁瓦片碎做立体空间上的延伸，其颜色烘烤得偏深。

组合注意点

1. 要选择青苹果，因为青苹果质地硬，且颜色清爽。
2. 扁桃仁瓦片碎中的扁桃仁颗粒不要太大，烘烤的颜色要接近挞底颜色，或稍浅一些。

组合与设计理念

口味层次：辛香浓郁，味道醇厚。

色彩层次：半透明的苹果球和芒果啫喱，有一定的设计感，棕黄色的挞底与扁桃仁瓦片碎在横向和纵向空间延伸对应。

质地层次：酥脆的底坯、软糯的脆米、顺滑的奶油、有弹性的水果球。

形状层次：基础挞底是圆形、椭圆形等几何形状，带有弧度，所以水果装饰也用了圆形。不规则的扁桃仁瓦片碎补充了随意性，增加轻松感。

小贴士：造型类装饰水果特点

1. 不能太软，要能借助外力进行基础改造。
2. 颜值要高，不仅指造型技术，也指水果的原始样貌。

扁桃仁油酥面团

配方

低筋面粉	450 克
黄油	250 克
盐	3 克
糖粉	100 克
扁桃仁粉	75 克
全蛋	100 克
蜂蜜	25 克
香草精	3 克

制作过程

1. 将黄油切成小块放入搅拌桶中，加入过筛的低筋面粉，放入盐，用扇形搅拌器一起搅拌成沙状。
2. 在步骤1中依次加入过筛的扁桃仁粉和糖粉，用中速混合搅拌。
3. 将全蛋、蜂蜜和香草精放入容器中，混合拌匀，再慢慢倒入步骤2中，用中高速搅打成团。
4. 将面团取出，放在铺有保鲜膜的案板上，用手搓成团，将其包裹入保鲜膜中，入冰箱冷藏松弛，20分钟后取出。
5. 用擀面杖将面团擀开（可以在面团外层裹一层保鲜膜或垫上油纸，防粘）。
6. 用刀刻出比模具底面稍大的饼皮（饼皮要能覆盖住模具的底部和内壁），将饼皮放入模具中，紧贴模具内壁，压紧（模具根据需求选择）。
7. 用手在模具底面与侧面交接处压出直角。
8. 用擀面杖将顶部多余的面团去除，放入冰箱冷藏保存定型。

小贴士

1. 蛋液加入的量要根据面团的柔软度来决定，并不一定要完全按照配方来做。因为所选用材料品种的吸水率各有差别。
2. 为了使擀好的面皮不回缩，可以入冰箱冷藏松弛一段时间再使用。

小技巧

1. 在很多制作中，粉类都需要过筛，直接过筛入盛器中，粉类物质会飘得到处都是，建议将粉类筛在油纸上，折叠油纸就可以当作一个便携容器，带起油纸内的材料放入各类盛器中。
2. 挞皮捏入模具时，除了要注意表面的平整，也要注意底部是否贴合模具。

脆米

配方

水	250 克
盐	1 克
意大利圆米	75 克
牛奶	500 克
香草荚	半根
黄油	25 克
幼砂糖	50 克

小贴士

意大利圆米能吸收大量的水分，且颗粒饱满，建议使用此米来制作。如果没有，可用其他稻米代替，但是制作方法需要根据稻米的性质进行些微调整。

制作过程

1. 将水、盐和意大利圆米放入锅中，加热3分钟，过滤入容器中，备用。
2. 从香草荚中取香草籽，放入牛奶中，再将混合物倒入锅内，加热至沸腾，放入处理好的意大利圆米，继续加热30分钟左右，直至液体变少，整体呈糊状，离火。
3. 加入幼砂糖和黄油，混合拌匀，在表面覆上保鲜膜，放入冰箱中冷藏。

1

2

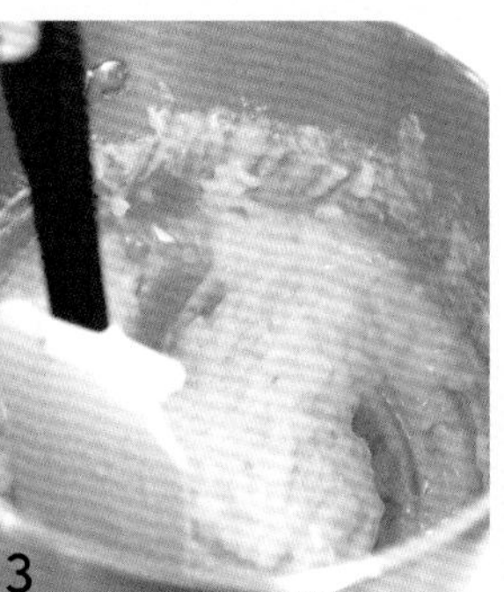

3

卡仕达奶油

配方

蛋黄	100 克
幼砂糖	100 克
低筋面粉	25 克
玉米淀粉	25 克
牛奶	500 克
香草荚	1 根
黄油	50 克

制作过程

1. 将蛋黄和幼砂糖放入容器中，用手持打蛋器搅拌至发白，加入过筛的低筋面粉和玉米淀粉，混合拌匀，再加入少量牛奶调节稠度，拌匀。
2. 把剩余的牛奶放入锅中，加入香草籽（香草荚取籽），煮沸。将部分牛奶混合物倒入步骤1中，混合均匀，再倒回锅中继续加热，期间用手持打蛋器不停地搅拌，煮至浓稠状。
3. 将黄油加入混合物中，搅拌至黄油溶化，离火，备用。

1

2

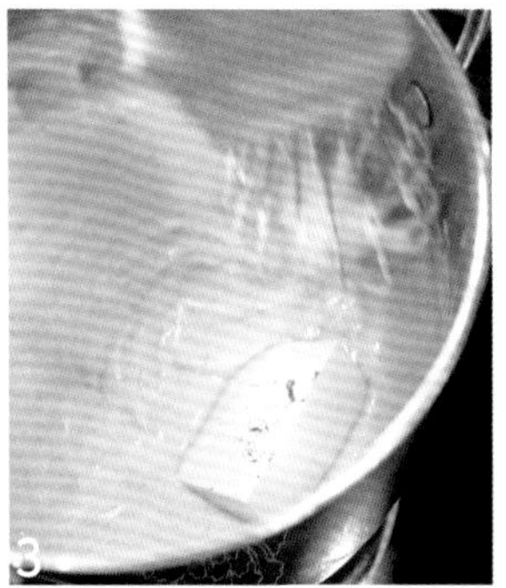

3

巴伐利亚脆米

配方

脆米	1 份的量
吉利丁溶液	48 克
卡仕达奶油	180 克
淡奶油	155 克

材料说明

吉利丁溶液：将 8 克吉利丁粉和 40 克冷水混合泡发，再加热熔化成液体。

制作过程

1. 趁热将卡达仕奶油分两次与吉利丁溶液混合，用手持打蛋器搅拌均匀。
2. 加入做好的脆米，搅拌均匀。
3. 将淡奶油搅打至略微浓稠，和步骤2混合，用刮刀翻拌均匀。

小贴士

本配方中的“1份的量”即小配方“脆米”制作完成的量。

1

2

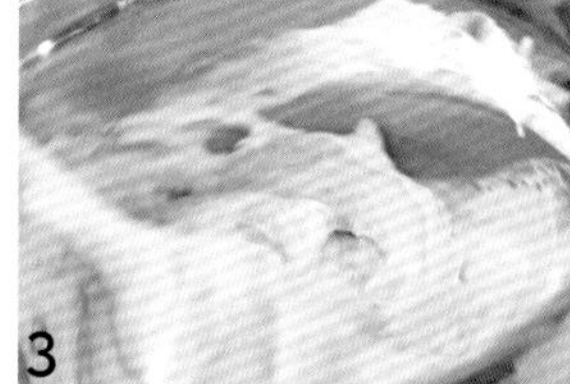
3

液态扁桃仁奶油

配方

扁桃仁粉	145 克
糖粉	145 克
全蛋	150 克
黄油（熔化）	75 克

制作过程

1. 将扁桃仁粉和糖粉混合过筛，放入搅拌桶中，分次加入全蛋，用扇形搅拌器中速搅拌至无干粉状态。
2. 将熔化的黄油（40℃左右）加入混合物中，快速混合搅拌均匀。

1

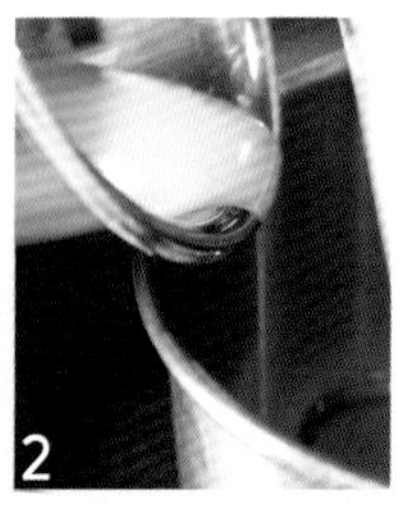
2

藏红花 / 八角苹果球

配方

青苹果	1200 克
水	1000 克
幼砂糖	500 克
柠檬汁	60 克
柠檬皮	1 个
藏红花	0.5 克
八角	适量
绿色色素	适量

制作过程

1. 将青苹果去皮，用挖球器*挖出小圆球，约1000克的量，将其均分成两份进行处理。
2. 第一份处理：将水、幼砂糖、柠檬皮、柠檬汁和藏红花放入锅中，煮至沸腾，制成糖水，关火。
3. 将500克青苹果球放入糖水中加热，期间需不停地搅拌，确保苹果球能全部浸泡到糖水中，直至苹果球煮软，离火。
4. 将苹果球捞出，放入盆中，倒入部分糖水（糖水的量没过苹果球即可），表面覆上保鲜膜，做成藏红花苹果球，静置备用。
5. 第二份处理：将剩余的糖水重新倒入锅中，去除藏红花，加入八角，滴入绿色色素，混合拌匀。将剩余的500克青苹果球加入锅中，不停地搅拌至苹果球变软，离火。
6. 将苹果球捞出，放入另一个盆中，覆上保鲜膜完全密封，做成八角（风味）苹果球，静置备用。

* 挖球器：甜品制作中常用的挖球工具。

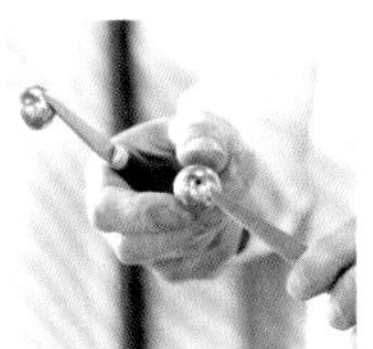
挖球器

怎么正确地取柠檬皮？

柠檬是芸香科柑橘属植物，这类植物的皮与果肉之间会有橘络，即我们吃橘子、柚子等水果中白色或黄色的筋络，一般带苦味，且不易咀嚼，所以通常会去除（橘络可作为一种中药材）。

用小刀沿着柠檬的上下两端，薄薄地削出皮，皮不带白色橘络。用不完的柠檬皮可以用于日常泡茶，去腥去味，还可以去垢。

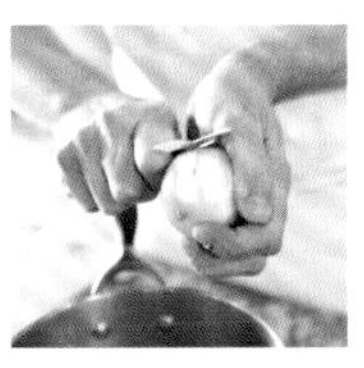

怎么确定水果是否变软？

苹果、梨等硬质水果经过水煮之后会变软，从而改变水果的原有质地，增加弹性、柔软度，便于与馅料搭配而不突兀。在煮制过程中，为避免煮太烂、煮不透，要随时确认水果的质地变化，可以用工具盛起水果，用手快速按压一下来感受。

芒果啫喱

配方

芒果果蓉	250 克
葡萄糖浆	30 克
吉利丁溶液	60 克

材料说明

吉利丁溶液：将 10 克吉利丁粉和 50 克冷水混合泡发，再加热熔化成液体。

制作过程

将芒果果蓉与葡萄糖浆放入锅中，混合拌匀，煮沸，再加入吉利丁溶液，拌匀。将其倒入球形模具中，放入冰箱冷冻，成型后取出。

扁桃仁瓦片碎

配方

黄油	100 克
牛奶	50 克
葡萄糖浆	50 克
幼砂糖	125 克
果胶粉	2.5 克
扁桃仁碎	150 克
低筋面粉	10 克

制作过程

1. 将黄油切成小块放入锅中，加入牛奶和葡萄糖浆，加热至黄油溶化。
2. 将幼砂糖和果胶粉混合均匀，慢慢倒入步骤1中，期间要不停地用橡皮刮刀搅拌，加热至111~120℃，离火。
3. 将扁桃仁碎和低筋面粉放入搅拌盆中，混合均匀，分次加入步骤2，用橡皮刮刀混拌均匀。
4. 将步骤3倒在硅胶垫中，在上面铺上油纸。
5. 用擀面杖将其隔着油纸擀成近似长方形（长度约40厘米×60厘米）。
6. 除去上层油纸，用刀将长方形四边修整齐，再覆上油纸，入冰箱冷冻。
7. 将其取出，用刀切成小块。
8. 将扁桃仁瓦片均匀放在垫有硅胶垫的烤盘中，放入烤箱，以上下火170℃烘烤成焦糖色，出炉（烘烤颜色根据需求来定，颜色深浅由烘烤时间和温度共同调控）。

小贴士

如果想把瓦片做成可可口味的，可以在配方中增加20克可可粉。

组装

配方

蛋黄液	40克
镜面果胶	适量

制作过程

1. 将捏好的挞放入烤箱，以160℃烤至表皮上色，出炉，在中心处挤入液态扁桃仁奶油，直至五分满。
2. 将步骤1重新放入烤箱，以180℃烘烤约8分钟，至奶油凝固，取出。趁热在表面刷上一层蛋黄液，再放入烤箱，以180℃烘烤至金黄色，即可出炉。
3. 在步骤2表面挤入巴伐利亚脆米，用抹刀抹平，入冰箱冷冻，冻硬后取出。
4. 在表面摆放上藏红花苹果球、八角苹果球和芒果啫喱球。
5. 在步骤4表面刷上一层镜面果胶。
6. 将烤至焦糖色的扁桃仁瓦片碎放在表面做装饰。

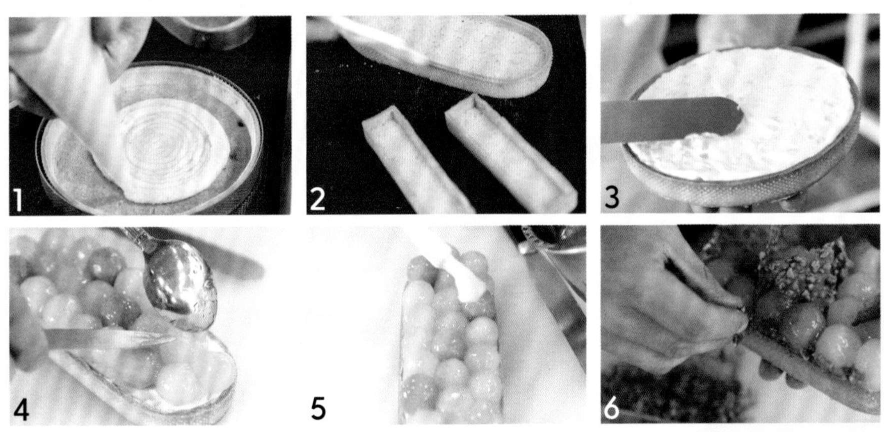

小贴士

怎么让挞皮外部看起来更平整一些？

扁桃仁油酥面团经过烘烤之后，会因为受热不匀、厚薄不一致，表层外侧会形成一些毛糙的边，不太好看，可以用刨屑刀对表面进行“磨皮”操作。

将刨屑刀轻放在挞壳外侧，来回移动刀具，轻轻将表皮不平处磨平。注意两只手都不能太用力，防止挞壳破碎。

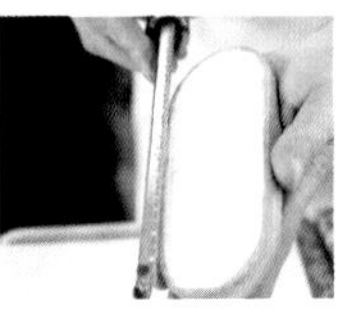

磨平挞皮

水果表面的水分影响组装怎么办？

无皮水果会出水，在组装前，可以先将水果放在厨房用纸上，吸去表面的水分，再进行组装，这样不会因为水量大而弄得到处黏糊糊的。

但吸去水分，水果表面会呈现磨砂感，不易引起食欲。在这种情况下，可以在水果表面抹上镜面果胶，有一定的防护作用，同时也能使水果更水灵。这种方式适用于果肉较紧实的水果，如苹果、梨、芒果（不太熟）、黄桃等。

厨房用纸吸收水分

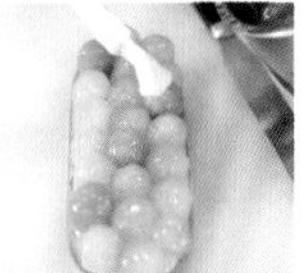

镜面果胶提亮色彩

产品联想与延伸设计

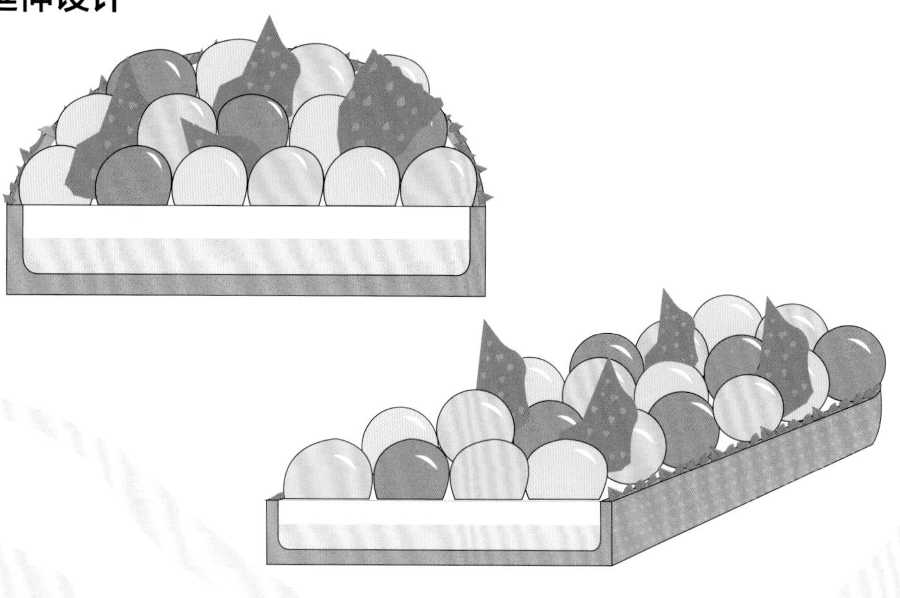

延伸设计 1

说明：将巴伐利亚脆米放入球形模具中，叠加一层青苹果果冻。冷冻成型后脱模，表面用调色后的淋面装饰，最后放在扁桃仁油酥面团底坯上，表面可装饰。

淋面参考：水果合奏——无色淋面（调色）。

青苹果果冻参考：水果合奏——青苹果果冻。

使用模具：球形模。

延伸设计 2

说明：本产品中使用的水果球可以作为家常小零食或其他产品的小装饰件，既可口、又养眼。用扦子穿起各式水果球，是吸引小朋友的绝密小窍门，营养健康。

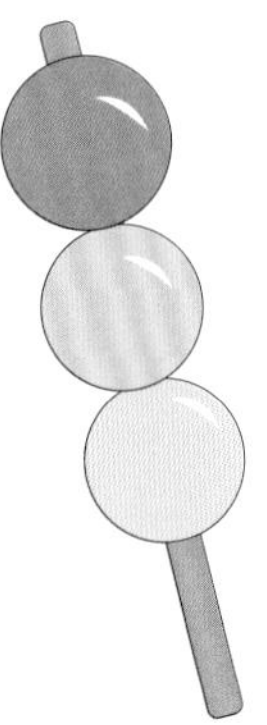

延伸设计 3

说明：将水果球切碎，放入夏日冰饮中，做出一个五彩斑斓的世界。

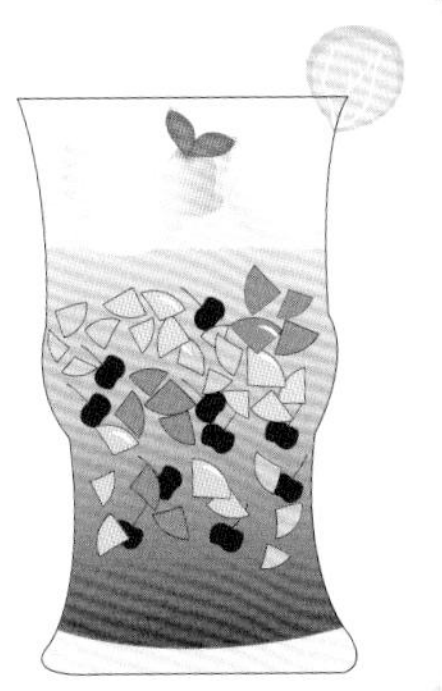

延伸设计 4

说明：在夏日沙冰中撒几颗水果球，摆一些冰激凌球，多些趣味与营养。

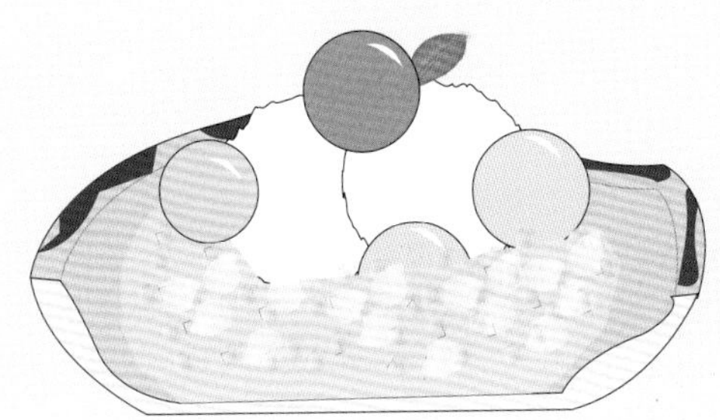

小配方产品的延伸使用

本次制作	你还可以这样做
扁桃仁油酥面团	可单独使用，用模具切割出各种造型，作为小饼干食用；也可以烘烤完成后，放入料理机中打碎，做表面装饰
脆米	可加入任何馅料中，做质地补充，增加咀嚼感和食用乐趣
卡仕达奶油	百搭基底
巴伐利亚脆米	可以做各种底坯的夹心馅料，卡仕达奶油与脆米的基础结合，卡仕达的高包容性可以与多数馅料融合
液态扁桃仁奶油	可以与任何挞壳搭配烘烤，市售的蛋挞壳也可以。挤入布丁杯中直接烘烤，出炉用水果点缀，也是不错的
藏红花 / 八角苹果球	可做小零食。藏红花和八角可用其他增香型产品替换
芒果啫喱	可做小零食，也可以放在其他产品表面做装饰，形状自定
扁桃仁瓦片碎	可做小零食，也可以放在其他产品表面做装饰，形状自定，也可以磨碎后装饰

水果合奏

水果装饰特点

嵌入式、裸露式水果装饰方法，主体完全改变了水果的原始样貌，采用水果果蓉产品，利用水果的色彩吸引关注。多元的、相配的色彩能给人欢乐、热闹的感觉。

水果搭配的原则是色彩相配。

产品组合特点

本款产品属于水果的狂欢，多种水果以凝胶质地的果冻形式呈现，基础馅料选用酸奶口味，主基调是酸甜。

组合层次说明

产品名称	类别	主要作用
黄油海绵蛋糕	蛋糕底坯	支撑；平衡质地；补充醇厚度
草莓果冻	夹心馅料	馅料基底；平衡质地
布列塔尼酥饼	面团底坯	支撑；平衡质地；补充醇厚度
青苹果果冻	夹心馅料	呼应主题；补充色彩；平衡质地；平衡色彩
黑加仑果冻	夹心馅料	呼应主题；补充色彩；平衡质地；平衡色彩
芒果果冻	夹心馅料	呼应主题；补充色彩；平衡质地；平衡色彩
酸奶慕斯	夹心馅料	基底色彩；平衡质地
无色淋面	贴面装饰	补充质地
水果装饰	表面装饰	呼应主题；平衡视觉
巧克力片	表面装饰	遮瑕；平衡空间感

黄油海绵蛋糕
（蛋糕底坯）

草莓果冻
（夹心馅料）

布列塔尼酥饼
（面团底坯）

青苹果果冻
（夹心馅料）

黑加仑果冻
（夹心馅料）

芒果果冻
（夹心馅料）

酸奶慕斯
（夹心馅料）

无色淋面
（贴面装饰）

水果装饰
（表面装饰）

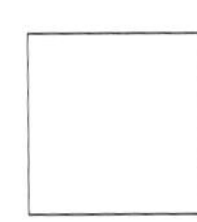
巧克力片
（表面装饰）

基础组合说明

1. 将果冻滴在软玻璃上，形成多种色彩的圆球。
2. 以酸奶油慕斯作为主体慕斯。
3. 将蛋糕底坯和草莓果冻进行多次重复叠加，做内部主要层次。
4. 将布列塔尼酥饼作为底部支撑。

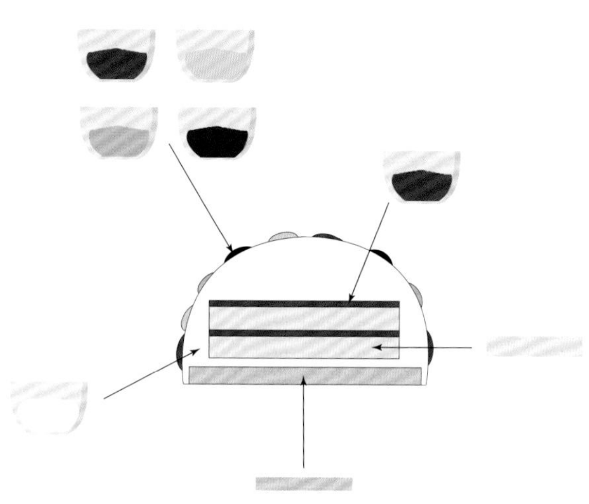

装饰组合

1. 慕斯成型后，在表面淋上无色淋面。
2. 表面装饰上水果和巧克力片，可根据需求，在表面撒些金箔或银箔，提高产品档次。

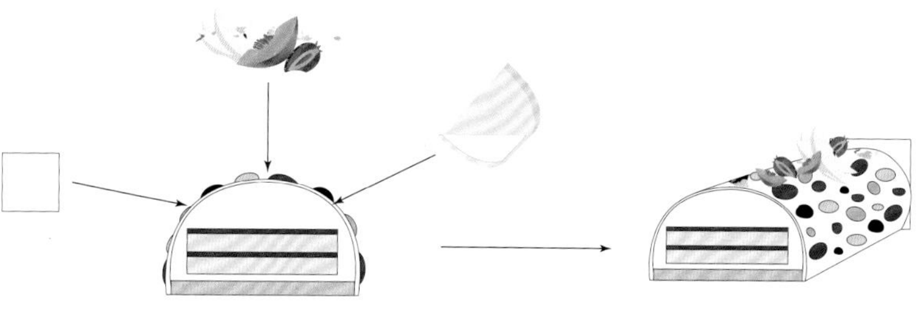

组合注意点

1. 在排列各种果冻时，注意不需要整齐排列，可以错落、无规律，这样能够产生律动感和跳跃感，不会有沉闷感和压迫感。
2. 本款产品整体偏轻盈，如果想更加柔和、少些油脂，可以用不加黄油的海绵或戚风底坯替换；酸奶馅料中的巧克力量可以酌情减少，或减少酸奶慕斯的量，但是这样醇厚度就非常轻了，余味较短，而且整体会偏甜。

组合与设计理念

口味层次：酸甜清爽、余味绵长。

色彩层次：果冻呈半透明状，绿色、橙色、紫黑色和红色交差错落、大小不一，视觉上增加了空间感。贴面装饰用了无色淋面，提高质感。表面装饰用了色彩相称的水果：苹果、草莓和无花果。

质地层次：蛋糕基底用了黄油类的海绵底坯，酸奶慕斯入口即化，果冻类产品软弹。

形状层次：水果果冻不但能丰富口感和质地层次，在装饰上也十分亮眼，增加欢快感。

小贴士：水果加工材料的装饰特点

1. 果酱类产品多呈液体状，流动性较好，融合度较高，多含有色素，价格较低。一般作为表面线条、点的装饰，或盘式甜点的装饰。
2. 果蓉性产品呈固液混合物，流动性稍差，水果含量非常高，价格中等偏上，是水果类基础馅料的常用材料之一。颜色口感都与实际水果接近。使用时需要技术加工，可以嵌入式做馅料，也可以放在蛋糕表面做装饰。

黄油海绵蛋糕

配方

蛋白	210 克
幼砂糖	160 克
蛋黄	130 克
玉米淀粉	80 克
低筋面粉	80 克
黄油	120 克

小贴士

黄油熔化时的最佳温度在40~50℃，在这个温度区间里与面糊混合，能帮助蛋糕更好地膨发。

制作过程

1. 将蛋白与幼砂糖放入搅拌桶中，用网状搅拌器搅拌至干性发泡（提起搅拌器时，蛋白能形成一个细小坚硬的尖锥），制成蛋白霜。
2. 在蛋白霜中加入蛋黄，继续搅拌至完全混合，用刮刀提起面糊时，面糊能够黏在刮刀面上。
3. 将过筛的粉类（低筋面粉和玉米淀粉）加入步骤2中，用刮刀翻拌均匀。
4. 将黄油隔水熔化，取少部分面糊与黄油混合均匀，再倒回剩余的面糊中，用刮刀翻拌均匀。
5. 将其倒入34厘米×24厘米×1厘米的模具中，用抹刀抹平，放入烤箱，以170℃烘烤约9分钟，取出，冷却备用。

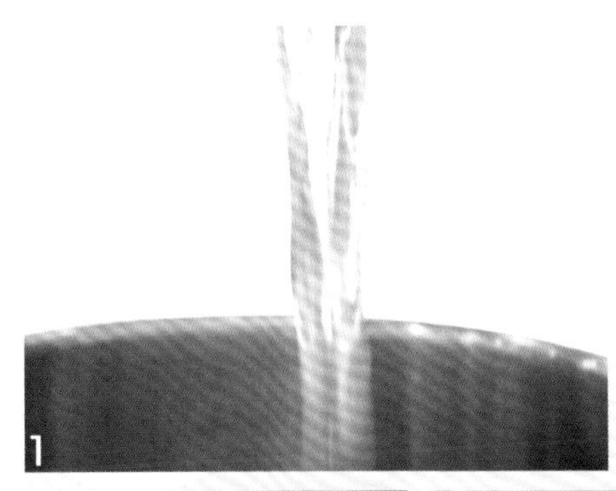
1

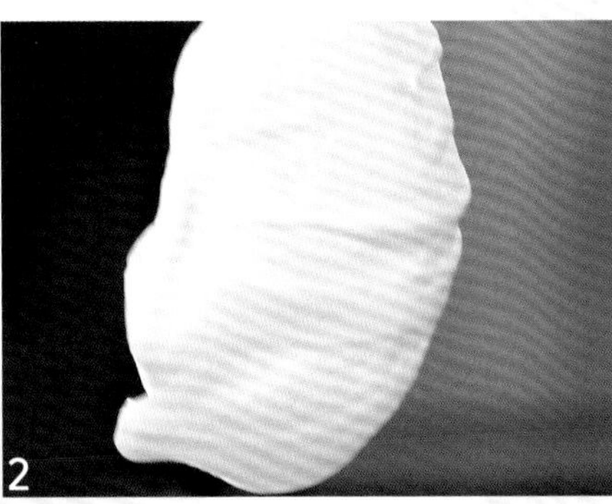
2

3

4

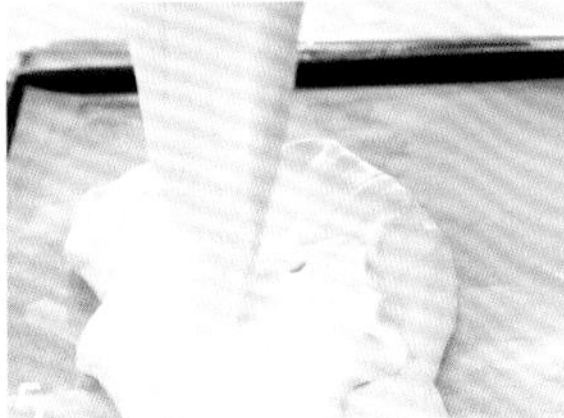
5

草莓果冻

配方

速冻草莓果蓉	700 克
葡萄糖浆	90 克
幼砂糖	110 克
NH 果胶粉	13 克
柠檬汁	45 克

制作过程

1. 将速冻草莓果蓉和葡萄糖浆放入锅中，加热至45℃。
2. 将NH果胶粉和幼砂糖混合均匀，倒入步骤1中，继续加热至沸腾，期间要用手持打蛋器不停地搅拌，离火。
3. 将柠檬汁加入混合物中，混合拌匀，再隔冰水降温。

1

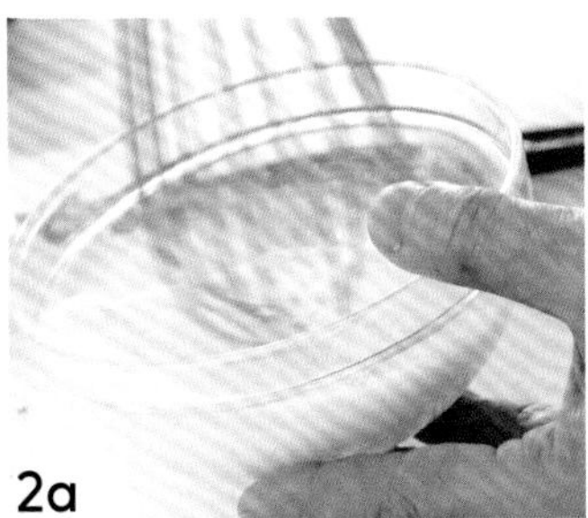
2a

2b

3

布列塔尼酥饼

配方

蛋黄	90 克
幼砂糖	200 克
香草精	4 克
盐	8 克
黄油（软化）	225 克
低筋面粉	300 克
泡打粉	10 克

制作过程

1. 将蛋黄、幼砂糖和香草精放入搅拌桶中，用扇形搅拌器搅拌至颜色变白，再放入盐，搅拌均匀。
2. 将软化的黄油分两次加入蛋黄的混合物中，搅拌均匀。
3. 将混合过筛的粉类（低筋面粉和泡打粉）加入步骤2中，继续搅拌成面团。
4. 将面团取出，放在油纸上。
5. 在手上沾上手粉（低筋面粉），将面团压平、压薄，厚度约5毫米，再覆上一层油纸，放入冰箱中冷藏松弛30分钟左右。
6. 将其取出，用擀面杖稍稍将面皮擀平整，再切割成合适的大小（与本次使用的模具配套的尺寸是5厘米×24厘米）。
7. 将切割好的面皮放入模具中，入烤箱，以160℃烘烤15~18分钟。

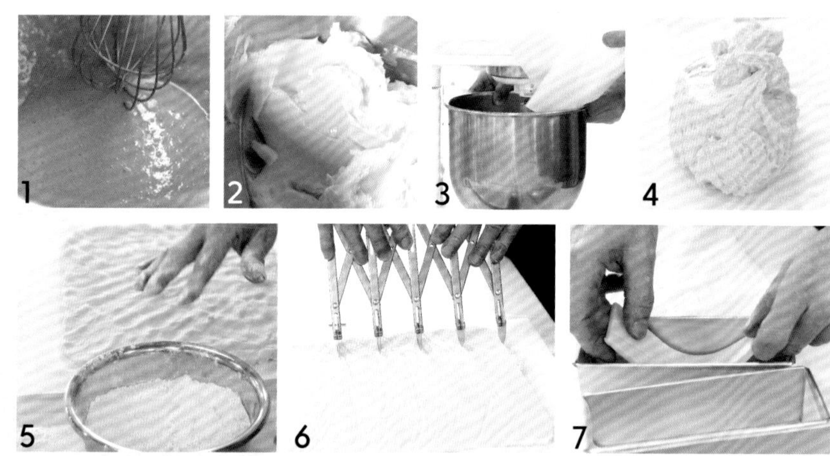

青苹果果冻

配方

速冻青苹果果蓉	150 克
幼砂糖	15 克
玉米淀粉	12 克
吉利丁粉	4 克

材料说明

本配方中的吉利丁粉需加 20 克冷水混合泡发，再加热熔化，制成吉利丁溶液。

制作过程

1. 将速冻青苹果果蓉和幼砂糖放入锅中，加热至50℃左右。先将1/3的果蓉混合物倒入玉米淀粉中，用刮刀搅拌均匀，再将其倒回锅中，与剩余的果蓉混合，边用手动打蛋器搅拌边加热至沸腾，关火。
2. 将吉利丁溶液倒入步骤1中，用手动打蛋器搅拌均匀，离火，在表面覆上保鲜膜，冷却静置。

黑加仑果冻

配方

速冻黑加仑果蓉	150 克
幼砂糖	15 克
玉米淀粉	12 克
吉利丁粉	4 克

材料说明

本配方中的吉利丁粉需加 20 克冷水混合泡发，再加热熔化，制成吉利丁溶液。

制作过程

参照“青苹果果冻”。

芒果果冻

配方

速冻芒果果蓉	150 克
幼砂糖	15 克
玉米淀粉	10 克
吉利丁粉	4 克

材料说明

本配方中的吉利丁粉需加 20 克冷水混合泡发，再加热熔化，制成吉利丁溶液。

制作过程

参照“青苹果果冻”。

酸奶慕斯

配方

白巧克力	400 克
酸奶	300 克
吉利丁粉	16 克
淡奶油	500 克

材料说明

本配方中的吉利丁粉需加 80 克冷水混合泡发，再加热熔化，制成吉利丁溶液。

制作过程

1. 将白巧克力熔化。
2. 将酸奶倒入锅中，加热至60℃，离火，加入吉利丁溶液，用刮刀混合均匀，再将其倒入量杯中（或其他深盆中），加入熔化的白巧克力，混合拌匀。
3. 将步骤2用均质机搅拌至充分乳化，整体呈细腻有光泽的状态。
4. 将淡奶油打发至浓稠状，先与1/3的步骤3混合均匀，再与剩余的步骤3混合拌匀，最后装入裱花袋中，备用。

1

2

3

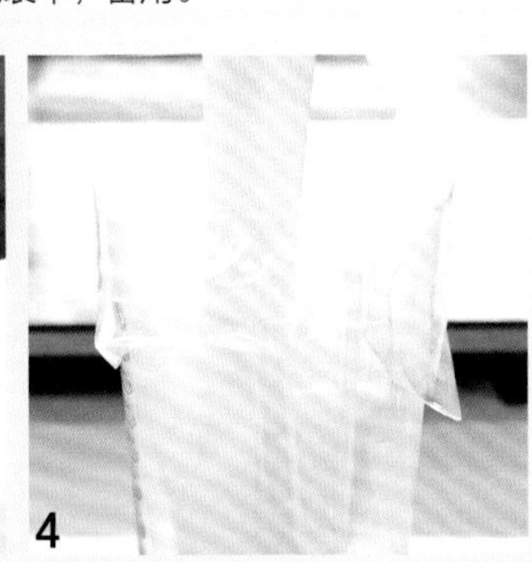
4

无色淋面

配方

水	300 克
幼砂糖 1	450 克
葡萄糖浆	175 克
NH 果胶粉	10 克
幼砂糖 2	50 克
吉利丁粉	20 克

材料说明

本配方中的吉利丁粉需加100 克冷水混合泡发使用。

制作过程

1. 将水、幼砂糖1和葡萄糖浆放入锅中，加热至104℃。
2. 将幼砂糖2与NH果胶粉混合均匀，边搅拌边倒入锅中，煮沸，关火。
3. 将泡发的吉利丁粉加入步骤2中，用刮刀混合拌匀。
4. 将其过滤出气泡，降温至30~35℃时使用。

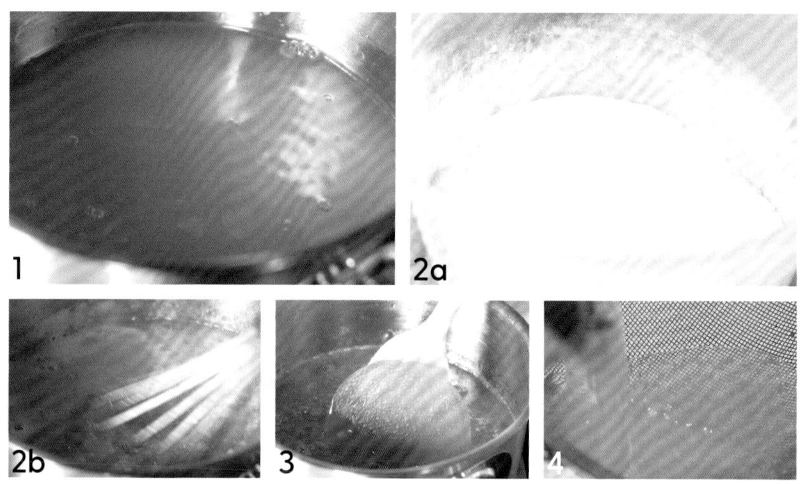

组装

配方

巧克力片	适量
草莓块	适量
青苹果片	适量
无花果块	适量
金箔	适量

制作过程

1. 将黄油海绵蛋糕上的油纸去除，用刀将四周修理整齐，放入34厘米 × 24厘米的长方形模具中（底部垫有油纸）。
2. 在蛋糕底表面倒入草莓果冻，用抹刀抹平。
3. 再放一层黄油海绵蛋糕，压实压平，抹上一层草莓果冻，放入冰箱冷冻。
4. 剪出一块15厘米 × 24厘米的软玻璃，在上面挤大小不一的青苹果果冻、黑加仑果冻、芒果果冻和草莓果冻，放入冰箱稍稍冷冻至凝固，取出。
5. 轻轻将步骤4中的软玻璃弯曲，放入24厘米 × 5厘米 × 5厘米的模具中。
6. 将酸奶慕斯挤入步骤5中，至1/2的高度。
7. 将步骤3取出，切割出宽度约3.5厘米、长度约22厘米的长方形，再将其放入步骤6中，往下压一下（草莓果冻朝下）。
8. 再挤入一层酸奶慕斯，盖上布列塔尼酥饼，至与模具齐平，入冰箱冷冻成型后，取出。
9. 将步骤8脱模，放置在网架上，淋上无色淋面。将巧克力片贴于蛋糕两端，再将草莓块、无花果块和青苹果片（水果表面可抹上一些镜面果胶，提升亮度）摆在蛋糕一端，点缀一点金箔即可。

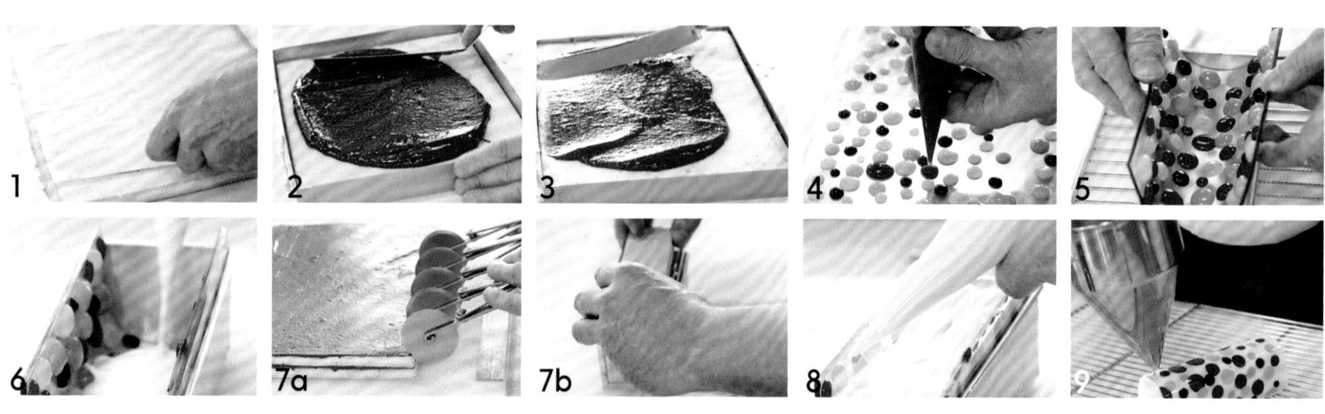

产品联想与延伸设计

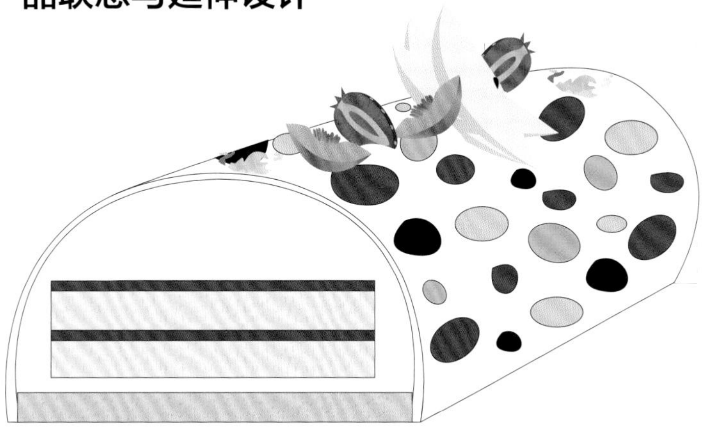

延伸设计 1

说明：将草莓果冻和酸奶慕斯注入冰激凌（雪糕）模具中，冷冻后脱模，表面用调色后的淋面装饰。合理使用各式模具，会发挥出无限的想象和创意，带来不一样的惊喜。

使用模具：冰激凌（雪糕）模具。

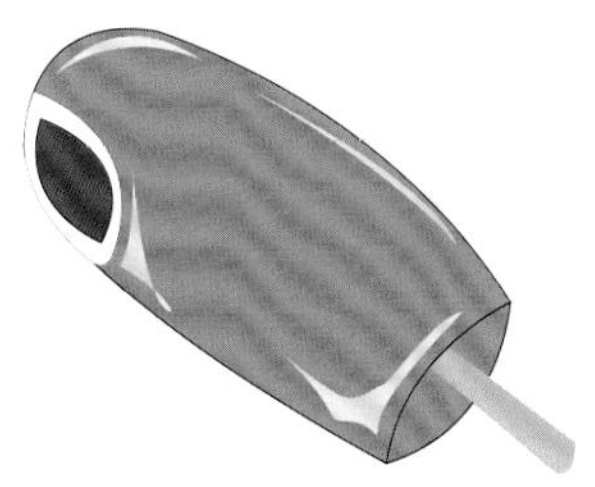

延伸设计 2

说明：使用杯子来盛装甜品。在杯子底部放一片抹有草莓果冻的黄油海绵蛋糕，再挤入酸奶慕斯，待其完全凝固后在表面放上花形草莓果冻（使用小花模具制作）、新鲜草莓、巧克力件和金箔装饰。

使用模具：小花模具和普通杯装器具即可。

延伸设计 3

说明：基础结构和层次都没有改变，改用圆形模具来制作。冷冻定型后脱模，表面装饰时可去除巧克力片。

使用模具：圆形模。

延伸设计 4

说明：基础组合元素没有变（黄油海绵蛋糕和草莓果冻组合时，去除一层草莓果冻），装饰元素去除巧克力片。改用空心圆模来制作，冷冻定型后脱模，表面可装饰。

使用模具：空心圆模。

小配方产品的延伸使用

本次制作	你还可以这样做
黄油海绵蛋糕	可单独制作，用6英寸圆形模具，可以作为一家人的早餐或切块作为下午茶
草莓果冻	可以单独食用，入冰棒模具中，放几粒草莓丁，自制夏日“小冰棒”
布列塔尼酥饼	可单独使用，用模具切割出各种造型，作为小饼干食用；可以烘烤完成后，放入料理机中打碎，做表面装饰
青苹果果冻	在垫子上挤出各种形状，凝固后放入冰箱里储存；日常取出一些放进酸奶、冰饮里，营养和颜值都加分不少
黑加仑果冻	
芒果果冻	
酸奶慕斯	酸度和乳脂香度都比较高，作为慕斯主体与大部分层次都比较搭
无色淋面	加入各种可食用色素，可以制作出各种颜色的淋面，装饰时可以淋或涂抹
水果装饰	家中常备水果，随取随吃
巧克力片	基础表面装饰件，根据需求可放于其他产品表面

覆盆子慕斯

水果装饰特点

裸露式水果装饰方法，用独特的切法打造水果的外形，不改变水果的质地，组合时突出立体感。

水果搭配组合特点

制作中使用了装饰性面糊，酱料使用了覆盆子等水果加工材料，蛋糕本身就营造出了非常热闹的气氛，表面装饰用了多种水果来对应这种风格，造型上也有拉伸效果，避免臃肿。

雕刻型水果装饰特点

1. 水果质地要中等偏硬，且不能到处流汁水。需要的造型越立体，水果的质地就越要硬。

2. 水果可以有籽、有核，主要是为了呼应主题。

3. 颜值要高或有特色，否则可能会达到反效果。

4. 多种水果组合摆放时，避免胡乱堆砌，杂乱无章。

同类推荐

芒果、黑布林、李子等硬质水果，组合时，也可以使用小型水果做补充，如樱桃、小番茄、覆盆子（树莓）、带皮葡萄等。

组合层次说明

产品名称	类别	主要作用
杏仁海绵蛋糕	蛋糕底坯	支撑；平衡质地；平衡色彩
装饰面糊（可可装饰面糊）	表面装饰（烘烤型）	平衡色彩
覆盆子果冻	夹心馅料	平衡质地；平衡口味
白巧克力慕斯	夹心馅料	平衡质地；平衡口味
覆盆子慕斯	夹心馅料	补充色彩；平衡质地；平衡口味
淋面	贴面装饰	补充色彩；平衡质地
各式水果	表面装饰	平衡色彩；拉伸视觉

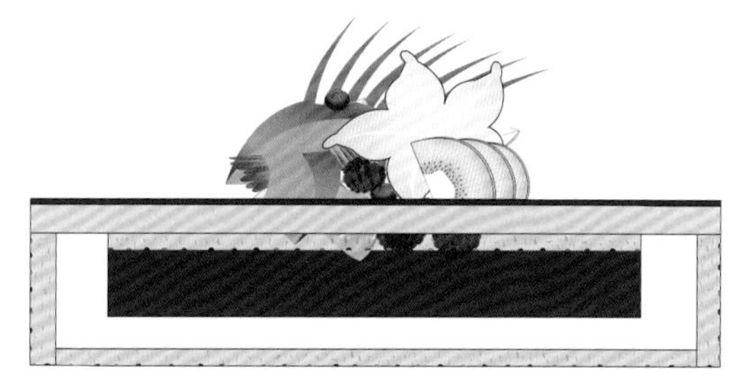

杏仁海绵蛋糕
（蛋糕底坯）

装饰面糊
［表面装饰（烘烤型）］

覆盆子果冻
（夹心馅料）

白巧克力慕斯
（夹心馅料）

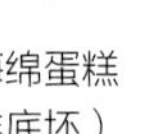

覆盆子慕斯
（夹心馅料）

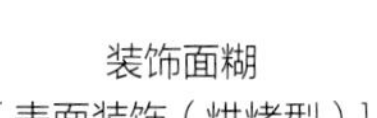

淋面
（贴面装饰）

各式水果
（表面装饰）

基础组合说明

1. 以杏仁海绵蛋糕和装饰面糊为主要支撑。
2. 以白巧克力慕斯为主体慕斯。
3. 其他层次依次填入框架结构内部。

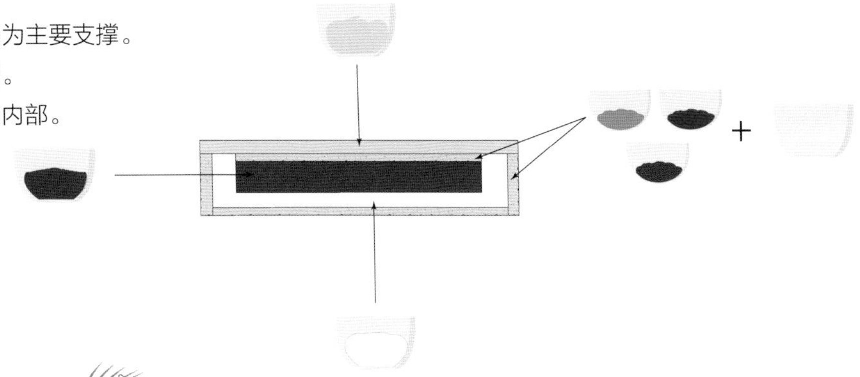

装饰组合

1. 以淋面作为贴面，用于底色装饰。
2. 以水果作为表面装饰，注意色彩的把控和搭配。

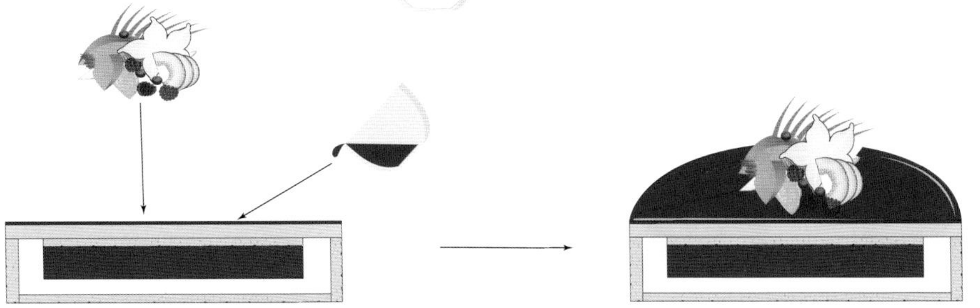

组合注意点

1. 围边时，杏仁海绵蛋糕的高度要略低于模具，这样后期覆盆子慕斯在外观上才会展现出来。
2. 水果的摆放要注意立体感，不要拥挤，也不要无规则散落，避免堆砌和放置的毫无章法。

组合与设计理念

口味层次：酸甜中和，醇厚度极高。

色彩层次：彩色条纹镶嵌入乳黄色的底坯中，与红色淋面之间过度一个粉色馅料。顶部用多色水果装饰。

质地层次：海绵蛋糕绵软，覆盆子果冻有弹性，慕斯类产品爽滑、入口即化。

形状层次：为契合模具，层次多以圆形填充。水果装饰多彩，摆放时根据水果各自的特点，或平或立，打造更加立体的场景。

杏仁海绵蛋糕

配方

T.P.T	166克
低筋面粉	25克
全蛋	21克
蛋白	83克
幼砂糖	22克
黄油	16克

材料说明

T.P.T 是指杏仁粉与糖粉的混合物，混合比约1：1，是马卡龙常用的粉状混合物。

制作过程

1. 将过筛的T.P.T和低筋面粉倒入搅拌桶中，再加入全蛋，混合打发。
2. 将黄油熔化，加入步骤1中，搅拌均匀。
3. 将蛋白和幼砂糖倒入另一个打蛋桶中，混合搅打至干性发泡，再分次与步骤2混合拌匀，备用。

1

2

3

装饰面糊

配方

黄油（软化）	100克
糖粉	100克
低筋面粉	125克
蛋白	105克
红色素	适量
绿色素	适量
黄色素	适量

可可装饰面糊

配方

黄油（软化）	120克
糖粉	120克
低筋面粉	60克
可可粉	37克
蛋白	80克

制作过程

1. 在软化的黄油中加入过筛的糖粉和低筋面粉，搅拌均匀（如果制作可可装饰面糊，在此步骤再加入过筛的可可粉）。
2. 将蛋白打发，分3次加入步骤1中，混合均匀（按照此步骤，制作可可装饰面糊）。
3. 将面糊分成2份，一份中加入红色和黄色色素，另一份中加入绿色和黄色色素进行调色。
4. 将带色面糊（包括可可装饰面糊）分别装入裱花袋中，在硅胶垫上挤出各色线条，放入冰箱，冷冻。
5. 将步骤4转移到烤盘上，倒入杏仁海绵蛋糕面糊，抹平，约3毫米厚，放入风炉中，以200℃烘烤5~7分钟。出炉，备用。

1

2

3

4

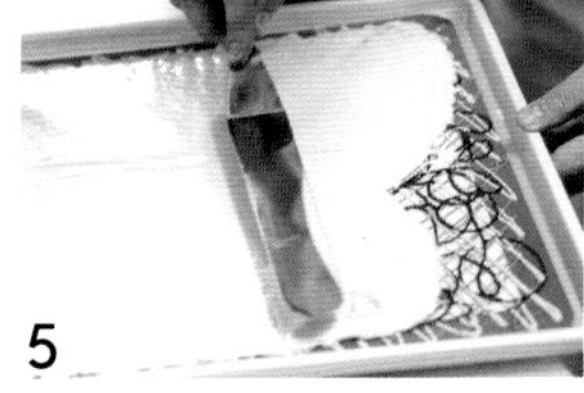
5

覆盆子果冻

配方

覆盆子果蓉	500克
吉利丁粉	8克
幼砂糖	75克

材料说明

本配方中的吉利丁粉需加40克冷水混合泡发使用。

制作过程

1. 将覆盆子果蓉倒入锅中加热，再加入幼砂糖，混合至糖熔化，最后加入泡发吉利丁粉，搅拌至熔化，关火。
2. 用均质机将步骤1搅拌均匀，直至顺滑，制成果冻。
3. 将果冻倒入垫有保鲜膜的烤盘中，高度约1厘米，放入冰箱中冷冻。

白巧克力慕斯

配方

牛奶	300克
蛋黄	60克
幼砂糖	39克
白巧克力	342克
淡奶油	963克
吉利丁片	9克

材料说明

本配方中的吉利丁片需要用冷水泡软使用。

制作过程

1. 将牛奶和少许幼砂糖倒入锅中，煮沸。
2. 将蛋黄和剩余的幼砂糖混合，用手动打蛋器搅拌至糖溶化。
3. 边搅拌边将煮沸的牛奶混合物冲入步骤2中，搅拌均匀。
4. 将步骤3倒回锅中，边搅拌边煮至82℃，离火。
5. 将泡软的吉利丁片加入混合物中，搅拌至吉利丁溶化。
6. 将其过筛入装有白巧克力的盆中。
7. 用均质机将步骤6搅打均匀，冷却备用。
8. 将淡奶油搅打至七分发，提起打蛋头，淡奶油呈软峰状。
9. 将打发淡奶油放入步骤7中，用刮刀混合拌匀。

覆盆子慕斯

配方

蛋白	56 克
幼砂糖	115 克
覆盆子果蓉	283 克
吉利丁片	11.2 克
酸奶	141 克
覆盆子白兰地	30 克
淡奶油（打发）	288 克
水	10 克

材料说明

本配方中的吉利丁片需要用冷水泡软使用。

制作过程

1. 将30克幼砂糖和水放入锅中，加热至约118℃，制成糖浆。同时将剩余的幼砂糖和蛋白放入搅拌桶中，搅打至无明显液体蛋液，再边搅拌边倒入糖浆，中高速搅打至温度降至手温，并且呈现浓稠有光泽的状态，制成意式蛋白霜。
2. 将覆盆子果蓉倒入锅中加热，加入泡软的吉利丁片，搅拌至熔化，离火，隔冰水降温至30℃左右。
3. 将打发的淡奶油和意式蛋白霜混合均匀，再将其倒入步骤2中，混合均匀，最后加入酸奶和覆盆子白兰地，混合均匀，装入裱花袋中备用。

淋面

配方

覆盆子果酱	150 克
镜面果胶	500 克
红色色粉	适量

制作过程

将覆盆子果酱和镜面果胶倒入锅中，稍微加热，混合拌匀，再加入适量红色色粉，混合拌匀。

组装

配方

苹果	适量
糖渍桃子	适量
橙子	适量
猕猴桃	适量
覆盆子	适量
蓝莓	适量
杨桃	适量
无花果	适量
镜面果胶	适量
防潮糖粉	适量

制作过程

1. 用锯齿刀修整带有装饰面糊的杏仁海绵蛋糕，一部分切成长条形用于围边，一部分用圈模压成两种尺寸的圆形（大号圆形底坯与用长条形底坯围成的圆形一致，小号圆形底坯略小于大号圆形底坯）用于基底。
2. 将长条形蛋糕的装饰面朝外贴在模具上，略低于模具1厘米左右。
3. 将大号圆形底坯放在底层。
4. 倒入适量白巧克力慕斯，再依次放入圆形覆盆子果冻（用压制小号圆形底坯的圈模压出圆形）、小号圆形底坯，直至与侧面蛋糕齐平，放入冰箱冷冻成型。取出，倒入覆盆子慕斯，与模具齐平。
5. 用抹刀将步骤4表面抹平，放入冰箱中冷冻。
6. 待其成型后取出，在表面放上少许淋面，用抹刀抹平，再脱模。
7. 将水果进行预处理。苹果和杨桃切片，糖渍桃子和无花果切块，橙子取果肉，猕猴桃去皮切片，覆盆子表面沾防潮糖粉。
8. 将处理后的水果及蓝莓摆放在蛋糕表面，淋上一些镜面果胶进行装饰即可。

产品联想与延伸设计

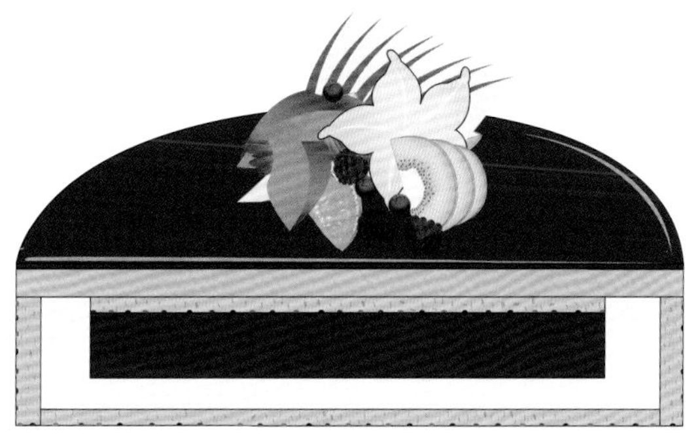

延伸设计 1

说明：使用杯子盛装甜品。底部放一片杏仁海绵蛋糕与装饰面糊制作的底坯，再挤入白巧克力慕斯，中间放上冷冻后的覆盆子果冻，待其凝固后挤上覆盆子慕斯，表面用淋面和水果装饰，用勺子食用。

使用模具：普通杯装器具即可。

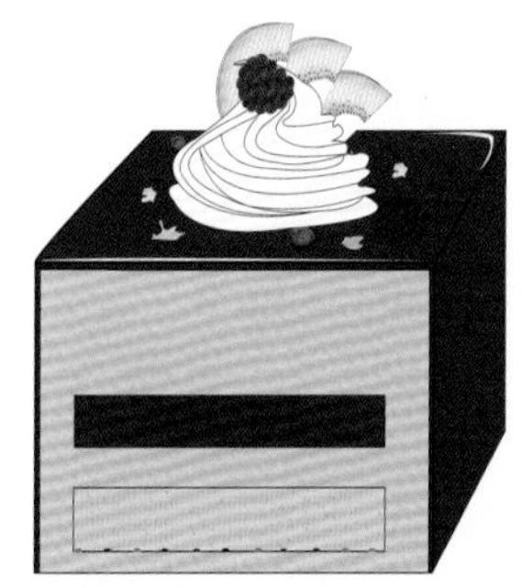

延伸设计 2

说明：增加裱挤的香缇奶油，去除白巧克力慕斯层次。层次组合以覆盆子慕斯为主体，内部填入底坯和覆盆子果冻，成型后表面用淋面、裱挤的香缇奶油和水果装饰。

香缇奶油参考：蘑菇蛋糕——香缇奶油。

使用模具：正方体模具。

延伸设计 3

说明：组合层次由半包围结构改成上下结构；装饰元素不变；组合层次的下部为底坯和白巧克力慕斯的叠加，上部依次为覆盆子果冻和覆盆子慕斯，冷冻成型后在表面装饰淋面和水果。

使用模具：框模，成型后再切割成块。

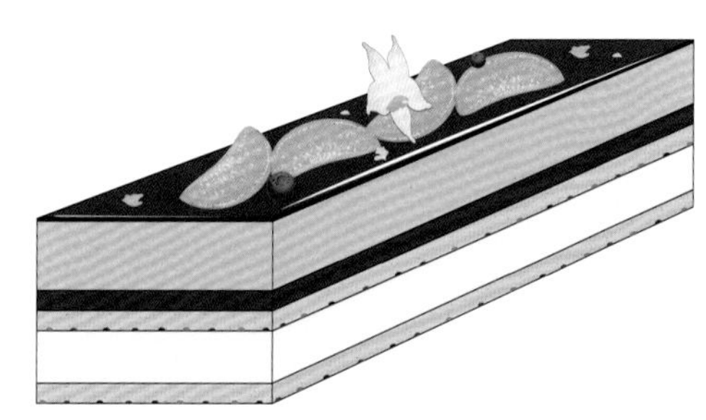

延伸设计 4

说明：装饰元素由淋面改成喷面；在圆形模具底部放一片底坯，挤入覆盆子慕斯，待其冷冻成型再挤入白巧克力慕斯，中心处放入冷冻后的半球形覆盆子果冻（使用半球硅胶模具塑形），成型后进行喷面和其他装饰。

喷面参考：草莓泡芙——红色喷面。

使用模具：半球形硅胶模具、圆形慕斯模具（参考SN3474）。

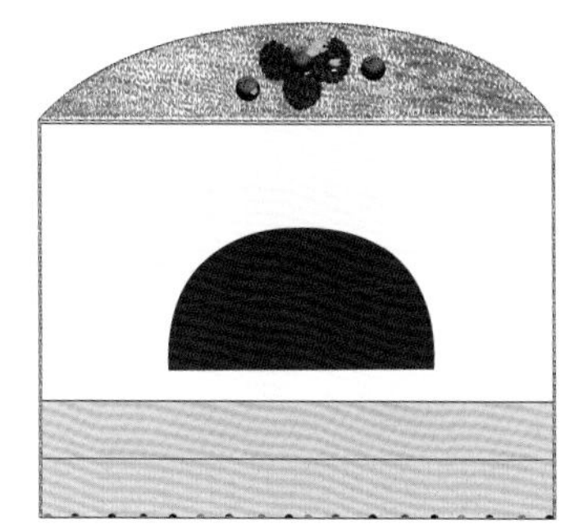

小配方产品的延伸使用

本次制作	你还可以这样做
杏仁海绵蛋糕	可单独制作，用其他模具制作成或小或大的产品，作为一家人的早餐或下午茶
装饰面糊（可可装饰面糊）	可以与纯色底坯搭配，制作出各式各样的花纹，更加有趣味
覆盆子果冻	果冻质地，操作十分简单，可以变换各种形状，放于冰箱中备用，随用随取
白巧克力慕斯	巧克力含量偏高，适合与各种轻盈质地的底坯或馅料组合，增加醇厚感
覆盆子慕斯	可以作为各种材料的夹心馅料，尤其适合中和甜味食材
淋面	简易式涂抹形淋面，适合慕斯蛋糕的平面装饰
各式水果	家中常备水果，随取随吃

蛋白霜与马卡龙装饰

甜品组合中，有许多成品可以直接作为装饰放置在甜品表面，如糖果、饼干等。蛋白霜制品也是其中比较大的一个支系，其外形、色彩等都可以通过操作来改变，从而能针对性地制作出与甜品本身有契合点的产品。

蛋白中含水量在90%左右，蛋白质含量在9%左右，通过外力对蛋白进行搅拌，可以使蛋白中的蛋白质变性，过程中会裹入大量的气体，形成泡沫。这类泡沫型蛋白产品也被称为蛋白霜。蛋白霜可以调色，在泡沫稳定期内，可以通过挤裱的方式制作出各式花样，之后以烘烤、灼烧、冷藏等方式形成一定的装饰效果。

在甜品制作中，常见的蛋白霜有三类。

蛋白霜的基础制作方法

法式蛋白霜

使用材料

蛋白	150 克
糖	125 克

制作过程

1. 将蛋白打发至出现大气泡，分次加糖，持续打发。
2. 打发至中性发泡（即泡沫呈现细腻有光泽的状态，拉起搅拌器头能形成稳定的尖角）。

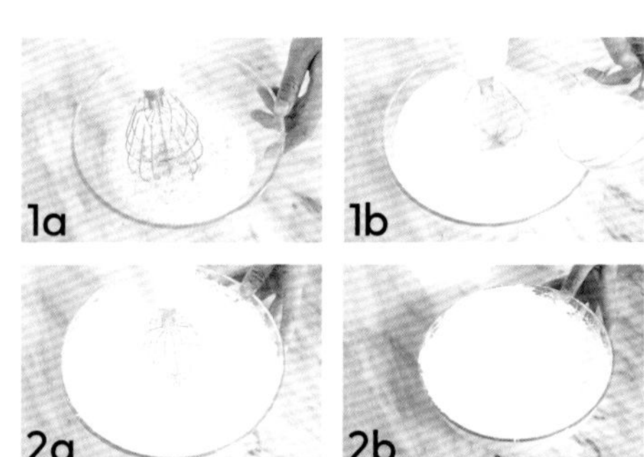

瑞士蛋白霜

使用材料

蛋白	100 克
糖	100 克
糖粉	100 克

制作过程

1. 将蛋白和糖混合放入盆中，隔水加热至50℃，期间可边加热、边搅拌。
2. 至达到温度后离火，继续搅打至中性发泡。
3. 加入糖粉，用刮刀混合搅拌均匀。

意式蛋白霜

使用材料

蛋白	100 克
水	80 克
糖	250 克

制作过程

1. 将水和糖放入锅中，煮至118℃。
2. 同时，打发蛋白至略出现纹路状态。
3. 将糖浆缓缓冲入打发蛋白中，且快速、持续搅拌，至整体呈现细腻有光泽的状态。

三种蛋白霜对比

类别	法式蛋白霜	瑞士蛋白霜	意式蛋白霜
主材	蛋白、糖	蛋白、糖、糖粉	蛋白、水、糖
蛋白处理	直接打发	隔水加热后打发	与高温糖浆混合打发
蛋白霜成型温度	冷 / 常温	温	热
蛋白泡沫稳定程度	不稳定	较稳定	非常稳定
蛋白霜韧性	一般	一般	较好
主要用途	蛋糕类、马卡龙、饼干等	蛋白糖及装饰糖果等	馅料基底、甜品装饰、棉花糖、马卡龙等
成型图			

蛋白霜装饰

产品装饰

蛋白糖

以蛋白霜为基础，可以制作许多产品类型，如将蛋白霜装入裱花袋中，在烤垫上挤出各式花型，再入炉烘烤成各式蛋白糖，可以直接放于甜品表面进行装饰。

马卡龙

以蛋白霜为基础，叠加杏仁粉等混合制作成面糊，再经由裱花袋挤出形状，烘烤而成的圆形饼壳。可以直接食用，也可以作为支撑层次组合其他馅料。

灼烧装饰（意式蛋白霜）

糖和蛋白质在高温环境下会发生非酶褐变反应，产生变色。这是灼烧蛋白霜产生装饰效果的主要原因。一般主要作用在意式蛋白霜表面（意式蛋白霜泡沫稳定、保水性好）。

全面灼烧

区域灼烧

火枪灼烧

用火枪直接在蛋白霜表面灼烧，火枪口离作用面要有一定的距离。产生的深浅效果可以自由控制，想要深色可以多加热一会。也可以在蛋白霜表面筛一层糖粉，灼烧后，表面会带有颗粒感。

圆顶柠檬挞

蛋白霜装饰特点

烘烤型蛋白霜装饰类型。

本款蛋白霜是传统法式蛋白霜的制作方法，流程虽然简单，但是蛋白泡沫较易消泡，所以制作的速度和力度要把控好。烘烤的温度和时间不同，烘烤后的产品成色和状态会很不一样，本款产品采用低温短时间烘烤，成品成色洁白，整体无龟裂。

蛋白霜色彩

低温短时间烘烤的蛋白霜颜色洁白，不易变形，烘烤完成后整体脆性比较大。若想上色，可以延长烘烤时间或提高烘烤温度。

如果使用杀菌型蛋白来制作蛋白霜，挤出形状后可以放置于冰箱中冷藏定型，后期也可以直接使用，口感会有不同。

组合层次说明

产品名称	类别	主要作用
油酥挞皮	面团底坯	支撑；平衡质地；平衡色彩；平衡口感
扁桃仁奶油	夹心馅料——烘烤型	平衡口感；平衡质地
柠檬奶油	夹心馅料 / 表面装饰	平衡口感；平衡质地
法式蛋白霜	夹心馅料 / 表面装饰	平衡口感；平衡质地
黄色中性淋面	贴面装饰	平衡质地；平衡色彩
绿色花纹巧克力片	表面装饰	平衡形状；平衡色彩

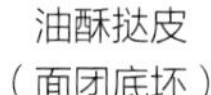

油酥挞皮
（面团底坯）

扁桃仁奶油
（夹心馅料——烘烤型）

柠檬奶油
（夹心馅料 / 表面装饰）

法式蛋白霜
（夹心馅料 / 表面装饰）

黄色中性淋面
（贴面装饰）

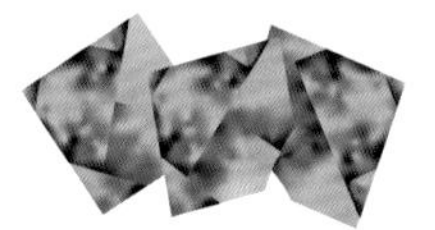

绿色花纹巧克力片
（表面装饰）

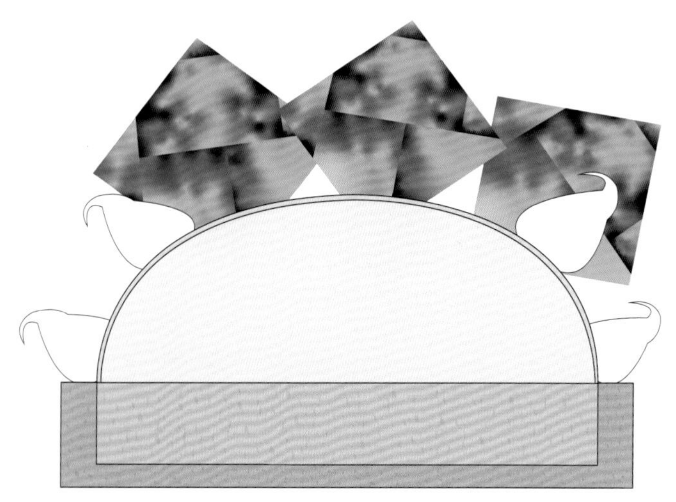

基础组合说明

1. 下部挞底做主体支撑，内部用奶油馅料做填充。
2. 上部以半圆形模具对馅料进行塑形，之后再进行整体组合。

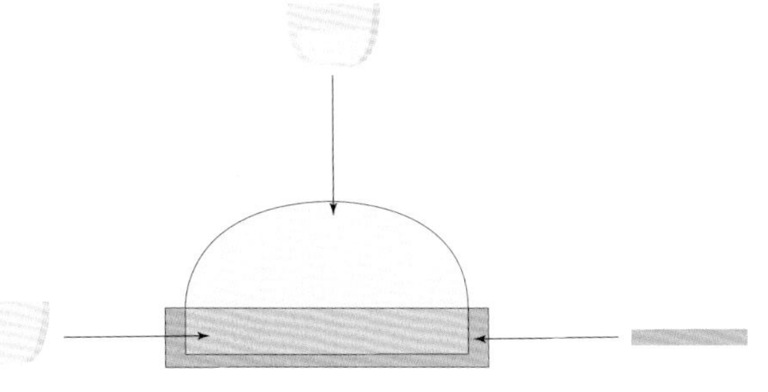

装饰组合

1. 上下部分衔接处角度改变较大，可以使用法式蛋白霜进行柔和化处理，同时有向外延伸的效果。
2. 表面慕斯用黄色中性淋面进行装饰，可以增加光亮感，也有遮瑕效果，防氧化。
3. 巧克力片增加立体感。

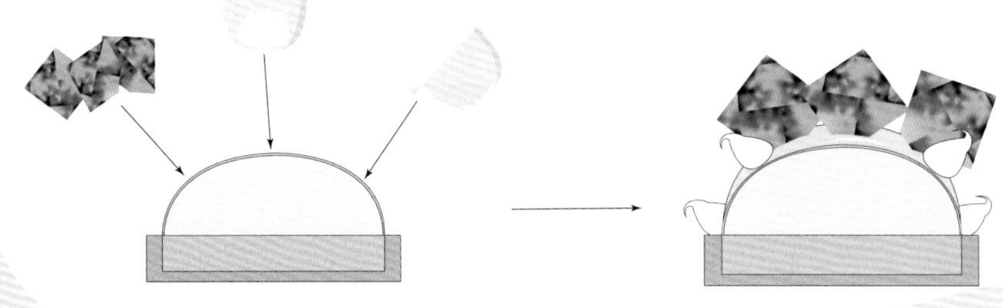

组合注意点

上下结构的甜品要注意各个模具大小的使用。挞皮内部的馅料挤入八分满左右即可，最好的效果是烘烤后能充满整个挞皮内部空间。

本次使用的表面巧克力装饰件纹路有很好的延伸作用，换一种装饰风格就是不同的风格，如线条、心形花纹等。

组合与设计理念

口味层次：酸、甜为主，烘烤型奶油的香气更加浓郁。

色彩层次：主体属于黄色系，白色和黄色比较跳脱，是比较显眼的一款甜品。

质地层次：饼底酥脆，内部馅料经过烘烤后软滑香嫩，顶部柠檬奶油入口即化，还有脆脆的蛋白糖。

形状层次：经典的上下结构的甜品类型，下宽上窄，下低上高，有向上延伸的感觉。蛋白糖和巧克力片向四周延伸，进一步增加空间感。

油酥挞皮

配方

黄油（冷）	600 克
低筋面粉	1000 克
糖粉	380 克
扁桃仁粉	130 克
精盐	10 克
全蛋	220 克

准备

在挞模上喷一层脱模油，或抹一层黄油，用来防粘。

制作过程

1. 将黄油切成小块，放入搅拌缸内，倒入过筛的低筋面粉、糖粉和扁桃仁粉，并加入精盐，用扇形搅拌器搅拌均匀。再缓缓加入全蛋液，继续搅拌成面团状。
2. 将面团取出，整形成团，用手按压成面皮，覆上保鲜膜，放入冰箱冷藏松弛。
3. 取出面皮，擀至2~3毫米厚，用直径7厘米的圈模压出面皮。
4. 将每块面皮放入挞模中，使面皮与模具完全贴合，放入冰箱中冷藏片刻，取出后，用小刀去除外围边缘多余部分。

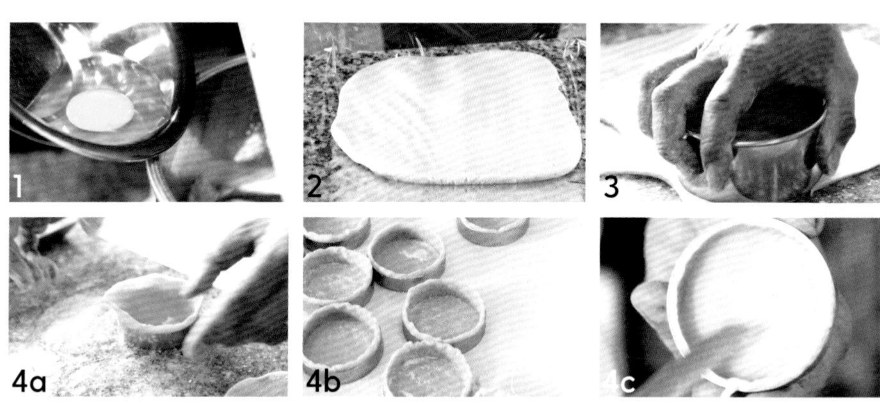

扁桃仁奶油

配方

黄油（冷）	500 克
糖粉	500 克
扁桃仁粉	500 克
全蛋	600 克
淡奶油	450 克
朗姆酒	50 克
奶粉	100 克

小贴士

最好提前一天做好扁桃仁奶油，可以得到充分的静置，烘烤时不会膨胀得过高。

制作过程

1. 将黄油切成小块，放入搅拌缸中，用扇形搅拌器快速搅拌成泥状，再加入过筛的糖粉，用中速搅拌至无粉状，加入过筛的扁桃仁粉，搅拌均匀。
2. 分次加入全蛋，中速转高速搅拌，中途适时停一下，用软刮刀将搅拌缸边缘的面糊刮到一起，继续搅拌。
3. 加入淡奶油，搅拌均匀后加入朗姆酒和奶粉，继续搅拌均匀（也可以加入柠檬皮屑等食材调配口味）。
4. 倒入盆中，贴面覆上保鲜膜，放入冰箱中冷藏保存。

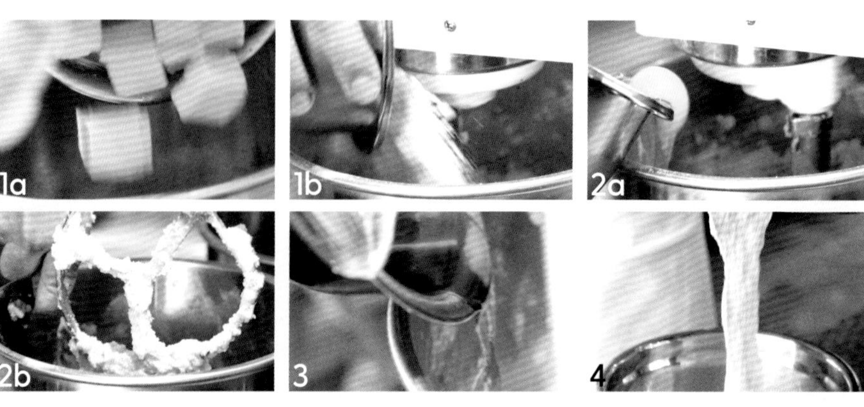

柠檬奶油

配方

柠檬果蓉	370 克
水	185 克
柠檬皮屑	2 个柠檬的量
全蛋	185 克
细砂糖	275 克
吉士粉	55 克
黄油	150 克
吉利丁片	4 克

制作过程

1. 将柠檬果蓉放入锅中，加入水和柠檬皮屑，加热煮沸后关火。
2. 将全蛋与细砂糖放在盆中混合，用手动打蛋器搅拌均匀，加入吉士粉，继续搅拌。
3. 将一半的步骤1倒入步骤2中，搅拌均匀再倒回剩余的步骤1中，继续加热煮至假沸浓稠的状态，期间要一直用打蛋器搅拌，防止糊锅。
4. 离火，倒入盆中，加入泡软的吉利丁片，搅拌均匀，待其降温至60℃时，加入黄油，搅拌均匀，制成柠檬奶油。
5. 将柠檬奶油装入裱花袋中，挤入直径为6厘米的半球形硅胶模中，注满，放入冰箱中冷冻。

材料说明

吉利丁片需放入冷水中泡软后再使用。

法式蛋白霜

配方

蛋白	100 克
细砂糖	100 克
糖粉	100 克

制作过程

1. 在蛋白中分次加入细砂糖，打发至干性发泡，加入过筛的糖粉，继续搅拌均匀。
2. 将其装入带有圆形裱花嘴的裱花袋中，在垫有硅胶垫的烤盘中挤出水滴状。
3. 放入烤箱，以130℃烘烤约30分钟。

小贴士

法式蛋白霜可以使用不同的裱花嘴挤出不同的形状。

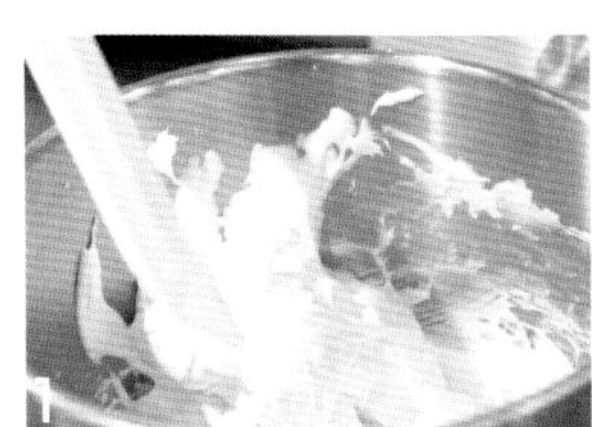

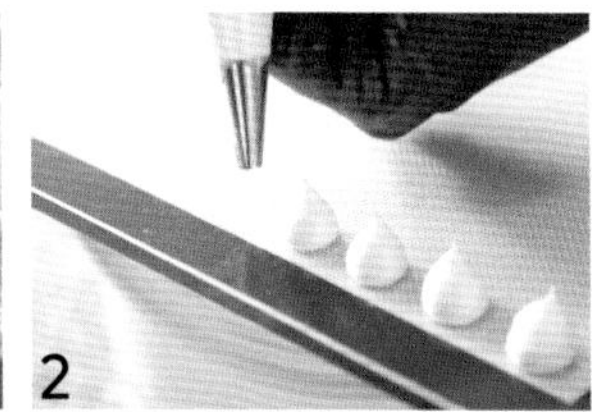

组装

配方

绿色花纹巧克力片	适量
黄色中性淋面	适量

材料说明

黄色中性淋面：将黄色色素和镜面果胶混合搅拌均匀即可。

制作过程

1. 将油酥挞皮放入垫有网格硅胶垫的烤盘中，挤入扁桃仁奶油，至八分满左右，放入烤箱中，以170℃烘烤约19分钟。
2. 出炉，待其冷却后脱模，作为底座。
3. 将柠檬奶油脱模，放在网架上，表面淋上一层黄色中性淋面。
4. 将步骤3放在步骤2上。
5. 将法式蛋白霜粘在步骤4中的柠檬奶油底部一周。
6. 在甜品表面插入几个绿色花纹巧克力片即可。

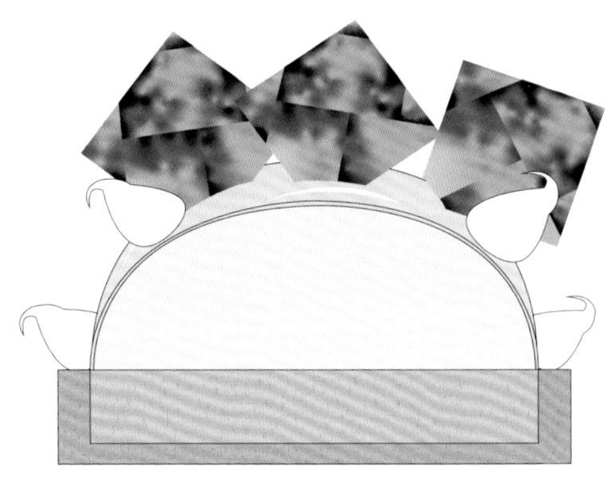

产品联想与延伸设计

延伸设计 1

说明：将法式蛋白霜裱挤成卡通熊的形状，再进行低温烘烤，制成蛋白霜棒棒糖，甜品摆台和蛋糕装饰必备。

延伸设计 2

说明：将法式蛋白霜制作成彩色蛋白糖。取适量可食用色素涂在裱花袋内壁，再装入法式蛋白霜，裱挤出水滴形状，进行低温烘烤，颜色可根据个人所需进行搭配。其常常被装在透明瓶子中，可单独售卖，也可和甜品台组合搭配使用。

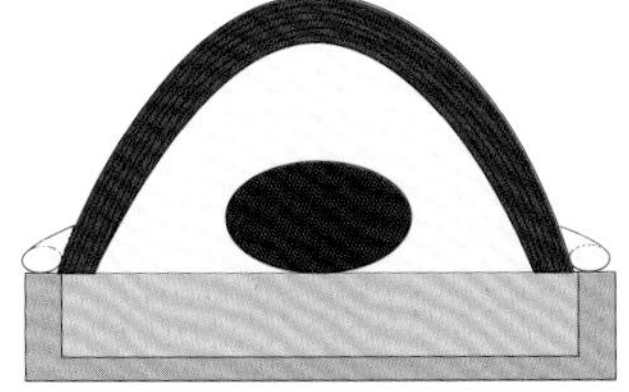

延伸设计 3

说明：组合层次保留油酥挞皮和扁桃仁奶油作为底部支撑。在其表面中心处放上整颗糖水栗子，再裱挤上香缇奶油，呈山峰状，冷冻成型后沿着香缇奶油表面裱挤调色后的栗子奶油。在栗子奶油和挞皮的交界处裱挤一圈香缇奶油（也可裱挤出花型），顶部可裱挤香缇奶油，筛上糖粉或椰蓉装饰。

栗子奶油参考：蒙布朗小挞——栗子奶油（可调色）。

香缇奶油参考：蘑菇蛋糕——香缇奶油。

使用模具：圆形挞模具。

延伸设计 4

说明：将法式蛋白霜制成各种颜色的蛋白糖，用来和马卡龙、糖珠、甘纳许（白巧克力）一起装饰蛋糕，制成滴落蛋糕。

使用模具：圆形蛋糕模具。

小配方产品的延伸使用

本次制作	你还可以这样做
油酥挞皮	基础油酥面团，百搭款支撑基底，也可以做成饼干
扁桃仁奶油	含油量比较高的一款奶油馅料，可烘烤
柠檬奶油	水果类酸性奶油馅料，可搭配甜、苦、油脂含量较高的甜品
法式蛋白霜	蛋白糖的常见做法，颜色、形状都较好调整
黄色中性淋面	可调色淋面，可变色使用
绿色花纹巧克力片	基础表面装饰件，根据需求可放于其他产品表面

蒙布朗小挞

蛋白霜装饰特点

本款甜品属于烘烤型蛋白霜装饰。

本款蛋白霜参考了瑞士蛋白霜的制作方法，先将蛋白与糖混合隔水加热至有一定的黏性，再进行打发，此种做法可以提高蛋白霜的光泽度，且能提升泡沫的稳定性。

蛋白霜的烘烤成型与烤箱温度、烘烤时间有直接关系。本款蛋白霜烘烤时间较长，蛋白霜上色明显，且产生一定的龟裂，有不一样的装饰效果。

蛋白霜色彩

与主体颜色相配，烘烤色较明显，不发白，和主体搭配较统一。同时，外部筛了些许糖粉，与栗子奶油装饰统一。

组合层次说明

产品名称	类别	主要作用
扁桃仁油酥挞皮	面团底坯	支撑；平衡质地；平衡色彩；平衡口感
卡仕达奶油	夹心馅料 / 馅料基底	平衡口感
扁桃仁达垮次底坯	夹心馅料 / 表面装饰	平衡口感
栗子碎屑香草香缇奶油	夹心馅料 / 表面装饰	平衡口感；平衡质地；装饰底色
栗子奶油	夹心馅料 / 表面装饰	呼应主题；平衡质地；平衡口感
蛋白饼	表面装饰	平衡视觉；平衡色彩
镜面果胶	贴面装饰	平衡质地
弧形巧克力件	表面装饰	平衡形状；平衡色彩

扁桃仁油酥挞皮
（面团底坯）

卡仕达奶油
（夹心馅料 / 馅料基底）

扁桃仁达垮次底坯
（夹心馅料 / 表面装饰）

栗子碎屑香草香缇奶油
（夹心馅料 / 表面装饰）

栗子奶油
（夹心馅料 / 表面装饰）

蛋白饼
（表面装饰）

镜面果胶
（贴面装饰）

弧形巧克力件
（表面装饰）

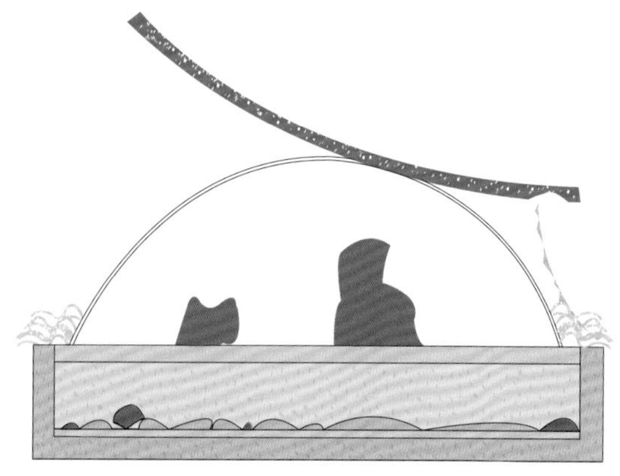

基础组合说明

1. 下部用挞底做主体支撑，内部用奶油馅料做填充。
2. 上部以半圆形模具对馅料进行塑形，再进行整体组合。

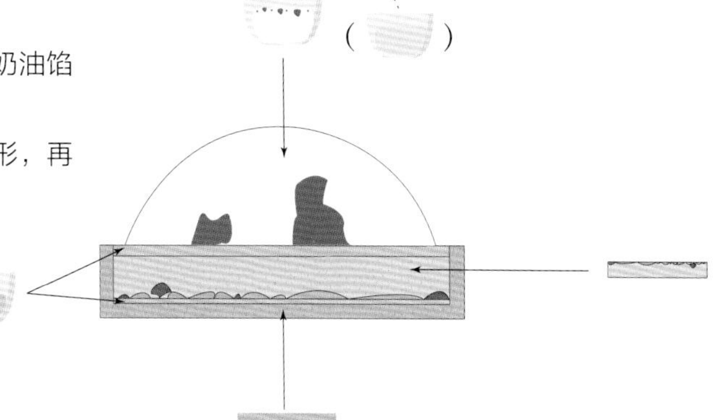

装饰组合

1. 上下部分衔接处角度变化大，可以用奶油、栗子碎等进行过渡处理，同时遮瑕。
2. 表面用镜面果胶进行装饰，可以增加光泽度，也有遮瑕效果，并防氧化。

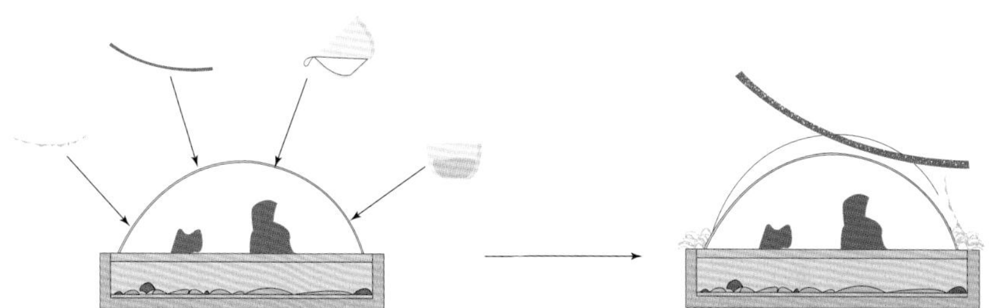

组合与设计理念

口味层次：油脂含量比较高的一款甜品，甜度也较高，栗子风味明显。

色彩层次：外部装饰色彩呼应主体材料——栗子，挞皮外露类甜品的装饰有两种常见的用色方法，可以选用暗色系，整体偏沉稳，且底部用色一般比上部用色深，这样不会产生“头重脚轻”的感觉；也可以使用亮色系，会有很跳脱的感觉，非常显眼。

质地层次：挞皮酥脆，内部馅料绵软、入口即化，是比较经典的质地组合。底坯和馅料中加入了扁桃仁碎和栗子碎，增加了颗粒感和食用乐趣。

形状层次：圆形挞底与顶部半圆形组合是常见的组合形式，衔接处用装饰材料遮瑕。本款甜品用蛋白饼做三角形装饰，有稳定、向外发散的效果。也可以做向上延伸的装饰，如巧克力线条等。

组合注意点

上下结构的组合方式，需要格外注意大小的确定，要选择合适的模具来制作各个部分。

扁桃仁油酥挞皮

配方

黄油（软化）	200克
盐	3克
糖粉	125克
带皮扁桃仁粉	40克
全蛋液	70克
低筋面粉	330克

制作过程

1. 将软化的黄油倒进搅拌缸中，用扇形搅拌器慢速搅拌，依次加入过筛的糖粉和带皮扁桃仁粉，并加入盐，搅拌均匀。
2. 边搅拌边分次加入全蛋液，搅拌均匀。
3. 加入过筛的低筋面粉，继续搅拌成团。取出面团，用保鲜膜包裹起来，放入冰箱中冷藏一晚。
4. 取出面团，用擀面杖擀成3~4毫米厚的面皮。
5. 用滚针在面皮上扎出孔洞。
6. 用压模压出面皮（压模直径要比挞模大一圈），将面皮捏入挞模内（可以事先在挞模的边缘抹一层油），用刀去除边缘多余的面皮，放入冰箱中冷藏约1小时。
7. 取出冷藏后的面皮，内部放入锡纸托，上面盖上一层网架（放入锡纸托可以使挞皮在烘烤完成后保持平整，盖上网架是防止用风炉烘烤时，热风把锡纸托吹出去）。
8. 将其放入风炉中，以160℃烘烤约12分钟，取出后拿掉网架和锡纸托即可。

卡仕达奶油

配方

全脂牛奶	250 克	吉士粉	20 克
蛋黄	50 克	黄油（软化）	20 克
幼砂糖	60 克		

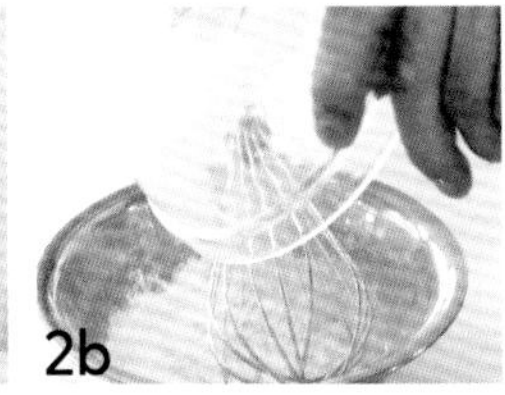

制作过程

1. 将全脂牛奶放入奶锅中加热至沸腾。
2. 将蛋黄和幼砂糖放入容器中打发，再加入吉士粉，混合拌匀。
3. 将一部分热牛奶倒入蛋黄混合物中，拌匀，再倒回锅中，继续边搅拌边加热至黏稠状，离火。
4. 加入软化的黄油，拌匀，倒在铺有保鲜膜或垫子的烤盘中，铺平晾凉备用。

扁桃仁达垮次底坯

配方

糖粉	170 克
扁桃仁粉	170 克
蛋白	215 克
幼砂糖	55 克
扁桃仁碎	100 克

制作过程

1. 将糖粉和扁桃仁粉混合、过筛备用。
2. 将蛋白放入搅拌缸中，加入一半的幼砂糖，慢速打发，待糖打至溶化时，加入剩余的幼砂糖，用中速继续打发至光滑、坚挺的状态，取出放入搅拌盆中，制成蛋白霜。
3. 在蛋白霜中加入糖粉和扁桃仁粉，快速用刮刀翻拌至均匀，制成面糊。
4. 将面糊倒在60厘米×40厘米的模具中或铺上烤盘纸的烤盘中，用抹刀抹平。在表面撒上扁桃仁碎，再筛两遍糖粉（间隔5分钟筛一次），放入烤箱中，以210℃烘烤约20分钟。

栗子碎屑香草香缇奶油

配方

淡奶油	300 克
幼砂糖	40 克
香草籽酱	5 克
卡仕达奶油	65 克
吉利丁溶液	24 克
糖渍栗子碎	220 克

材料说明

吉利丁溶液：将 4 克吉利丁粉加 20 克冷水泡发，再加热熔化成液体。

制作过程

1. 将淡奶油、幼砂糖和香草籽酱混合打发至浓稠有纹路的状态。
2. 将卡仕达奶油与吉利丁溶液混合，用手动打蛋器搅拌均匀。
3. 将步骤1与步骤2混合，用刮刀翻拌均匀。
4. 将步骤3装入带有圆形裱花嘴的裱花袋中，挤入直径7厘米的半球形硅胶模中，只需挤一半的高度即可，每个约挤入30克。
5. 在表面摆上糖渍栗子碎，震平，放入冰箱中冷冻定型。

栗子奶油

配方

栗子馅（含糖）	100 克
黄油（软化）	70 克
卡仕达奶油	40 克

制作过程

将栗子馅与卡仕达奶油放入搅拌缸中，用搅拌拍搅打均匀，再加入软化的黄油，继续搅打至光滑，换网状搅拌器继续打发。取出，放入盆中，备用。

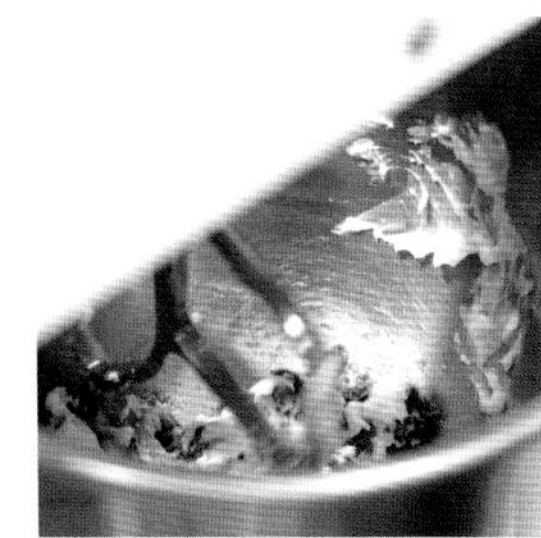
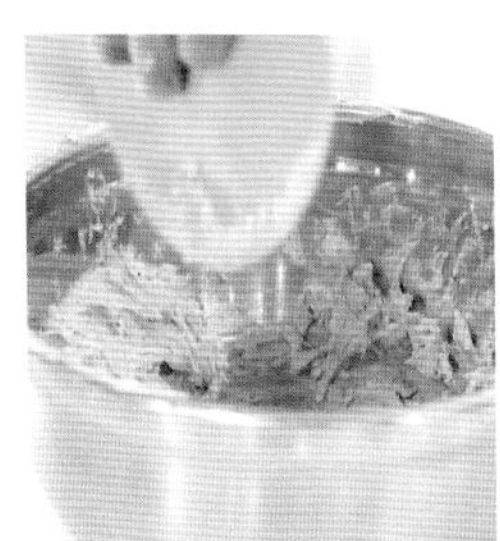

蛋白饼

配方

蛋白	100 克
糖粉	200 克

制作过程

1. 将过筛的糖粉与蛋白混合，隔水加热至45℃，再倒进搅拌缸中，搅打至可挤裱状态，制成蛋白霜。
2. 将蛋白霜装入带有圆形裱花嘴的裱花袋中，在硅胶垫或烤盘纸上挤出圆形，每个直径1.5~2厘米。
3. 在表面筛上糖粉，放入风炉中，以130℃烘烤50分钟左右。

小贴士

为了使蛋白霜上色，烘烤温度偏高，时间偏长，烘烤后蛋白饼中部有裂开。如果不喜欢此种装饰效果，烤30分钟即可。

1

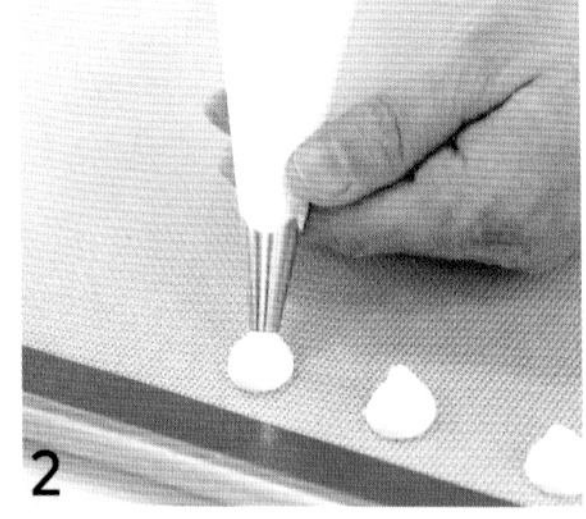
2

3

组装

配方

镜面果胶	适量
糖粉	适量
弧形巧克力件	适量

制作过程

1. 将烘烤好的扁桃仁油酥挞皮表面用网筛背面磨平。
2. 用切模压出扁桃仁达垮次底坯（切模直径比挞模内径小一圈）。
3. 取出栗子奶油，稍稍搅拌至顺滑状态，装入裱花袋，挤入一层至扁桃仁油酥挞皮内部，再盖上一片扁桃仁达垮次底坯（带有扁桃仁碎的一面朝下）。
4. 在步骤3上面挤栗子奶油，用抹刀抹平，放入冰箱中冷藏。
5. 将栗子碎屑香草香缇奶油取出，脱模，放在网架上，表面淋上镜面果胶。
6. 将步骤5用抹刀轻轻移至处理好的步骤4上。
7. 将栗子奶油装入裱花袋中，剪出小口，在栗子碎屑香草香缇奶油与扁桃仁油酥挞皮的衔接处裱挤出细丝状。
8. 在顶部放上弧形巧克力件，筛上适量糖粉，再在栗子奶油上摆3个蛋白饼，呈三角形。

产品联想与延伸设计

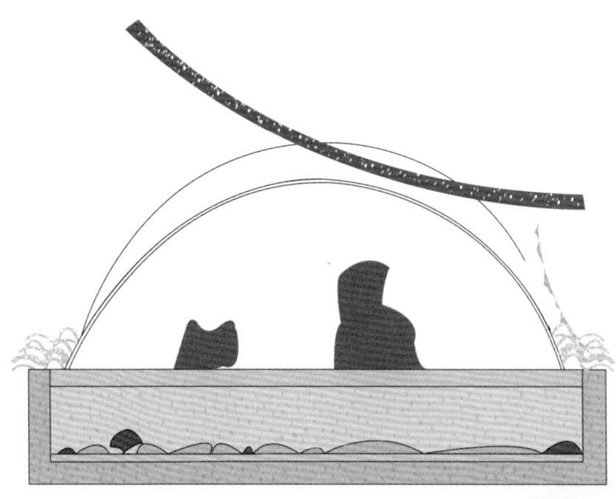

延伸设计 1

说明：用杯子作为盛器盛装甜品。将扁桃仁达垮次底坯（表面可不放扁桃仁碎）和栗子碎屑香草香缇奶油层层组装，成型后在表面装饰可可粉。

使用模具：普通杯装器具即可。

延伸设计 2

说明：去除扁桃仁达垮次底坯层次，将扁桃仁油酥挞皮改成圆形片状。将栗子碎屑香草香缇奶油注入半球形硅胶模中，成型后用调色后的淋面装饰，再将其放在扁桃仁油酥挞皮上，表面用栗子奶油、蛋白饼和弧形巧克力件装饰。

淋面参考：水果合奏——无色淋面（调色）。

使用模具：半球形模具。

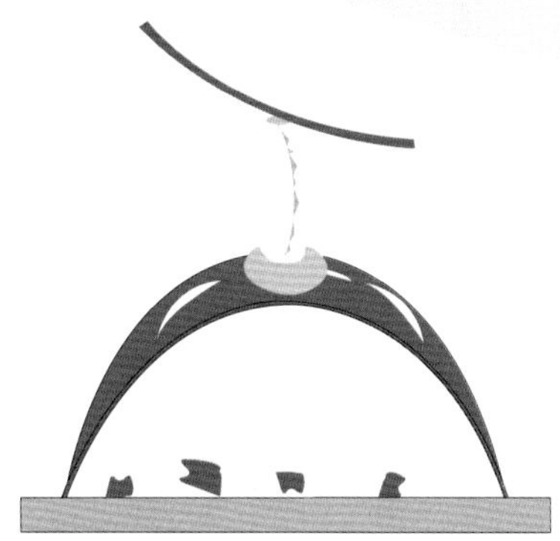

延伸设计 3

说明：组合层次由栗子碎屑香草香缇奶油（去除糖渍栗子碎）和黄油海绵蛋糕组成，将二者层层叠加，奶油部分可添加草莓丁，表面用挤裱的栗子碎屑香草香缇奶油和整颗草莓装饰，制成裸蛋糕。

黄油海绵蛋糕参考：水果合奏——黄油海绵蛋糕。

使用模具：圆形蛋糕模具。

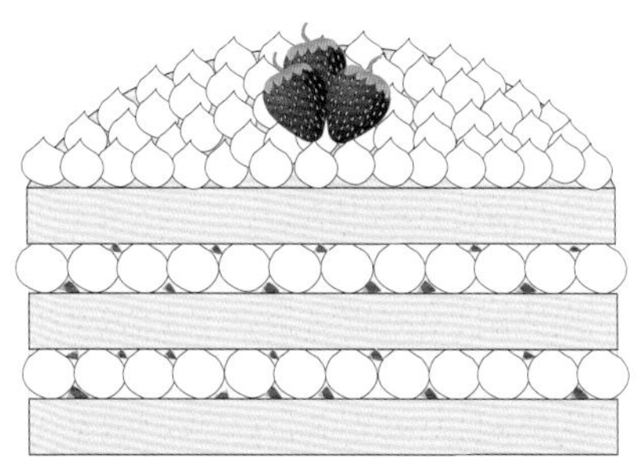

延伸设计 4

说明：以栗子碎屑香草香缇奶油为主体层次，将其注入模具中，内部和底部放上扁桃仁达垮次底坯（去除扁桃仁碎），冷冻成型后在表面裱挤线条状栗子奶油。

使用模具：山形模具。

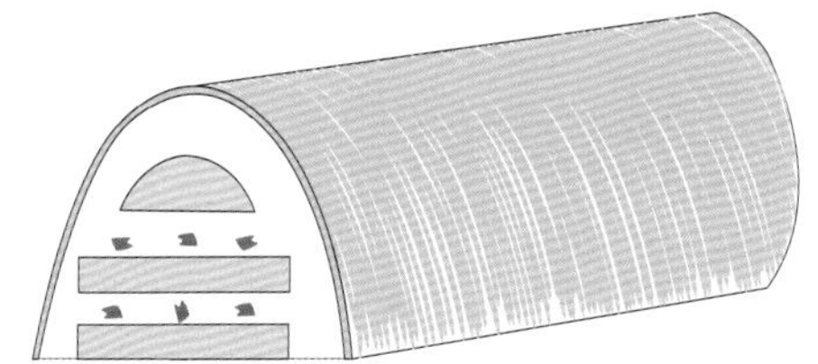

小配方产品的延伸使用

本次制作	你还可以这样做
扁桃仁油酥挞皮	带扁桃仁粉的油酥面团，口味更加丰富
卡仕达奶油	基础奶油基底，可单独使用，也可与其他奶油基底复合使用
扁桃仁达垮次底坯	带有扁桃仁碎的达垮次底坯，颗粒感更具趣味
栗子碎屑香草香缇奶油	有颗粒感的一款奶油馅料，以卡仕达奶油与香缇奶油复合制作的一款奶油馅料
栗子奶油	简易型以栗子为主材的奶油馅料
蛋白饼	可单独做成糖果，家中常备；本次制作以烘烤过度的蛋白糖做装饰，可参考使用
镜面果胶	本次淋面装饰对质感要求不高，使用镜面果胶也可以
弧形巧克力件	基础表面装饰件，根据需求可放于其他产品表面

蘑菇蛋糕

蛋白霜装饰特点

烧灼型蛋白霜装饰。

用火枪在意式蛋白霜外围进行灼烧，可以产生焦煳色，深浅可以自己掌控。

蛋白霜色彩

本次使用的糖是黄砂糖，制作而成的意式蛋白霜偏黄褐色，灼烧后的颜色与底色的颜色有过渡感。

组合层次说明

产品名称	类别	主要作用
甜巧克力面糊底坯	面团底坯	支撑；平衡质地；平衡口感
巧克力黄油薄脆	夹心馅料	平衡口感；平衡质地
巧克力底坯	蛋糕底坯	支撑；平衡质地；平衡口感
焦糖香蕉	夹心馅料	平衡质地；平衡口感
香草巴伐露	夹心馅料	平衡质地；平衡口感
香蕉慕斯	夹心馅料	平衡质地；平衡口感
香缇奶油	表面装饰	平衡色彩；平衡口感
意式蛋白霜	表面装饰	平衡质地；平衡色彩；平衡口感

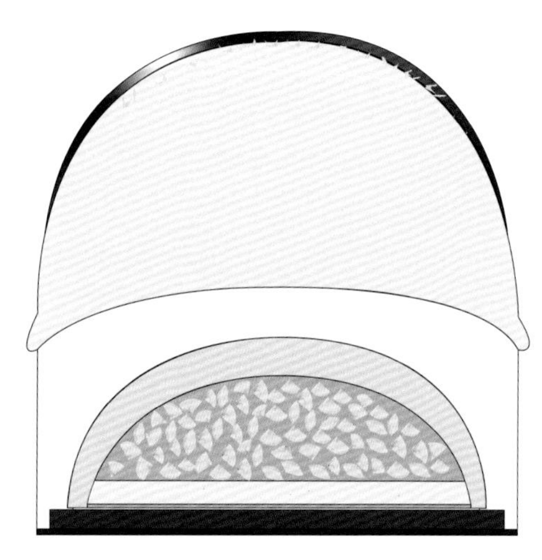

甜巧克力面糊底坯（面团底坯）

巧克力黄油薄脆（夹心馅料）

巧克力底坯（蛋糕底坯）

焦糖香蕉（夹心馅料）

香草巴伐露（夹心馅料）

香蕉慕斯（夹心馅料）

香缇奶油（表面装饰）

意式蛋白霜（表面装饰）

基础组合说明

1. 下部蛋糕底坯做主体支撑，慕斯内部主体是香蕉慕斯，其余部分做口感和质地的补充。
2. 上部用意式蛋白霜做造型和口感上的补充。

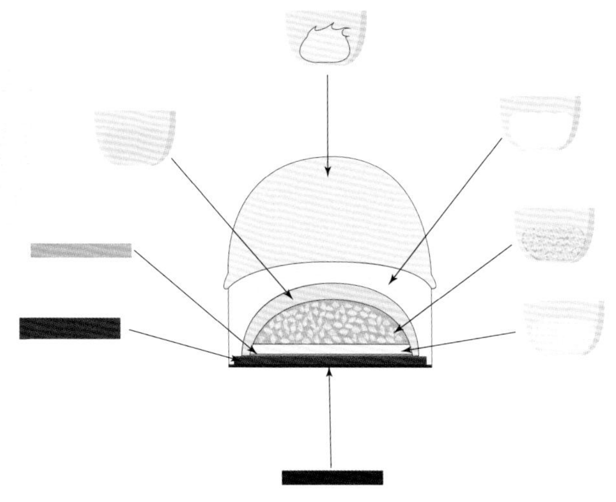

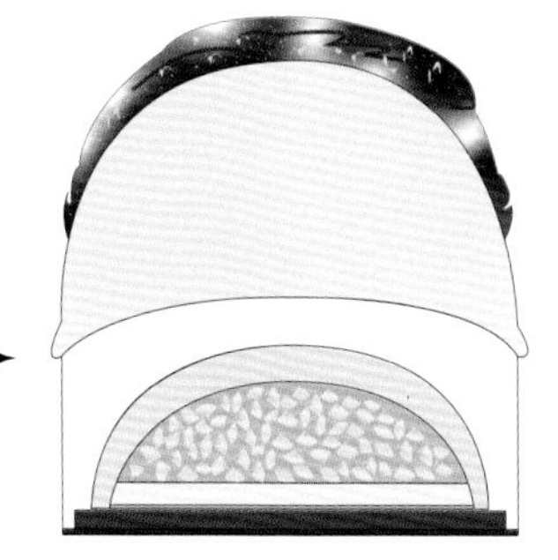

装饰组合

1. 上部用意式蛋白霜做主体装饰，延伸和补充造型。
2. 下部用香缇奶油做外围遮瑕和造型补充。

组合注意点

底部奶油涂抹可以不平整，带有一点随意感。上部的意式蛋白霜不能比下部宽，上色部位比例需要超过整体的1/2，防止“上重下轻”。

组合与设计理念

口味层次：甜、苦为主，含有柠檬香气。

色彩层次：整体色彩偏暖，上下两部分不同色彩，但是有渐变。灼烧轻重、区域都可自由控制。

质地层次：顶层意式蛋白霜轻盈、甜腻，内部层次有颗粒感的焦糖香蕉、脆脆的薄脆片、偏软的巧克力底坯，还有偏硬的面糊底坯。底部外层以香缇奶油做全覆盖，绵软细腻。

形状层次：整体近似圆柱形。

甜巧克力面糊底坯

配方

黄油（18℃）	272 克
低筋面粉	272 克
可可粉	34 克
糖粉	102 克
盐	1.3 克
全蛋	34 克

制作过程

1. 将黄油放入搅拌缸中，先用扇形搅拌器搅拌均匀，再依次加入混合过筛的粉类（糖粉、低筋面粉和可可粉）、盐和全蛋，搅拌成团，取出，放在油纸上。
2. 在面团表面也覆上油纸，用擀面杖擀平整，放入冰箱中冷藏松弛12小时。
3. 将面团取出，用擀面杖擀成3毫米厚的面皮，将其上下覆上油纸，放入冰箱中冷冻至稍有硬度。
4. 将面皮取出，用直径7厘米的压模压出形状，摆在烤盘上，放入烤箱中，以上下火150℃烘烤约20分钟。出炉，冷却降温。

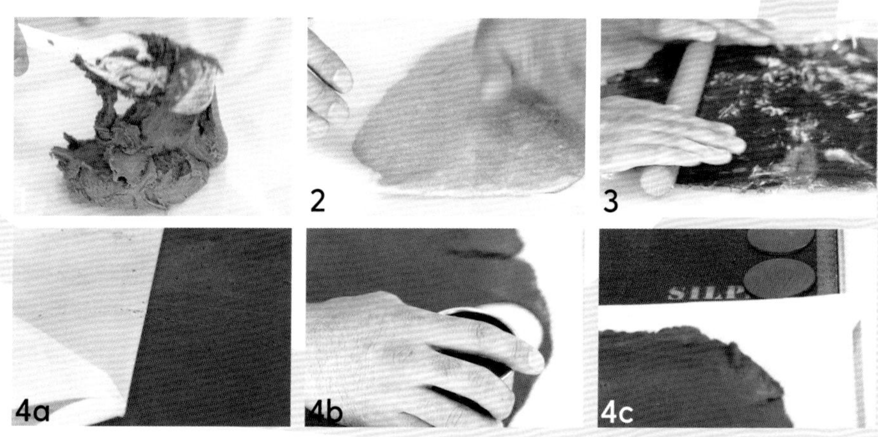

巧克力黄油薄脆

配方

白巧克力	62 克
榛果酱	22 克
扁桃仁酱	22 克
黄油薄脆片	62 克

制作过程

1. 将白巧克力熔化，加入榛果酱和扁桃仁酱，混合拌匀后再加入黄油薄脆片，继续混合拌匀。
2. 将其取出，倒在软性胶片纸（有厚度的保鲜膜也可以），表层再覆上一层软性胶片纸，用擀面杖擀成面皮，厚度约1毫米。
3. 将其放入冰箱中冷藏至整体有硬度。
4. 将步骤3取出，用直径5厘米的圈模压出片状，放入冰箱冷冻定型。

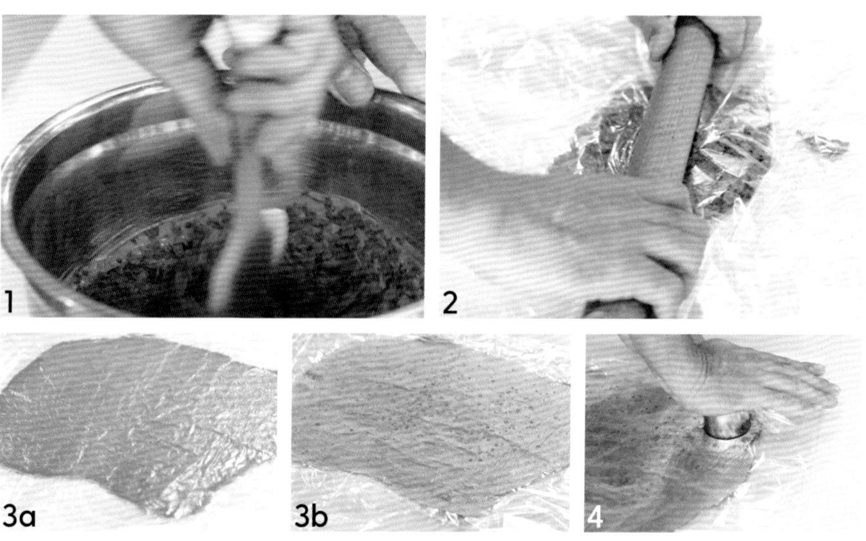

巧克力底坯

配方

蛋黄	200 克
细砂糖 1	34 克
蛋白	225 克
细砂糖 2	168 克
蛋白粉	2.5 克
玉米淀粉	43 克
可可粉	43 克
无盐黄油	83 克

制作过程

1. 将蛋黄和细砂糖1混合，隔水加热至32℃，离火，用网状搅拌器搅拌至浓稠顺滑状。
2. 将蛋白、细砂糖2和蛋白粉放入另一个搅拌桶中，中速搅打至中性发泡状态（蛋白泡沫能形成鸡尾状），制成蛋白霜。
3. 将一小部分蛋白霜和步骤1混合拌匀，加入混合过筛的粉类（玉米淀粉和可可粉），用橡皮刮刀翻拌均匀至无颗粒状。
4. 将无盐黄油熔化，温度为40~45℃，将其加入步骤3中，用刮刀翻拌均匀。
5. 将剩余的蛋白霜加入步骤4中，用刮刀快速翻拌均匀，制成面糊。
6. 将面糊倒在垫有油纸的烤盘中，用曲柄抹刀抹平，放入烤箱，以190℃烘烤12分钟左右。
7. 将其取出，待其完全冷却后，用直径6厘米的圈模压出底坯，组装备用。

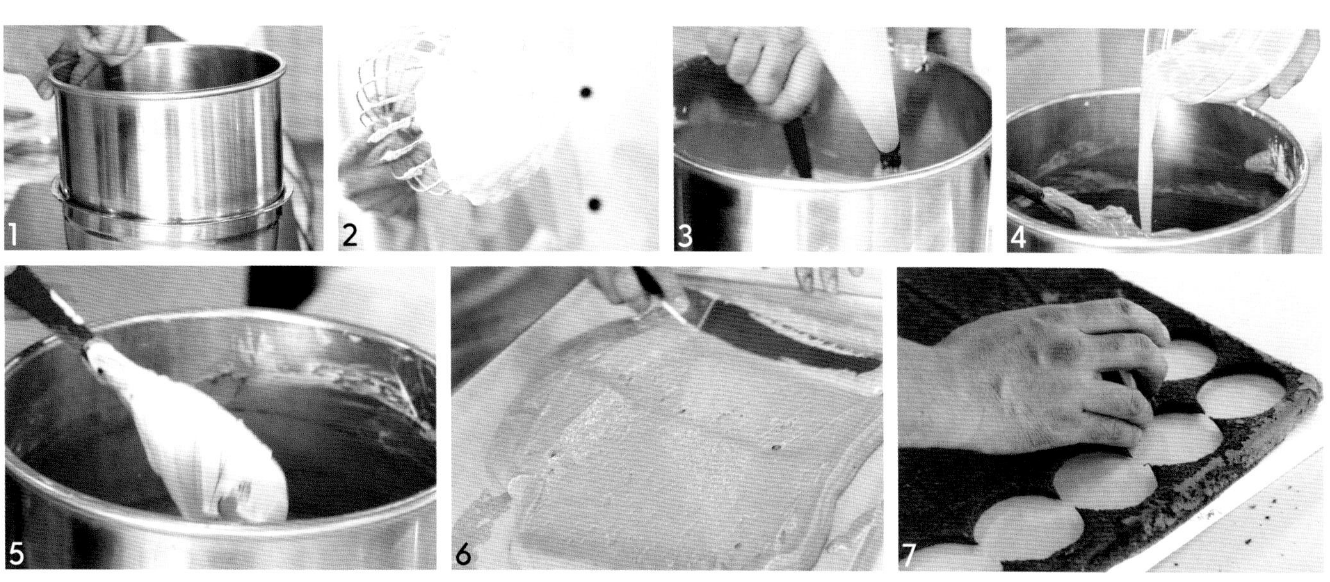

焦糖香蕉

配方

香蕉	300 克
细砂糖	38 克
无盐黄油	10 克
淡奶油	15 克
香蕉利口酒	30 克

制作过程

1. 将香蕉去皮，切成小丁，备用。
2. 将平底锅加热，分次加入细砂糖，煮至焦糖色，制成焦糖。
3. 加入无盐黄油，用刮刀搅拌至完全融合。
4. 加入淡奶油（温度50℃左右），关火，充分混合拌匀。
5. 将香蕉丁放入步骤4中，再次加热，晃动锅，使焦糖完全覆盖住香蕉丁，此时不用搅拌。
6. 加入香蕉利口酒，用火枪烧一下表面（去除酒精），制成焦糖香蕉。
7. 将焦糖香蕉趁热用勺子挖入半球形硅胶模具内（直径约5厘米），至六分满。

香草巴伐露

配方

淡奶油	141 克
牛奶	158 克
香草荚	1 根
蛋黄	53 克
细砂糖	53 克
吉利丁溶液	24 克
樱桃白兰地	15 克

材料说明

吉利丁溶液：将 4 克吉利丁粉加 20 克冷水混合泡发，再加热熔化成液体状。

制作过程

1. 先将淡奶油倒入搅拌桶中，搅打至浓稠状，放入冰箱中冷藏备用。
2. 将牛奶倒入锅中，放入切开的香草荚，煮至微微沸腾的状态。
3. 在另外一个容器中倒入细砂糖，加入蛋黄，用手动搅拌器充分拌匀。
4. 边搅拌边将步骤2倒入步骤3中，混合均匀，再倒回奶锅中，继续加热至82℃（期间注意用刮刀不停地搅拌，防止煳锅），离火。
5. 加入吉利丁溶液和樱桃白兰地，搅拌均匀。
6. 将其过滤入容器中，隔冰水降温至18~19℃。
7. 将打发的淡奶油取出，分两次与步骤6混合，搅拌均匀，制成香草巴伐露。
8. 将香草巴伐露装入裱花袋中，挤入带有焦糖香蕉的模具中，直至十分满。
9. 将巧克力黄油薄脆取出，放在步骤8表面，放入冰箱中冷冻成型，组装前脱模。

香蕉慕斯

配方

牛奶	12 克
细砂糖 1	12 克
吉利丁粉	4 克
香蕉果蓉	120 克
柠檬汁	3 克
香蕉利口酒	6 克
淡奶油	95 克
细砂糖 2	30 克
水	10 克
蛋白	15 克

材料说明

本配方中的吉利丁粉需加 20 克冷水混合泡发使用。

制作过程

1. 在锅内放入牛奶和细砂糖1，煮至糖溶化且沸腾状，关火，加入泡发吉利丁粉，搅拌至完全溶化。
2. 将香蕉果蓉、柠檬汁和香蕉利口酒混合，再倒入步骤1，搅拌均匀，降温至30℃，备用。
3. 将淡奶油倒入搅拌桶中，搅打至略带纹路状，放入冰箱中冷藏，备用。
4. 将细砂糖2和水放入锅中，加热至120℃，制成糖浆。
5. 同时将蛋白放入另一个搅拌桶中，搅打至无明显蛋液，再边搅打边冲入糖浆，中高速搅打至手温，浓稠且有光泽状，制成意式蛋白霜。
6. 将步骤2与打发淡奶油混合拌匀，至整体温度约20℃，再加入意式蛋白霜，继续混合翻拌均匀，装入裱花袋中。准备组装。

香缇奶油

配方

淡奶油	500 克
细砂糖	35 克
香草精	1 克

制作过程

将淡奶油和细砂糖一起搅拌至浓稠状（提起打蛋球，表面有小尖状），再加入香草精，继续搅拌均匀即可。

意式蛋白霜

配方

黄砂糖	100 克
水	25 克
蛋白	50 克
柠檬皮丝	1/2 个

制作过程

1. 将黄砂糖和水放入糖锅中，加热至120℃，制成糖浆。
2. 将蛋白倒入搅拌桶中，搅打至无明显蛋液，边搅拌边倒入糖浆，快速搅打至手温，浓稠且表面有光泽。加入柠檬皮丝，混合翻拌均匀即可。

组装

配方

柠檬皮屑	适量
糖粉	适量

制作过程

1. 将香蕉慕斯挤入半球形模具中，至五分满。
2. 将冷冻好的“焦糖香蕉+香草巴伐露+巧克力黄油薄脆”取出，薄脆片朝上，放入步骤1中。
3. 在步骤2表面挤上香蕉慕斯，再压一块巧克力底坯，进入冰箱中冷冻。成型后，脱模。
4. 将脱模的步骤3放在甜巧克力面糊底坯上，整体放置在转盘上（为了防止底部滑动，可以在底部垫一张湿了的厨房用纸）。先在外部挤上一层香缇奶油，再用抹刀将其抹均匀，使整体造型偏圆柱形。
5. 用冰激凌勺挖取意式蛋白霜，放置在步骤4上。
6. 若蛋白霜与底部主体衔接不美观的话，可以在衔接处外围挤一圈蛋白霜，根据需求而定。
7. 用火枪灼烧意式蛋白霜外部，至变色。
8. 在表面筛少许糖粉，撒柠檬皮屑即可。

产品联想与延伸设计

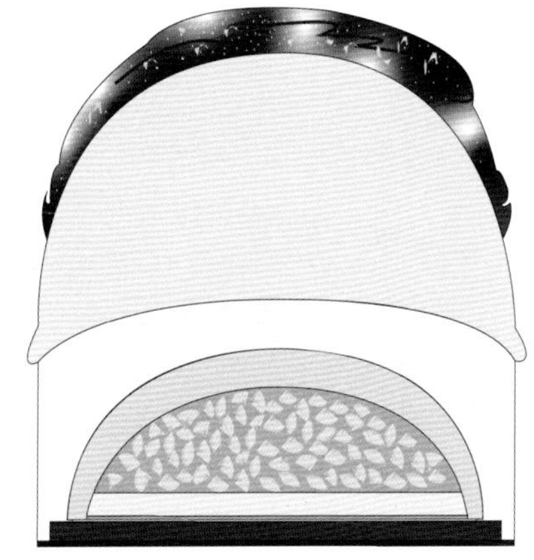

延伸设计 1

说明：将巧克力底坯的面糊挤入棒棒糖模具中进行烘烤，成型冷却后在表面包裹一层巧克力和装饰糖等装饰件，制成棒棒糖蛋糕。制作简单，整体造型小巧可爱，并且食用方便。

使用模具：棒棒糖蛋糕模具。

延伸设计 2

说明：将巧克力底坯的面糊注入蛋糕纸杯模具中进行烘烤，成型并冷却后在表面挤裱调色后的香缇奶油和彩色糖粒进行装饰，制成杯子蛋糕。

使用模具：纸杯蛋糕模具。

延伸设计 3

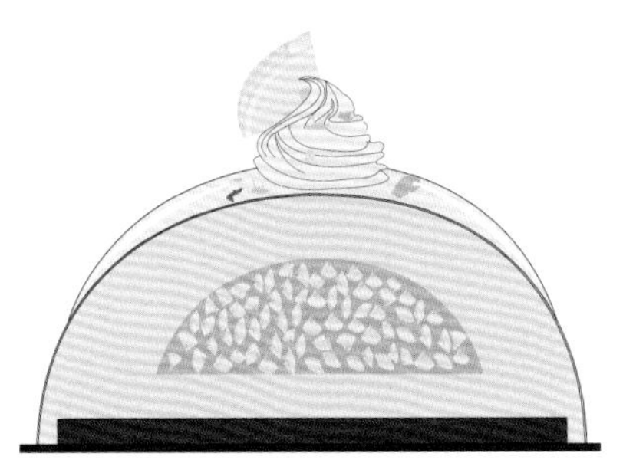

说明：以香蕉慕斯为主体层次，内部放入半球形焦糖香蕉，底部放上巧克力底坯，冷冻成型后表面淋上一层调色后的淋面，最后将其放在甜巧克力面糊底坯上，表面用意式蛋白霜、香蕉片和金箔装饰。

淋面参考：水果合奏——无色淋面（调色）。

使用模具：半球形模具。

延伸设计 4

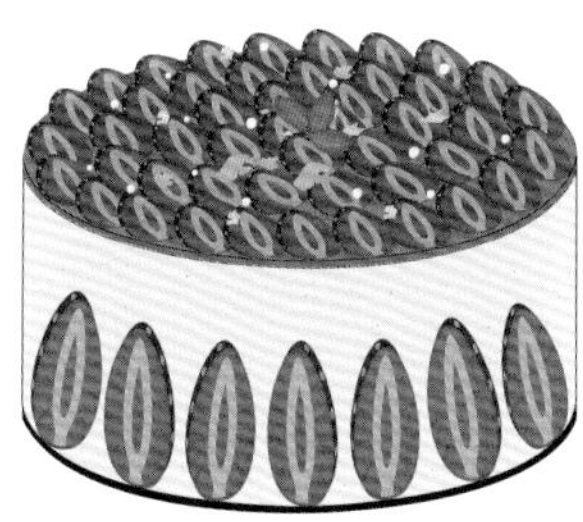

说明：以香草巴伐露为主体层次，在模具底部放上甜巧克力面糊底坯，将草莓片贴着模具摆放一圈，注入香草巴伐露，内部放入比模具直径稍小的巧克力底坯，冷冻成型后在表面涂抹一层调色淋面，表面用草莓、金箔、薄荷叶和装饰糖装饰。

淋面参考：水果合奏——无色淋面（调色）。

使用模具：圆形慕斯模具或用慕斯围边自制的圆形模具。

小配方产品的延伸使用

本次制作	你还可以这样做
甜巧克力面糊底坯	可可口味的面团底坯，可以做成饼干常备
巧克力黄油薄脆	薄脆型甜品，可以做装饰、夹心
巧克力底坯	常规型巧克力底坯，可用于巧克力甜品组合
焦糖香蕉	焦糖类甜品在未吸潮前脆性比较大，湿性变大后，黏性会跟着变大。做组装内心会有黏牙感，单独保存可以做成糖果类型
香草巴伐露	常用型奶油馅料，百搭
香蕉慕斯	果蓉类慕斯，其他果蓉类型可参考此配方
香缇奶油	基础性打发奶油
意式蛋白霜	基础性馅料基底，本次使用黄砂糖制作，颜色上有所改变

柠檬覆盆子马卡龙

马卡龙装饰特点

马卡龙外形饱满，形状优雅又不失活泼，可以在甜品组合中作为支撑层次，也可以作为装饰元素叠加在甜品外部使用。本次使用的是意式（蛋白霜）马卡龙的制作方法。

马卡龙色彩

马卡龙外部色彩通过色素调节，外形通过裱花嘴或挤制方法来调整。

组合层次说明

产品名称	类别	主要作用
马卡龙饼壳	马卡龙	支撑；平衡质地；平衡色彩；平衡口感
香草柠檬慕斯琳奶油	夹心馅料	平衡口感；平衡质地
覆盆子	夹心馅料 / 表面装饰	呼应主题；平衡质地；平衡色彩；平衡口感

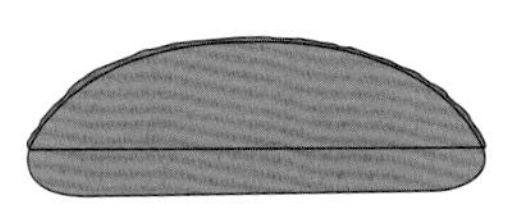

马卡龙饼壳
（马卡龙）

香草柠檬慕斯琳奶油
（夹心馅料）

覆盆子
（夹心馅料 / 表面装饰）

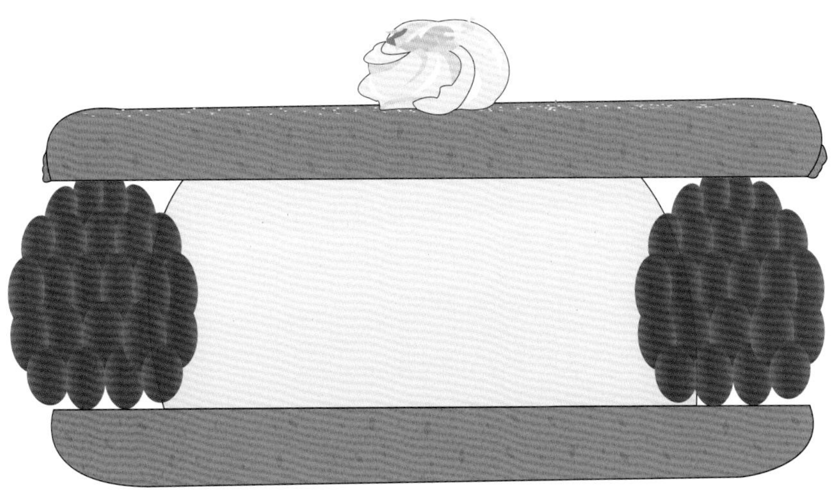

基础组合说明

1. 用马卡龙饼壳作支撑层次，呼应主体，使用红色色素调节面糊。
2. 夹心部位使用水果和慕斯琳奶油。

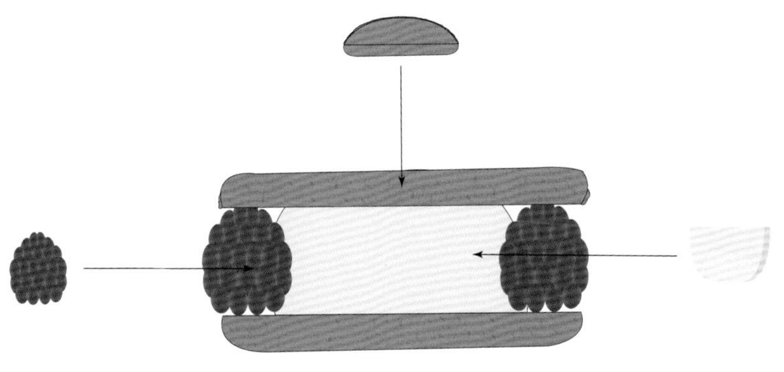

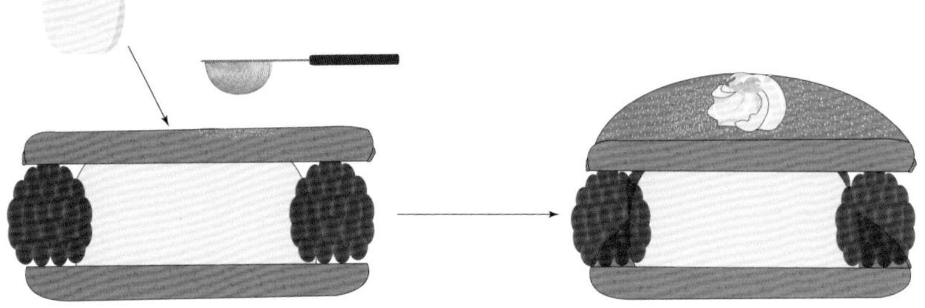

装饰组合

1. 表面中心处点缀花型奶油，一点金箔凸显质感。
2. 少许白色糖粉装饰可以中和过多粉红色带来的沉闷感，且增添优雅。

组合注意点

马卡龙类甜品的组合需要注意马卡龙的色彩、大小，以及外形完整度。挤制时需要预判好使用的马卡龙大小，过大或过小都影响组合美观度。

组合与设计理念

口味层次：马卡龙以甜为主，馅料和水果的加入可以中和甜度。一般多用酸、苦味为主的馅料。

色彩层次：主体材料是覆盆子，所以用了原形水果装饰，饼壳以粉红色为主。

质地层次：马卡龙外部脆、内部带有黏性和韧性，本身就带有比较丰富的质地层次，夹心馅料的主要目的还是中和口感和丰富质地，一般以绵软的奶油馅料为主，多数也不需加食品胶（吉利丁等）。

形状层次：依托马卡龙的外形特点，马卡龙类的甜品组合多是三层夹心样式，本次使用了覆盆子做竖立式装饰，更加赋予了甜品空间感。

马卡龙饼壳

配方

幼砂糖	300 克
纯净水	75 克
蛋白 1	110 克
干燥蛋白粉	1 克
糖粉	300 克
扁桃仁粉（去皮）	300 克
红色色粉	1.5 克
蛋白 2	110 克

制作过程

1. 将幼砂糖与纯净水倒入锅中，煮至110℃，制成糖浆。
2. 将蛋白1和干燥蛋白粉放入搅拌桶中，用网状搅拌器搅打至中性发泡，边搅拌边将糖浆冲入打发蛋白中，快速搅打，直至温度下降至约40℃，制成意式蛋白霜。
3. 将去皮扁桃仁粉和糖粉放入粉碎机中，搅打20秒左右，过筛后放入搅拌桶中，加入蛋白2和适量的红色色粉，用扁形搅拌器搅拌均匀。
4. 将意式蛋白霜分次与步骤3混合，用扁形搅拌器拌匀，制成面糊。
5. 将面糊装入带有直径1.2厘米的圆形裱花嘴的裱花袋中，在垫有高温布的烤盘中挤出直径6厘米的饼壳，放入风炉中，以160℃烘烤约15分钟。

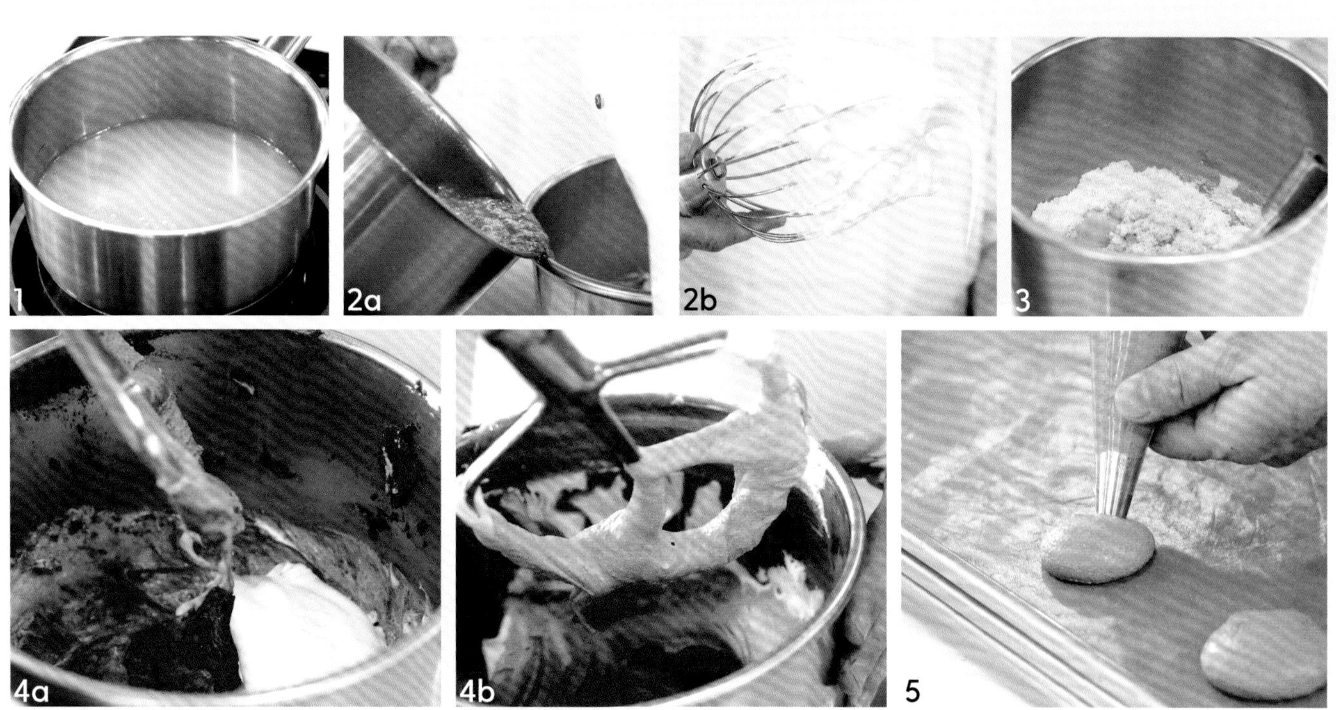

香草柠檬慕斯琳奶油

配方

全脂牛奶	500 克
香草荚	2 根
柠檬皮屑	1 个
幼砂糖	125 克
全蛋	50 克
蛋黄	75 克
吉士粉	45 克
黄油（软化）	250 克

小贴士

黄油的用量需要根据实际质地来调节，市售的黄油多为冷冻的，含水量比较大，可以少加一些冷的软化黄油调节。

制作过程

1. 将全脂牛奶、香草荚（将其对半切开取籽，与豆荚一起使用）和柠檬皮屑混合，加热煮沸。
2. 将幼砂糖、蛋黄和全蛋放入容器中，混合拌匀，再加入吉士粉，搅拌均匀。
3. 将一部分步骤1倒进步骤2中，拌匀，再倒回锅中，加热煮至浓稠状，并且持续沸腾1分钟，期间注意要不停地搅拌防止煳锅，关火。
4. 将一半的软化黄油加入步骤3中，混合拌匀，待其降温至32℃左右，将其倒入搅拌缸中，再加入另一半的软化黄油，搅拌至均匀（配方中的黄油量不一定全部用完）。

1　2　3a　3b　3c　4

组装

配方

糖粉	适量
覆盆子	适量

制作过程

1. 在马卡龙饼壳的内部中心处挤上香草柠檬慕斯琳奶油，在另一个马卡龙饼壳顶部的中间部位挤花型奶油，再筛上糖粉进行装饰。
2. 在饼壳内部中心的奶油四周摆放上覆盆子，盖上装饰好的饼壳，顶部点缀上金箔即可。

1a

1b

2a

2b

产品联想与延伸设计

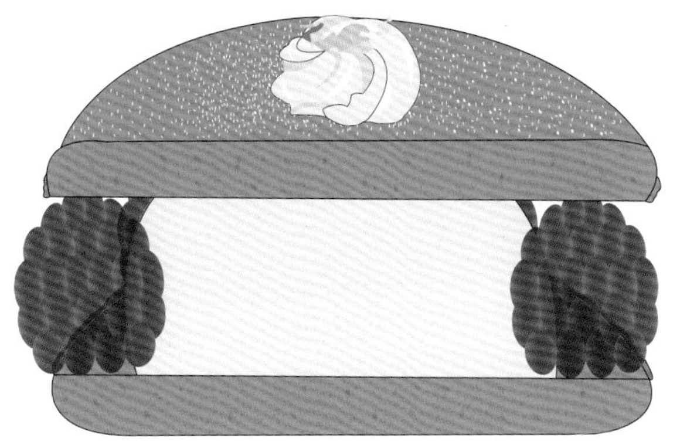

延伸设计 1

说明：改变马卡龙饼壳的颜色和形状，将其由圆形改成长条形，在两片马卡龙之间挤上香草柠檬慕斯琳奶油，表面用水果和糖粉装饰。

延伸设计 2

说明：改变马卡龙的大小和颜色。将马卡龙制作成一大一小的形状，在两片大的马卡龙饼壳之间夹上香草柠檬慕斯琳奶油和覆盆子，两片小的马卡龙饼壳之间裱挤奶油即可。组合时在大马卡龙上依次放上巧克力配件和小马卡龙，表面用香缇奶油、樱桃和金箔装饰。

香缇奶油参考：蘑菇蛋糕——香缇奶油。

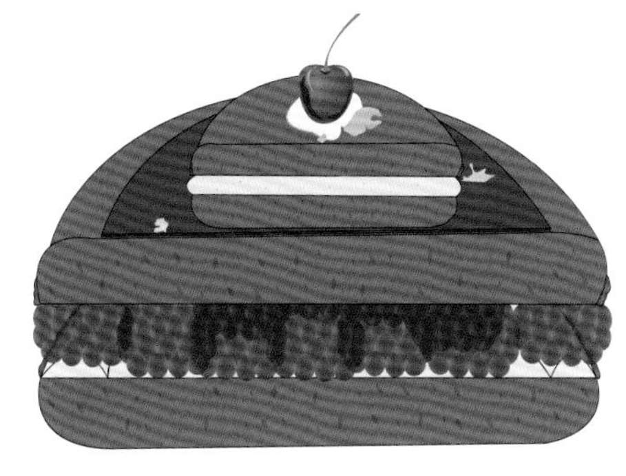

延伸设计 3

说明：改变马卡龙的颜色。将马卡龙饼壳表面用可可脂和色素的混合物进行装饰。装饰时，可借助喷枪喷涂出渐变效果，制成星空系列马卡龙，中间可裱挤馅料。

延伸设计 4

说明：本次组合甜品只使用一个马卡龙饼壳（改变饼壳的颜色），将其和慕斯搭配，增加口感层次。将覆盆子慕斯挤入花形模具中，冷冻成型后在表面淋一层无色淋面，再放在马卡龙饼壳上。在慕斯凹处位置挤入香草柠檬慕斯琳奶油，表面点缀金箔装饰。

覆盆子慕斯参考：覆盆子开心果——覆盆子慕斯。

淋面参考：水果合奏——无色淋面。

使用模具：6连花形模具。

小配方产品的延伸使用

本次制作	你还可以这样做
马卡龙饼壳	意式（蛋白霜）马卡龙的制作方法，蛋白霜比法式蛋白霜要稳定一些
香草柠檬慕斯琳奶油	基础性慕斯琳奶油，带有柠檬气息
覆盆子	家中常备水果，随吃随取

草莓开心果马卡龙

马卡龙延伸制作

本次马卡龙饼壳采用的是法式蛋白霜的制作方法，蛋白泡沫并不稳定，所以制作时需要注意混合方法。法式蛋白霜的整体保水能力也不佳，为了马卡龙的硬壳效果，一般还需要有晾皮过程。

组合层次说明

产品名称	类别	主要作用
马卡龙饼壳	马卡龙	支撑；平衡质地；平衡色彩；平衡口感
开心果黄油奶油	夹心馅料	平衡口感；平衡质地；平衡色彩
草莓、开心果、蓝莓	夹心馅料 / 表面装饰	呼应主题；平衡质地；平衡色彩；平衡口感

马卡龙饼壳
（马卡龙）

草莓、开心果、蓝莓
（夹心馅料 / 表面装饰）

开心果黄油奶油
（夹心馅料）

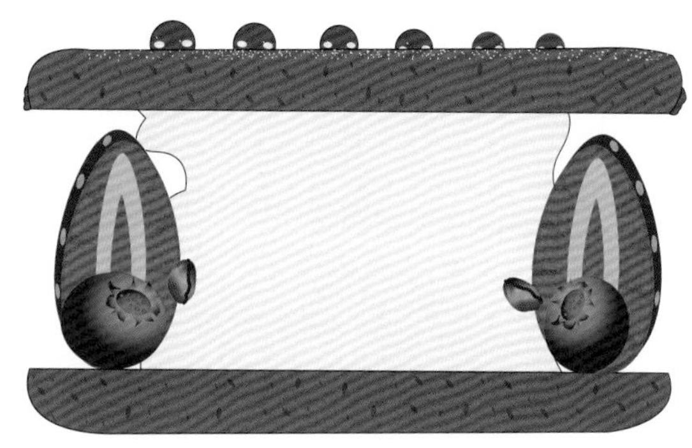

基础组合说明

支撑层次为马卡龙饼壳，夹心使用水果和开心果黄油奶油。

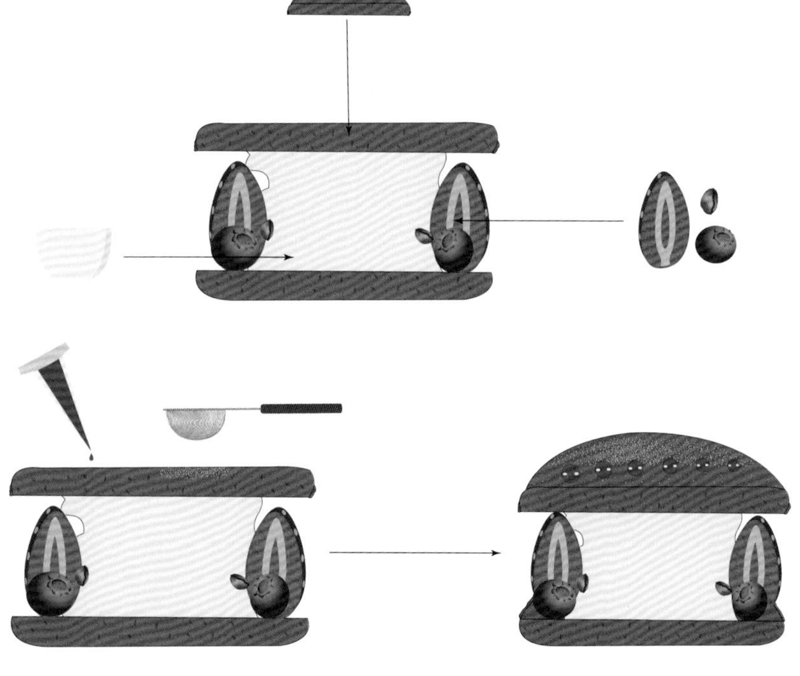

装饰组合

1. 表面的糖粉采用遮挡的方式装饰，具有一定的弧度美。
2. 沿着弧度裱挤红色的镜面果胶，起到提亮的效果。

马卡龙饼壳

配方

蛋白	100 克
细砂糖	30 克
干燥蛋白粉	2 克
色粉（红）	适量
糖粉	205 克
扁桃仁粉	63 克

制作过程

1. 将细砂糖、蛋白和干燥蛋白粉放入搅拌缸中，中速搅打至中性发泡，加入色粉，混合均匀，取出放入盆中。
2. 将过筛的扁桃仁粉和糖粉加入步骤1中，用橡皮刮刀快速稍微翻拌，再使用弧形软刮板将面糊压拌均匀，使其呈流体飘带状。
3. 将面糊装入带有圆形裱花嘴的裱花袋中，在铺有不粘垫的烤盘上挤出大小一致的圆形（保持一定的间隔，防止粘连），挤好后轻震烤盘。
4. 将马卡龙面糊在室温下静置至表面干燥（10分钟左右），直至用手触碰时不会粘黏。放入预热至170℃的烤箱中，烘烤10~15分钟，烤好后冷却放置。

1

2

3

4

小贴士

晾皮是马卡龙制作中比较常见的过程，尤其是对于新手来说，会减小失败率。

晾皮的主要目的是为了帮助马卡龙表皮形成结皮，即马卡龙表面形成不粘手的一层“皮”，这个主要是因为面糊表层的水分蒸发而产生的。结皮完成后的面糊在进入烤箱后，表层会迅速烤硬，内部面糊会因无法向上膨胀，而选择向外部扩展，形成马卡龙裙边。

晾皮这个过程并不是每一种马卡龙都一定要进行，但是结皮这个效果是每一次制作马卡龙都必须要有的结果，只不过结皮途径不一定只通过晾皮。如烤箱带有较好的热风循环系统的话，面糊在初期进入时就能在很短的时间内产生结皮效果；再如在进行烘烤时，先低温再高温烘烤也是为了结皮。

本次使用的是自然晾皮的方法，也可以辅助使用干燥机或烤箱等。

开心果黄油奶油

配方

香草荚	1根
牛奶	60克
细砂糖1	50克
蛋黄	30克
海藻糖	15克
水	15克
细砂糖2	30克
蛋白	23克
开心果酱	60克
无盐黄油	225克
樱桃白兰地	适量

制作过程

1. 将香草荚取籽，和豆荚一起使用，放入锅中，倒入牛奶，煮沸（两者可以提前泡在一起，增加风味）。
2. 将蛋黄和细砂糖1放入盆中，混合搅拌至糖溶化。
3. 边搅拌边将步骤1缓缓倒入步骤2中，搅拌均匀后再倒回锅中，继续加热至82℃，离火，降温至30℃以下。
4. 另取一锅，倒入细砂糖2、海藻糖和水，煮至115℃（如果不添加海藻糖，温度降至108℃），制成糖浆。煮糖浆的同时，将蛋白倒入搅拌桶中，搅打至无明显蛋液状，再边搅拌边倒入糖浆，高速打发，直至温度降至30℃以下，整体呈现浓稠有光泽状。
5. 在步骤3中加入开心果酱、无盐黄油和樱桃白兰地，拌匀，再加入步骤4，用手动打蛋器搅拌均匀。

组装

配方

草莓	适量
开心果	适量
蓝莓	适量
糖粉	适量
镜面果胶	适量
红色色素	适量

制作过程

1. 将马卡龙饼壳分成两个一组，将开心果黄油奶油装入带有锯齿花嘴的裱花袋中，在其中一个饼壳的底部中心处绕圈叠加挤出花纹。
2. 在奶油侧边贴上草莓块，两块草莓之间放上开心果。
3. 在步骤2上盖上另一片马卡龙饼壳，在顶部部分区域内筛上糖粉（本次是圆弧形糖粉装饰，装饰面约占顶面面积的1/3，用圆弧形刮板做遮挡）。
4. 将红色色素加入镜面果胶中，混合拌匀，再装入烘焙纸中做成细裱，挤在马卡龙表面做装饰，最后在开心果下面放上蓝莓。

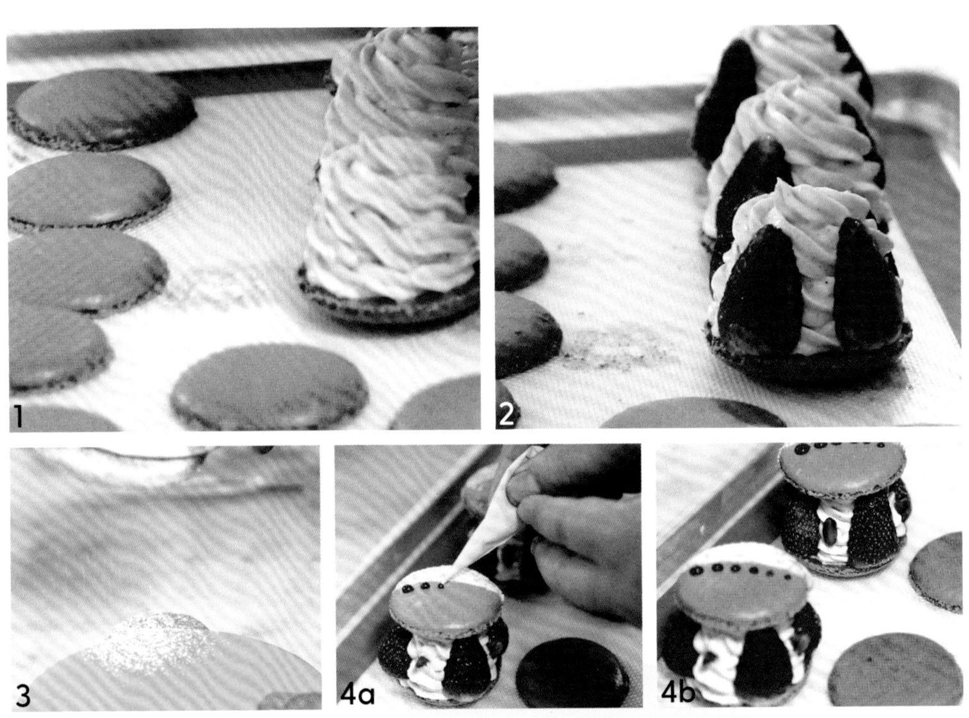

小配方产品的延伸使用

本次制作	你还可以这样做
马卡龙饼壳	法式（蛋白霜）马卡龙的制作方法，饼壳制作需要晾皮
开心果黄油奶油	英式蛋奶酱、意式蛋白霜、黄油与开心果酱混合制作的复合型奶油，相互中和，香醇度、轻盈度都极好，本次使用了海藻糖，甜度也有所控制（海藻糖的甜度比蔗糖要低）
草莓、开心果、蓝莓	家中常备水果，随吃随取，可应用到其他甜点的制作和装饰中

喷砂装饰

喷砂装饰可以呈现雾感、丝绒质感，能使甜品具备低调的奢华感，是目前法式甜品中最为重要的装饰之一。

喷砂的材料简单，在口感上对整体的影响较小，或可以忽略不计，主要是装饰作用。其装饰效果通过质地和色彩来体现。

喷砂工具

喷砂装饰是一种需要依赖工具的装饰，即空气喷枪。

认识空气喷枪

空气喷枪主要由空压机、软管（直线管和曲线管）及喷枪相关附件组成，缺一不可。

（1）空压机用于压缩储存空气，是气压的主要来源。

（2）软管一边连着空压机，一边连着喷枪，是负责传输气压的纽带。

（3）喷枪相关附件是空气喷枪的具体执行部件，通过此部位表达在甜品装饰中。液体杯或喷壶是液体涂料存放的位置。空气喷枪有不同的口径，可根据其用途进行选取。

这三大主体在其他配件的连接下，相互配合，通过气压的推动，使喷枪中的液体（涂料）产生雾化的效果。

空压机　　软管　　喷壶　　液体杯

空气喷枪构造

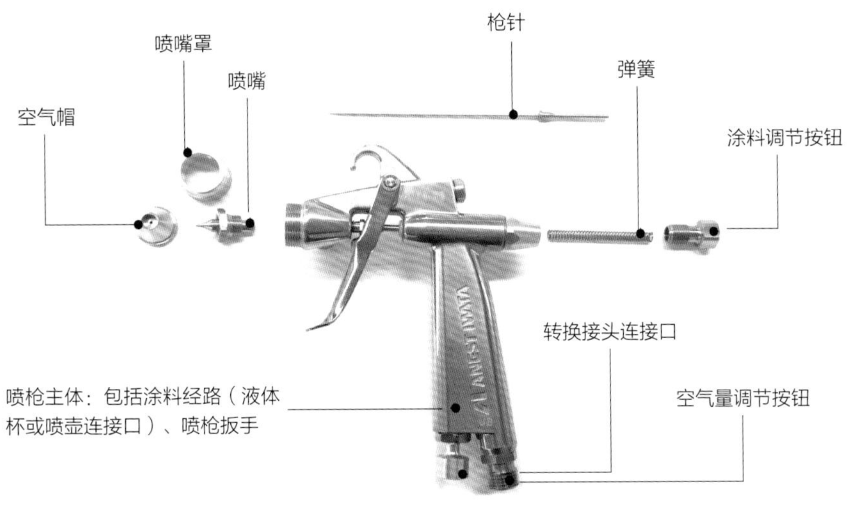

空气喷枪构造

（1）空气帽：保护枪针免遭损伤。

（2）喷嘴罩：用来连接空气帽和喷嘴。

（3）喷嘴：涂料喷出的地方，中间有一根枪针。

（4）喷枪主体：包括涂料经路（液体杯或喷壶连接口）、喷枪扳手。若在使用可可脂做喷涂工作时，可可脂凝固，可用热烘枪加热涂料经路即可。

（5）空气量调节按钮：用于调节气压，控制雾化的粗细。

（6）转换接头连接口：用于连接软管和喷枪。

（7）弹簧：一种利用弹性来工作的机械零件，为喷枪扳手的运动提供必要的帮助。

（8）涂料调节按钮：用于调节涂料喷出量。

（9）枪针：是喷枪中最娇贵的部件，在拆卸和组装时注意针尖切勿弯折，它控制着喷嘴的启闭。

认识空气喷枪工作原理

空气喷枪的工作原理便是利用空压机提供的气压，使液体（涂料）通过喷枪，在气压的作用下，将其分散成均匀的雾滴，产生雾化现象，即液体涂料通过喷嘴或用高速气流使液体涂料分散成微小液滴的物理操作，之后通过喷涂的方式具体体现在装饰上，使这些雾滴能够在短时间内很好地吸附在制品表面。

通常情况下，雾化效果决定了空气喷枪对于液体分散的粗细程度；喷涂则是在涂料处理成雾滴时，对喷制的对象继续进行下一步的操作，喷涂的过程中一定有雾化的存在才能产生较好的喷砂效果。

喷砂材料

根据喷砂机的作用原理，可以了解到可用于喷砂机的材料必须是液体。液体材料通过喷砂机作用在产品表面，形成一定的装饰效果，不同的材料性质形成的装饰效果不同。

水性材料

水性材料指含水量非常大的材料或半成品，如水溶性色素等，这类材料通过喷枪机雾化后喷涂在甜品表面，少量时会有上色效果，但是水在表面铺展后不会产生颗粒感；喷涂的量比较多的话，水相互结合会产生连续性的铺展效果，如淋面经由喷砂机大量喷在甜品表面后，产生的效果与直接淋面效果类似，不过淋面层会薄一些。

此外，将淋面用喷砂机进行喷涂装饰，可以做出非常好看的晕染效果。

用喷砂机喷涂淋面材料

白色淋面底色上的黄色晕染

非水性材料

我们日常使用的喷砂基本都是非水性材料，非水性材料指含水量较小或不含水分的材料或半成品，多是可可脂、巧克力或两者的混合物。这类材料通过喷砂机后，雾化过后的材料作用在甜品表面，如果甜品表面温度非常低，微小雾滴的巧克力或可可脂在遇冷后会瞬间凝固成小的颗粒状，经过不断地喷涂，小颗粒不断聚集在甜品表面，使其形成毛茸茸的磨砂质感。

可可脂是从可可原浆里提取出来的天然植物油脂，是制作巧克力的必备原材料之一。可可脂的熔点接近人体的温度，以27℃为节点，可可脂在27℃以下时，呈固体状态；27℃以上时，可可脂随着温度的上升慢慢熔化，直到35℃会完全熔化。这就是可可脂在室温能保持固态，进入人的口中又能很快熔化的主要原因。

喷砂的作用原理就是依靠可可脂或可可制品在接触温度较低的表面时立即转化成固体状态的效果。

通常情况下，常使用的喷砂材料是将可可脂与巧克力按照1：1的重量比混合。选用白巧克力时，可以用色淀进行调色处理，形成多色喷砂材料。

巧克力与可可脂混合物的喷砂作用

疑问：可以直接使用熔化的可可脂进行喷砂吗

原则上是可以的，但很少会这样用。主要原因是如果全部使用熔化的可可脂进行喷砂的话，可可脂含量非常大，落在温度非常低的甜品表面上时，会立即凝固，且连续喷下的可可脂都会凝固。在持续低温环境下，可可脂颗粒会和表面“脱离”，也就是可可脂在甜品表面“挂不住”。可能稍稍移动下，表面装饰就会掉落。

如果加入巧克力的话，会减少可可脂的含量，进一步减弱掉落的风险，且巧克力能和可可脂完全融合，口感上不会违和。

适合喷砂装饰的甜品类型

喷砂装饰在一定程度上与筛粉效果是类似的，都是在作用物表面制作出颗粒感，都有梦幻感。所以，在作用物表面和环境温度合适的情况下，都是可以进行喷砂作业的。

可装饰甜品类型

1．慕斯

作为法式甜品中的常见装饰方法，慕斯是喷砂最为常见的作用对象。慕斯进行喷砂时，需要注意表面温度，最好是成型脱模后，立即进行喷砂作业。

2．冷冻的奶油馅料

与慕斯相比，奶油馅料的外形可以有很多造型，可以不依靠模具，不过同样需要经过冷冻降低表面温度。

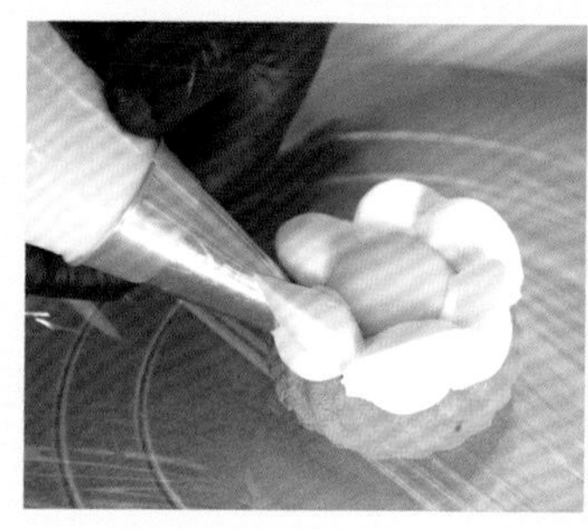

3．冷冻后的常温甜品

常温甜品在经过冷冻之后，表面的温度可以满足可可脂的凝固需求，用喷砂机进行喷砂可达到装饰作用，其效果与筛粉效果类似，且更加均匀，颜色调配更自由（使用色淀进行调色），而且可以有针对性地对某一部位进行装饰。

喷砂操作流程

1. 准备喷涂材料

可可脂制品与代可可脂制品都可以作为喷涂材料使用，不过为了最佳融合度，两类产品不可混用。可可脂（或代可可脂）与纯脂巧克力（或代脂巧克力）按重量比1：1融合，融合温度保持在35~45℃。

2. 喷砂调色

不同的喷砂颜色会给蛋糕营造不一样的风格和感觉，如咖啡色沉稳，红色热情，橙色活泼等。进行调色时，需选用油溶性色素或色淀，在采用粉状色淀时，需要用均质机完全融合，若没有完全混合，会影响后期装饰效果。

当然，喷砂时所使用的颜色可以是巧克力原本的颜色，能凸显巧克力主题。

3. 实际喷涂

喷枪预热：将喷枪进行预热时，可以使用热烘枪或吹风机，使涂料在一个温暖的环境中。若涂料与喷枪的温差过大，当涂料进入喷枪时（尤其是涂料经路部分）先接触喷枪的涂料会凝固，造成堵塞，影响喷涂操作。

喷涂距离：取出需要喷涂的蛋糕甜品，在合适的喷涂距离（25~30厘米）进行操作。喷砂的距离太近，喷幅面积小，形成的喷砂较厚重，若是带有颜色的涂料，则表面颜色过深，影响口感和外观。

喷涂方式：在喷涂时，一般小型甜品可以采取集中式统一喷涂，较大型的甜品多数情况下需要单个单独进行喷涂。

喷涂量要适当：喷涂时要少量多次进行喷涂，喷涂量太多，产品表面会因为太厚而导致开裂。

注意：

如果喷枪中的可可脂凝固，喷不出来液体时，可以用热烘枪进行加热，直至喷枪中的可可脂完全熔化即可。

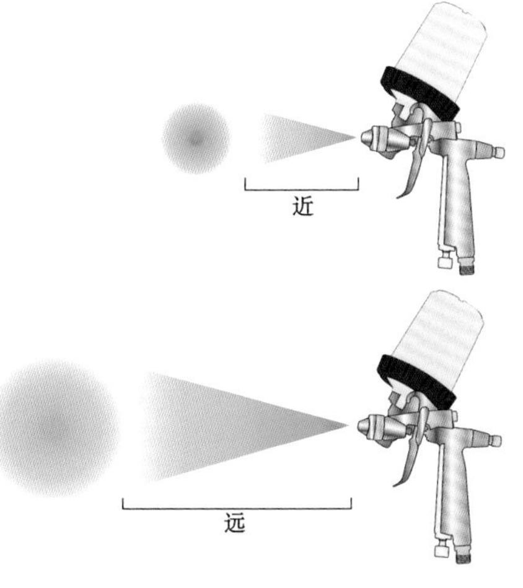

覆盆子开心果

喷砂装饰特点

此次喷砂作用于慕斯和奶油馅料。两者对比可看出喷砂对不同质地产品的装饰效果。底层喷砂量相对要多一些、颜色要深。表层奶油喷砂量要少一些，且有一定渐变效果，奶油上喷砂，其磨砂感更强，毛绒感不及在慕斯表面的效果，质地会显得有些粗糙，量多的话会更明显，所以喷涂量要控制好。

喷砂色彩

喷砂呈橘粉色，略偏红，属于暖色。暖色与喷砂产品搭配，能营造出“暖意”。

组合层次说明

产品名称	类别	主要作用
开心果底坯	蛋糕底坯	支撑；平衡质地；平衡口感
焦糖开心果	夹心馅料	平衡口感；平衡质地
覆盆子慕斯	夹心馅料 / 表面装饰	平衡质地；平衡口感；装饰底色
香缇奶油	夹心馅料	装饰粘连
开心果香缇奶油	夹心馅料 / 表面装饰	平衡口感；平衡质地；装饰底色
覆盆子果酱	表面装饰	平衡口感；平衡质地；平衡色彩
巧克力配件	表面装饰	平衡形状；平衡色彩
红色喷面	贴面装饰	平衡质地；平衡色彩
覆盆子和开心果	表面装饰	平衡质地；平衡色彩；平衡口感
粉色马卡龙饼壳	表面装饰	平衡形状；平衡色彩

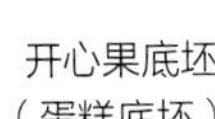
开心果底坯
（蛋糕底坯）

焦糖开心果
（夹心馅料）

覆盆子慕斯
（夹心馅料 / 表面装饰）

香缇奶油
（夹心馅料）

开心果香缇奶油
（夹心馅料 / 表面装饰）

覆盆子果酱
（表面装饰）

巧克力配件
（表面装饰）

红色喷面
（贴面装饰）

覆盆子和开心果
（表面装饰）

粉色马卡龙饼壳
（表面装饰）

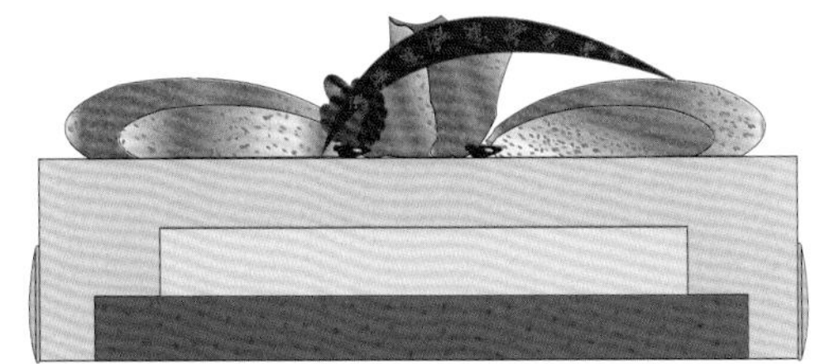

基础组合说明

1. 由开心果底坯、焦糖开心果和覆盆子慕斯组成蛋糕主体部分。
2. 用开心果香缇奶油在表层进行装饰，也是甜品口味的重要部分；增加少许覆盆子果酱，可以中和乳脂的油腻感。

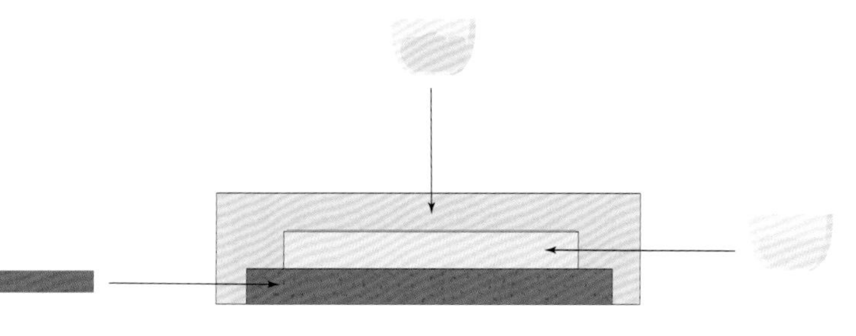

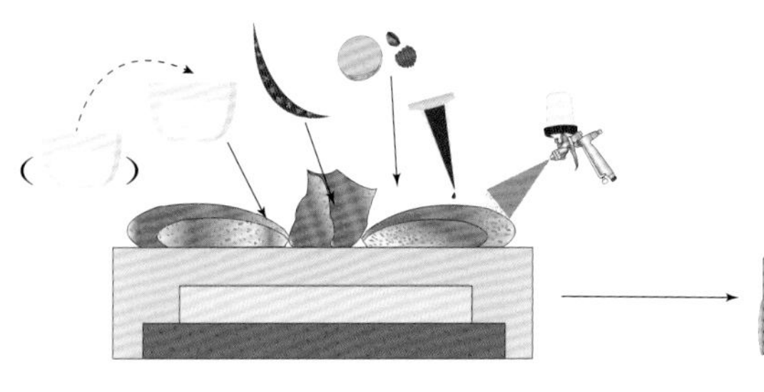

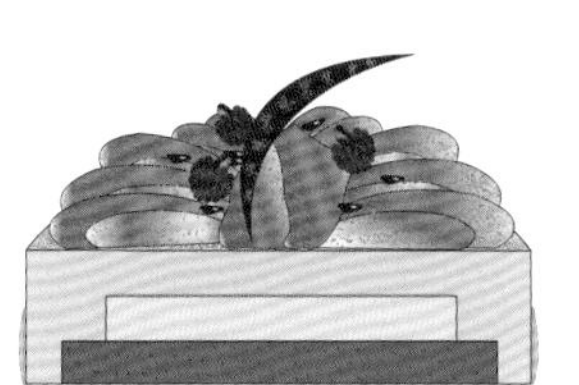

装饰组合

1. 用开心果香缇奶油做出造型，增加立体感和律动感；用覆盆子果酱和主体慕斯呼应。
2. 巧克力件装饰对整体色彩有平衡效果；马卡龙增加活泼感。
3. 主体色彩用喷砂上色，同时带有毛绒感，增加温暖的感觉。

组合注意点

主体基础组合都是常见类型，较简单。装饰要注意造型，尤其是喷砂时注意喷涂用量。喷涂颜色和马卡龙的颜色要相搭，喷之前，可将喷面颜色和马卡龙色彩对比一下，两者颜色如果不和谐的话要及时调整。

组合与设计理念

口味层次：坚果风味比较浓郁，酸味水果慕斯与酱汁可以调和过多的油脂感。底坯中含有开心果粒，食用有惊喜感。

色彩层次：整体色彩统一，红色为主，棕色点缀。但是呈现质地不一，比较质朴，偏日式甜品的装饰风格。

质地层次：除了底坯和果酱外，其他主要组成部位入口即化，表层开心果香缇奶油没有加凝结剂，更加绵软。

形状层次：圆形马卡龙看上去活泼、温暖，多用于慕斯的侧面装饰，表面的奶油呈规律性曲线形，与马卡龙装饰有相同的效果。

开心果底坯

配方

全蛋	136 克
幼砂糖	14 克
扁桃仁膏	272 克
发酵黄油	5 克
开心果泥	23 克
高筋面粉	16 克
开心果仁	适量

制作过程

1. 将全蛋放入盆中，用手动打蛋器打散，隔水加热至40℃，再加入幼砂糖，用打蛋器搅拌至幼砂糖溶化，隔水加热至45℃左右。
2. 在搅拌桶内放入软化的扁桃仁膏，分四次加入步骤1，用扇形搅拌器搅打均匀后，换成网状搅拌器，继续搅打至绸缎状。
3. 将发酵黄油切成小块，放入锅中，加热至熔化，离火，加入开心果泥，先用手动打蛋器搅拌均匀，再隔水加热搅拌至顺滑。
4. 边用刮刀翻拌步骤2，边加入过筛的高筋面粉，混合拌匀。
5. 边用刮刀翻拌步骤4，边加入步骤3，混合拌匀，制成面糊。
6. 在模具表面喷一层脱模油，倒入面糊，直至模具六七分满，再用刮刀带平表面。
7. 在面糊表面撒上开心果仁，放入烤箱，以160℃烘烤约20分钟。

小贴士

分次倒入全蛋时，每一次倒入全蛋都要完全拌匀后，才可加入下一次，避免搅拌时产生分离。

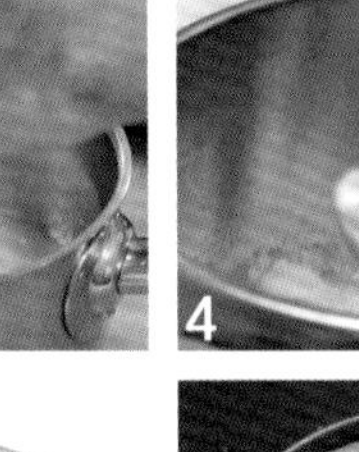

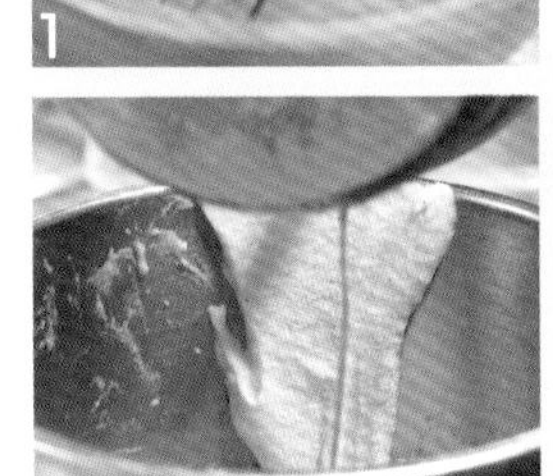

焦糖开心果

配方

牛奶	100 克
35% 淡奶油	275 克
幼砂糖	60 克
蛋黄	60 克
开心果泥	35 克
吉利丁溶液	36 克

材料说明

吉利丁溶液：将 6 克吉利丁粉和 30 克冷水混合泡发，再加热熔化成液体。

制作过程

1. 在锅内放入牛奶、35%淡奶油和1/2幼砂糖，煮至幼砂糖溶化。
2. 将蛋黄和剩余的幼砂糖放入盆中，用手动打蛋器搅拌均匀，再加入开心果泥，继续搅拌均匀。
3. 将步骤1分3次冲入步骤2中，用打蛋器搅拌均匀，回锅继续加热至浓稠。
4. 加入吉利丁溶液，搅拌均匀，倒入盆内，隔冰水冷却，备用。

小贴士

分次冲入煮好的牛奶混合物时，每一次冲入牛奶混合物都要完全拌匀后，才可加入下一次。

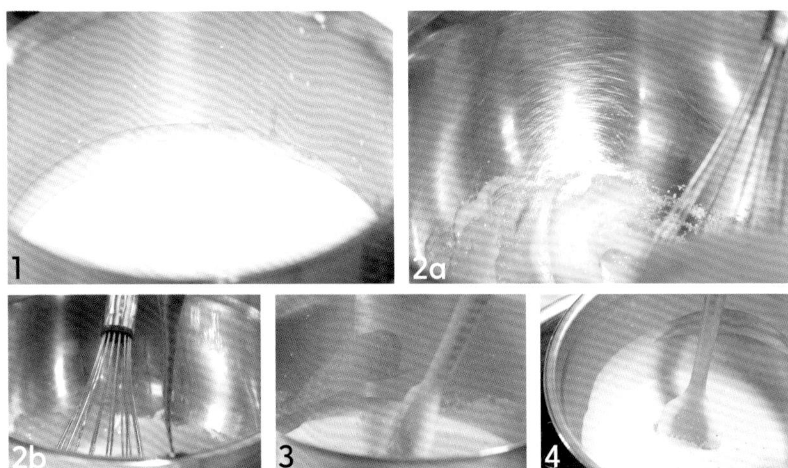

覆盆子慕斯

配方

幼砂糖	69 克
水	23 克
蛋白	35 克
覆盆子果蓉	275 克
吉利丁溶液	72 克
覆盆子利口酒	24 克
35% 淡奶油	219 克

制作过程

1. 将幼砂糖和水放入锅中，煮至110℃，制成糖浆。
2. 在煮制糖浆的同时，在搅拌桶内放入蛋白，用网状搅拌器搅打至无明显液体状。
3. 将糖浆降温至87℃，再沿着搅拌桶边缘冲入打发好的蛋白内，中高速搅拌至浓稠且有光泽的状态，制成意式蛋白霜。
4. 将少许覆盆子果蓉和吉利丁溶液放入盆中，用打蛋器搅拌均匀。
5. 加入覆盆子利口酒，用打蛋器搅拌均匀，再分次加入意式蛋白霜中，用刮刀翻拌均匀。
6. 在另一个搅拌桶内放入35%淡奶油，用网状搅拌器打发至浓稠状。
7. 将打发好的淡奶油与步骤5混合，用刮刀翻拌均匀，装入带有圆形裱花嘴的裱花袋中，备用。

材料说明

吉利丁溶液：将 12 克吉利丁粉和 60 克冷水混合泡发，再加热熔化成液体使用。

1

2

3

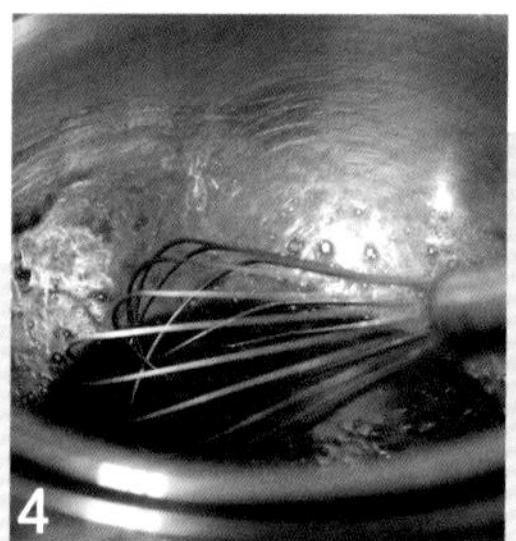
4

5

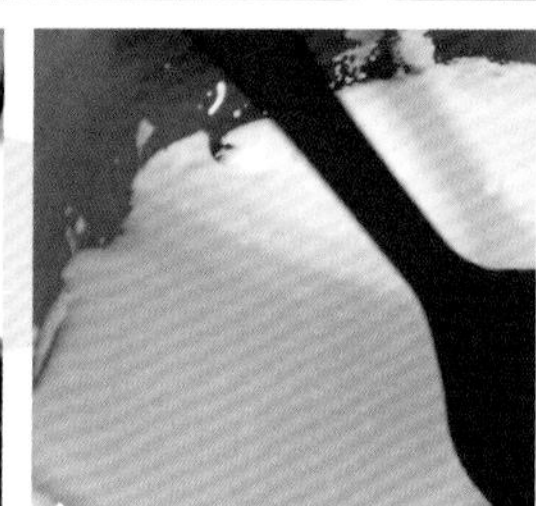
6

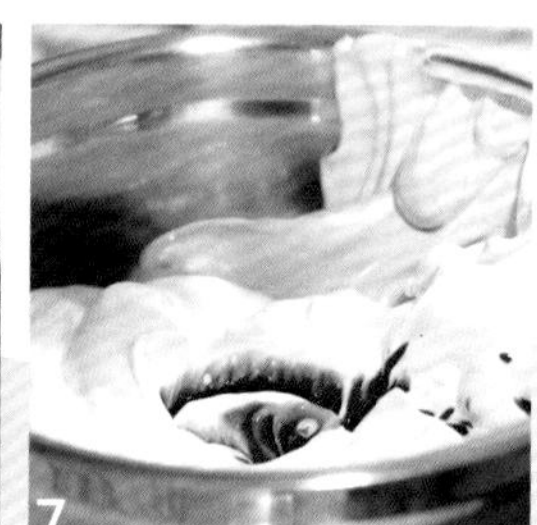
7

香缇奶油

配方

淡奶油	600 克
幼砂糖	48 克

制作过程

1. 将淡奶油和幼砂糖放入搅拌桶中，用网状搅拌器搅打。
2. 打至八分发，提起打蛋器时，有短尖状的奶油角，放入冰箱中冷藏备用。

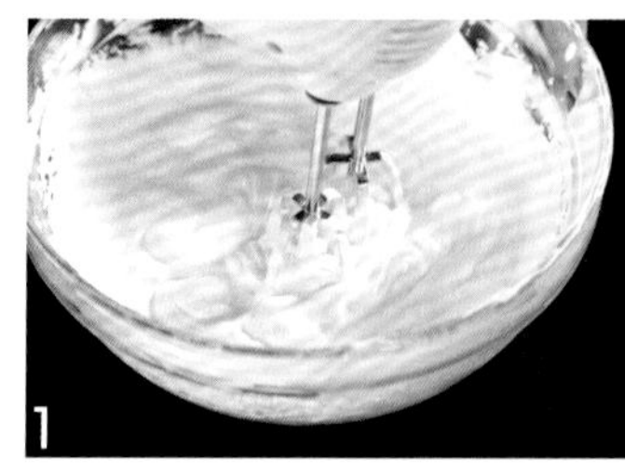
1

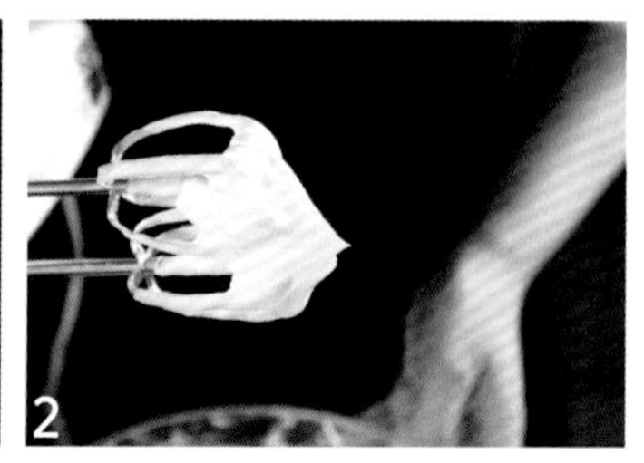
2

开心果香缇奶油

配方

香缇奶油	600 克
开心果泥	12 克

制作过程

1. 将少许香缇奶油和开心果泥倒入盆中，用刮刀翻拌均匀。
2. 将步骤1倒入剩余的香缇奶油里，用刮刀翻拌均匀，装入带有圣安娜裱花嘴的裱花袋中，备用。

1

2

覆盆子果酱

配方

覆盆子果蓉	500 克
葡萄糖浆	65 克
转化糖	35 克
细砂糖	65 克
NH 果胶粉	7 克
吉利丁粉	9 克

制作过程

1. 将覆盆子果蓉、葡萄糖浆和转化糖放入锅中，加热至40℃。
2. 边搅拌边加入细砂糖和NH果胶粉的混合物，持续沸腾3~5分钟，使其糖度达到56°Bé（可将其放入糖度仪中进行测试），关火。
3. 加入泡发后的吉利丁粉，混合拌匀，再倒入盆中，冷却降温至20~25℃使用。

材料说明

1. 吉利丁粉需和其自身重量 5 倍（45 克）的冷水混合泡发使用。
2. NH 果胶粉和细砂糖需混合拌匀后使用。

1

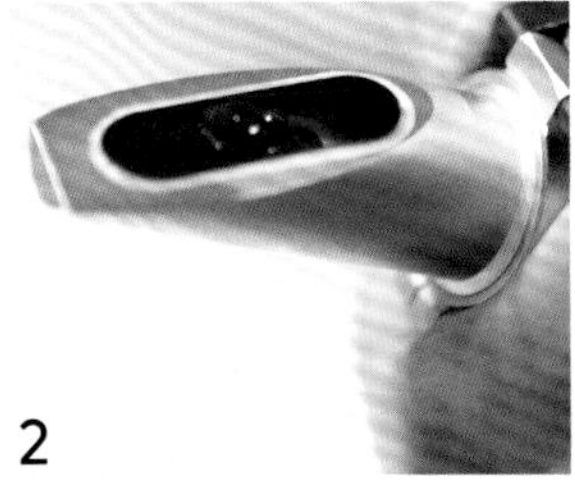
2

3

组装

配方

黄金幼砂糖	适量
粉色马卡龙饼壳	适量
红色喷面	适量
巧克力配件	适量
新鲜覆盆子	适量
镜面果胶	适量
开心果仁	适量

材料说明

红色喷面：将白巧克力与可可脂按照1:1的重量比混合，再加入红色色淀调色，用均质机充分搅拌均匀。

制作过程

1. 将烤好的开心果底坯脱模，将其修整好大小后在表面中心处放上直径比底坯稍小的圈模。在圈模中倒入125克焦糖开心果，放入冰箱冷冻（冻硬），成型后脱模。
2. 在冻好的焦糖开心果表面撒上黄金幼砂糖，用火枪灼烧幼砂糖至表面金黄，放入冰箱冷冻。
3. 将步骤2取出，放入直径比其稍大的模具中，挤入覆盆子慕斯，直至与模具齐平，用抹刀抹平表面，再放入冰箱冷冻（冻硬）。
4. 取出脱模，在表面挤满一圈开心果香缇奶油，放入冰箱中稍微冷冻成型。
5. 取出，用喷枪将蛋糕表面喷上红色喷面。
6. 将开心果香缇奶油装入裱花袋内，挤入每块粉色马卡龙饼壳中心处，粘在步骤5的侧面。
7. 在蛋糕表面挤一些点状覆盆子果酱做点缀，再放上巧克力配件。
8. 将开心果仁放入新鲜覆盆子中（覆盆子表面可刷一些镜面果胶用以提亮），装饰在蛋糕表面。

产品联想与延伸设计

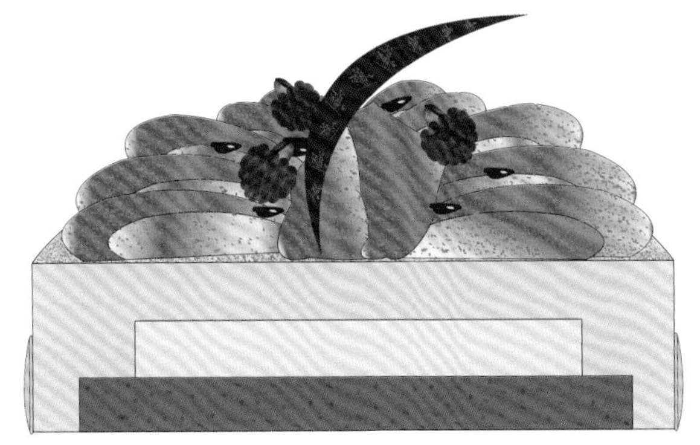

延伸设计 1

说明：基础组合层次不变，装饰层次去除开心果香缇奶油和喷面，表面用调色后的淋面、覆盆子、开心果仁和金箔装饰，

淋面参考：水果合奏——无色淋面（调色）。

使用模具：圆形慕斯模具。

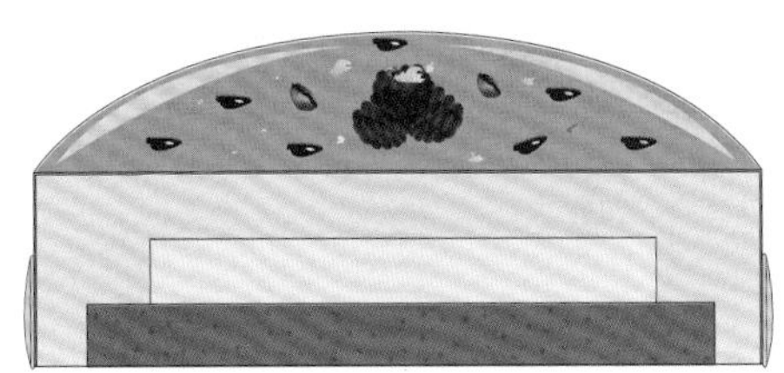

延伸设计 2

说明：装饰元素由喷面改成淋面，组合层次以覆盆子慕斯为主体，将其挤入模具中，内部放入冷冻好的开心果底坯和焦糖开心果组合部分，再以覆盆子慕斯封底，然后倒扣。成型后将其浸入调色后的淋面中，取出放在烘烤好的扁桃仁油酥面团上，表面可装饰。

淋面参考：水果合奏——无色淋面（调色）。

扁桃仁油酥面团参考：脆米苹果芒果挞——扁桃仁油酥面团。

使用模具：长条形慕斯模具。

延伸设计 3

说明：组合层次以覆盆子慕斯为主体，将其挤入模具中，再放上冷冻好的开心果底坯和焦糖开心果的组合部分，冷冻成型后在表面裱挤水滴形开心果香缇奶油，喷涂上红色喷面，最后裱挤上覆盆子果酱，点缀少许金箔装饰。

使用模具：长方模。若使用的模具长度较长，冷冻成型后需切块操作。

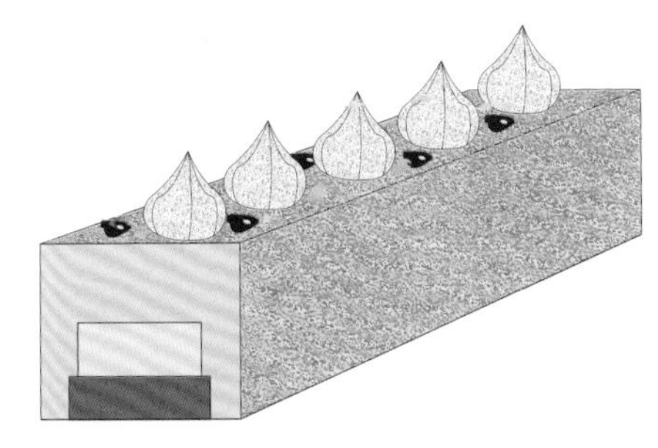

延伸设计 4

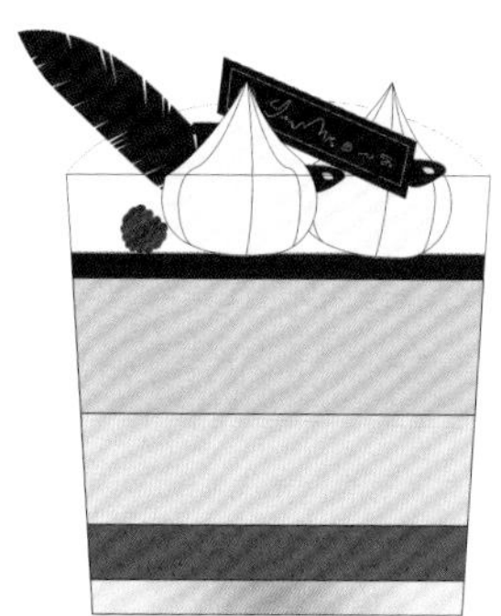

说明：挑选合适的杯子组装甜品。在杯子底部放上一片开心果底坯，裱挤一层焦糖开心果，成型后再挤入一层覆盆子慕斯。

待其冷冻成型，在表面挤上一层覆盆子果酱，再用香缇奶油、覆盆子、巧克力配件和覆盆子果酱装饰。

使用模具：普通杯装器皿即可。

小配方产品的延伸使用

本次制作	你还可以这样做
开心果底坯	坚果类底坯可参考此配方，可配合其他坚果口感的甜品组合
焦糖开心果	基础坚果类馅料
覆盆子慕斯	百搭果蓉类型，用于各种水果类蛋糕的夹心都可
香缇奶油	基础奶油馅料
开心果香缇奶油	在香缇奶油基础上增加开心果，口感和色彩都有改变；其他口味可参考此做法
覆盆子果酱	百搭果酱制作，可做夹心，可做装饰，可做抹酱
巧克力配件	基础表面装饰件，根据需求可放于其他产品表面
红色喷面	适用各种慕斯表面装饰，可换其他颜色
覆盆子和开心果	家中常备水果和坚果
粉色马卡龙饼壳	可以和夹心馅料搭配食用，可以用其他色素制作出各种颜色

蜂蜜藏红花胡萝卜蛋糕

喷砂装饰特点

本款产品用蜂蜜慕斯制作出莲花造型，喷砂直接作用于奶油馅料。除了增加梦幻感外，喷砂也可以遮瑕。同时淡黄色慕斯作为底色，再在表面喷上白色喷面，不会像“浅色底色＋深色喷面”那样显得粗糙，所以用量可以稍多点。因为制作出多层花瓣，为了每层花瓣都能喷上喷面，可以分两次挤出花瓣，再分两次进行喷面。

喷砂色彩

白色喷砂的色彩明度和纯度都需要高一点，这样组合出的色彩才更好看，所以喷砂材料中要使用白色色淀调色。

组合层次说明

产品名称	类别	主要作用
胡萝卜蛋糕	蛋糕底坯	支撑；平衡质地；平衡口感
橙子藏红花啫喱	夹心馅料	平衡口感；平衡质地
蜂蜜慕斯	夹心馅料 / 表面装饰	平衡质地；平衡口感；平衡色彩；补充造型
巧克力配件	表面装饰	平衡色彩；补充造型
白色喷面	贴面装饰	平衡质地；平衡色彩

胡萝卜蛋糕
（蛋糕底坯）

橙子藏红花啫喱
（夹心馅料）

蜂蜜慕斯
（夹心馅料 / 表面装饰）

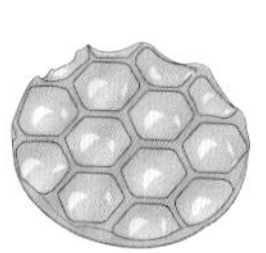

巧克力配件
（表面装饰）

白色喷面
（贴面装饰）

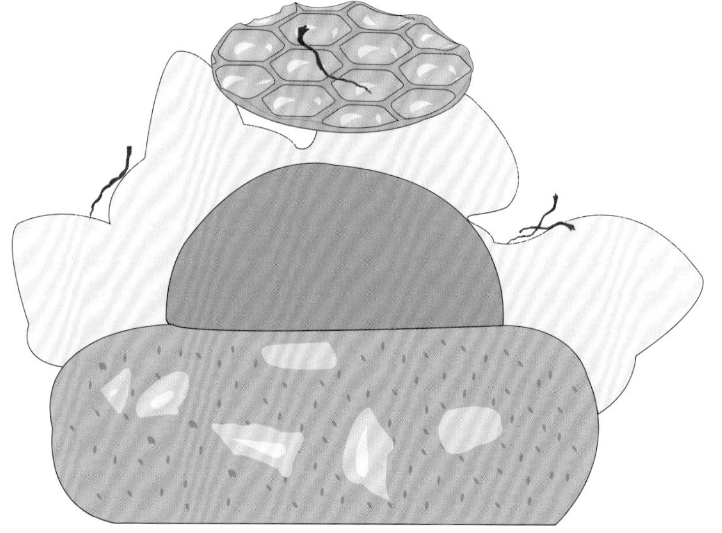

基础组合说明

胡萝卜蛋糕作为支撑层次，是整体造型的基石，与中部的橙子藏红花啫喱大小要相称，才能给表面的蜂蜜慕斯留出造型空间。

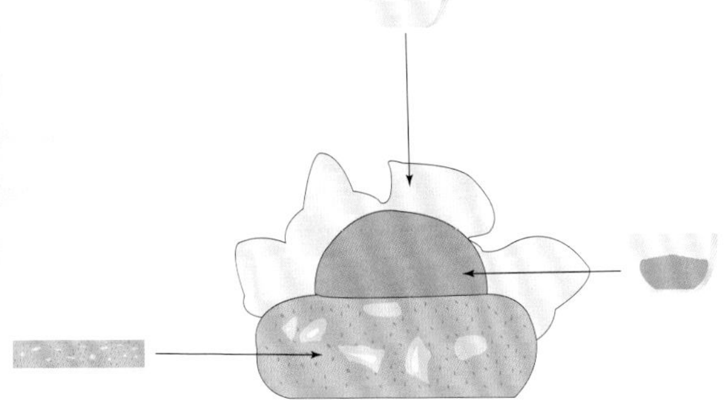

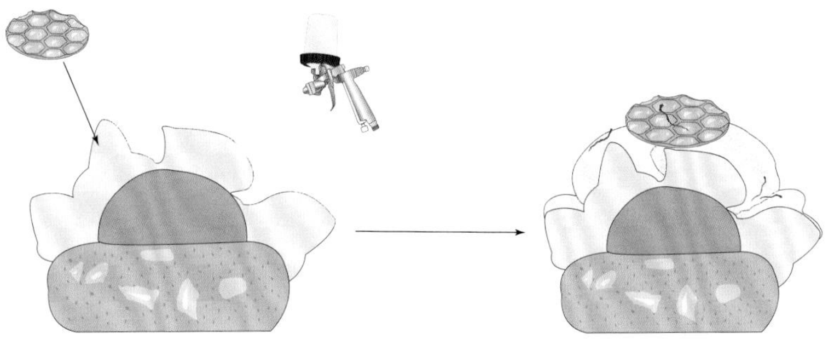

装饰组合

此甜品的基础外形已经非常完整，不需要再画蛇添足，巧克力片做花蕊，藏红花主要呼应主体材料，同时在纯白底色上增添一些不一样的色彩。如果是盘式造型的话，可以做一些绿色的叶子或湖水做延伸。

组合注意点

在挤花瓣的时候，要注意层次之间的间隙，越往下花瓣数越多，从侧面看近似梯形。另外需要注意底层是胡萝卜蛋糕，最好不要在蛋糕最外围挤馅料，避免无法移动（若移动的话，会破坏造型）。

挤花瓣时先挤上层，进行一次喷面，再进行底层花瓣装饰，再进行一次喷面。

组合与设计理念

口味层次：层次较少，但是胡萝卜蛋糕中的材料品种丰富，有惊喜。另外主体蜂蜜慕斯甜度较高，入口即化，少许藏红花有点苦味。

色彩层次：白色为主体色彩，黄色巧克力片对外形有“点睛”的效果，可以换成其他颜色。少许藏红花呼应内部材料。

质地层次：蛋糕湿软，啫喱稍带有弹性和黏性，外部蜂蜜慕斯入口即化。

形状层次：蛋糕外形仿照莲花，使用圣安娜裱花嘴制作花瓣，花瓣饱满。

胡萝卜蛋糕

配方

蛋白	75 克
蛋黄	50 克
赤砂糖	105 克
色拉油	105 克
淡奶油	45 克
黄油	35 克
红糖	12 克
泡打粉	7.5 克
低筋面粉	150 克
吉士粉	38 克
四香粉	1/2 咖啡勺
肉桂粉	1/2 咖啡勺
胡萝卜丝	225 克
橙皮屑	6.5 克
生姜泥	10 克
盐之花	1 克
腰果	65 克

制作过程

1. 将蛋白、赤砂糖和蛋黄倒入搅拌缸中，用网状搅拌器高速打发。
2. 当步骤1搅打至浓稠状态时，改为低速打发，并沿着缸壁缓慢加入色拉油，继续混合均匀。
3. 边搅拌边加入淡奶油，继续混合均匀。
4. 边搅拌边加入熔化的黄油，混合均匀。
5. 加入红糖，混合搅拌均匀。
6. 加入混合过筛的粉类（泡打粉、低筋面粉和吉士粉）和混合的香料（四香粉和肉桂粉），中速搅拌均匀。
7. 将胡萝卜丝、橙皮屑、生姜泥和盐之花混合，加入步骤6中，混合拌匀。
8. 将腰果切碎，加入混合物中，用刮刀搅拌均匀，制成面糊。
9. 将面糊装入裱花袋中，挤到圆形硅胶模具中，至八分满，放入冰箱冷藏静置片刻。
10. 将面糊放入烤箱，以160℃烘烤30~40分钟。
11. 出炉，将蛋糕脱模，放置在垫有油纸的烤盘架上，室温冷却。

橙子藏红花啫喱

配方

橙汁	300 克
百香果果蓉	25 克
转化糖	60 克
藏红花	少许
细砂糖	80 克
果胶粉	5 克
吉利丁溶液	24 克

材料说明

吉利丁溶液：将 4 克吉利丁粉和 20 克冷水混合泡发，再加热熔化成液体。

制作过程

1. 将橙汁、百香果果蓉、转化糖和藏红花倒入锅中，加热至40℃。
2. 将果胶粉和细砂糖先混合拌匀，再分两次加入步骤1中（边用手持打蛋器搅拌边加入），煮沸，关火。
3. 将吉利丁溶液加入液体混合物中，搅拌均匀。
4. 将混合物过筛入滴壶中（去除藏红花），挤入半球硅胶模具中，挤满后放入冰箱中冷冻成型，备用。

蜂蜜慕斯

配方

淡奶油	550 克
蛋黄	110 克
蜂蜜	195 克
白巧克力（熔化）	30 克
吉利丁溶液	72 克

材料说明

吉利丁溶液：将 12 克吉利丁粉和 60 克冷水混合泡发，再加热熔化成液体。

小贴士

该配方随用随做，不可放置过久，以免影响状态。

制作过程

1. 将淡奶油倒入搅拌缸中，用网状打蛋器中高速搅打至浓稠状（约七八分发，提起打蛋器，出现短尖的奶油角），取出，放入盆中，表面覆盖保鲜膜，放入冰箱中冷藏，备用。
2. 将蛋黄倒入搅拌缸中，备用。
3. 将蜂蜜倒入锅中，小火加热至103℃。
4. 将煮好的蜂蜜倒入步骤2中，边倒入边用手动打蛋器搅拌均匀，混合均匀后，用网状搅拌器高速打发。
5. 待混合物搅打至发白时，加入白巧克力和吉利丁溶液，继续搅拌均匀。
6. 将打发好的淡奶油取出，分两次和步骤5混合，并用刮刀翻拌均匀。

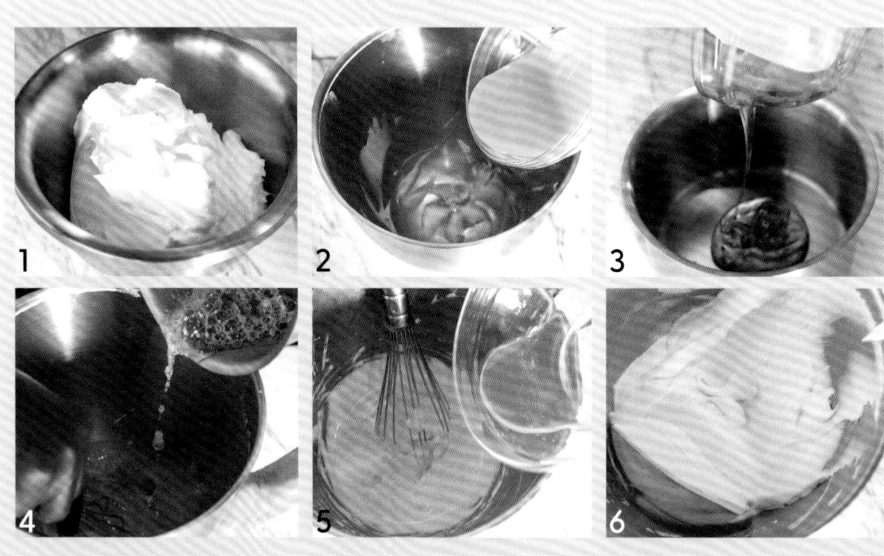

巧克力配件

配方

白巧克力	500 克
黄色色淀	适量

制作过程

1. 将白巧克力熔化，加入适量黄色色淀，用均质机搅拌均匀。
2. 将白巧克力调温至27℃，倒一些在模具上，用曲柄抹刀抹平，将模具放在垫有油纸的烤盘上，放入冰箱中冷藏10分钟左右，直至定型。
3. 待步骤2结晶完成后，取出脱模，倒扣在油纸上，用热风枪加热直径为3厘米左右的切模，用以压出巧克力配件。
4. 将压制好的巧克力配件放置在油纸上，用刷子在表面刷上金粉，放冰箱冷藏，备用。

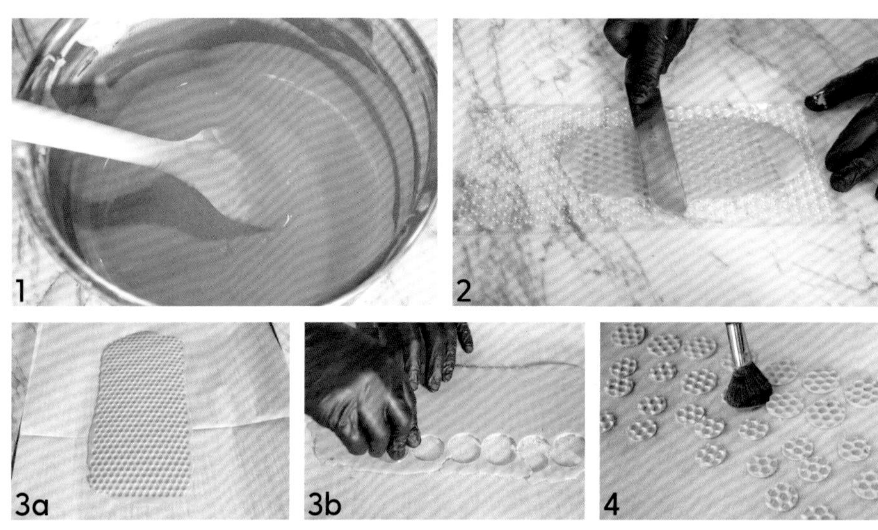

组装

配方

白色喷面	适量
藏红花	适量

材料说明

白色喷面：将白巧克力和可可脂以 1 : 1 的重量比混合，加入白色色淀，再用均质机搅拌均匀。

制作过程

1. 用锯齿刀将胡萝卜蛋糕的顶部横切掉约1.5厘米的高度，放置在烤盘上，放冰箱冷冻。
2. 将橙子藏红花啫喱取出脱模，放置在胡萝卜蛋糕上，整体放入冰箱冷冻。
3. 将蜂蜜慕斯装入带有圣安娜裱花嘴的裱花袋中，挤在步骤2上，先在中心部位裱挤两层花瓣，冷冻成型后取出，喷上白色喷面；再沿着上层挤一层花瓣，放冰箱冷冻。
4. 取出，在表面喷涂白色喷面。
5. 放在蛋糕底托上，表面中心处放巧克力配件，在边缘处放上藏红花。

产品联想与延伸设计

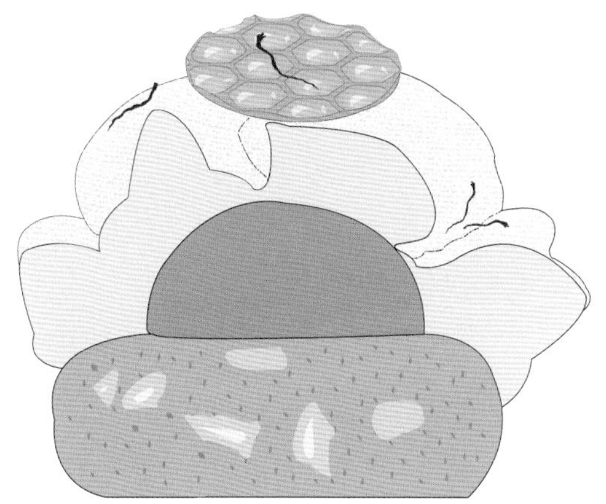

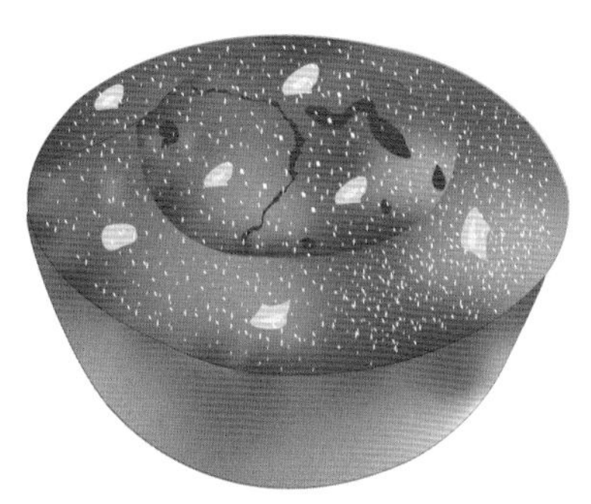

延伸设计 1

说明： 组合层次只选用胡萝卜蛋糕，将面糊注入圆形蛋糕模具中烘烤，制成常温蛋糕，表面可筛防潮糖粉装饰。制作简单便捷。

使用模具： 圆形蛋糕模具。

延伸设计 2

说明： 组合层次选用胡萝卜蛋糕和橙子藏红花啫喱。以胡萝卜蛋糕为主体层次，将面糊放入小花模具中烘烤，待其冷却后在中心注入橙子藏红花啫喱，冷冻成型后在表面筛一层防潮糖粉装饰即可。

使用模具： 小花模具。

延伸设计 3

说明： 依然将胡萝卜蛋糕作为主要支撑层次，将面糊放入空心圆模中烘烤。在完全冷却的蛋糕内空心处注入橙子藏红花啫喱，直至与蛋糕齐平。将蜂蜜慕斯用裱花嘴挤出形状，冷冻成型后喷上一层淡黄色喷面（改变白色喷面颜色），最后放在蛋糕表面，装饰上巧克力配件和藏红花。

使用模具： 空心圆模。

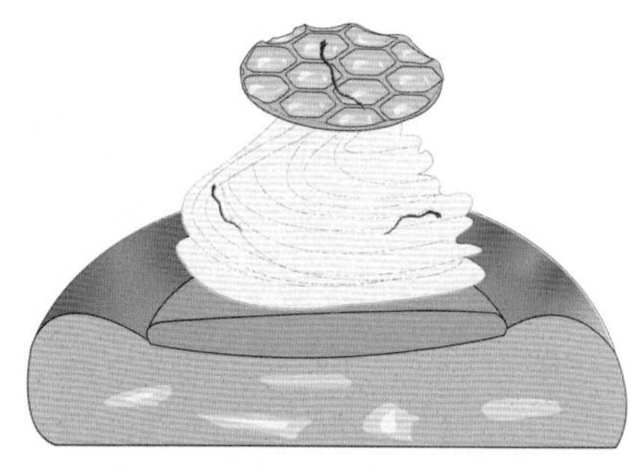

延伸设计 4

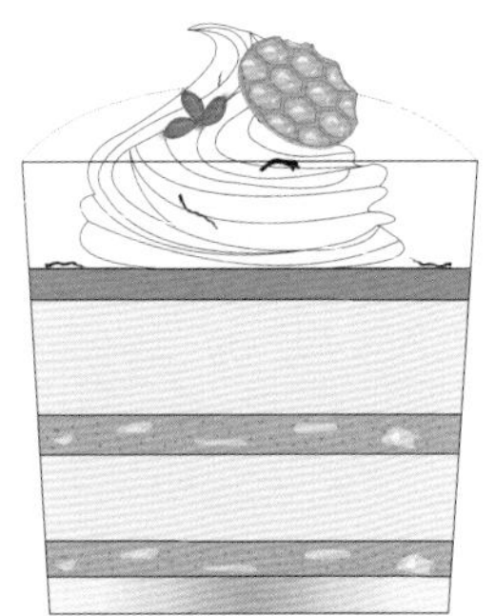

说明： 挑选合适的杯子组装甜品。将胡萝卜蛋糕和蜂蜜慕斯层层叠加入杯中，成型后在慕斯表面注入一层橙子藏红花啫喱，表面裱挤香缇奶油，放上巧克力配件和其他装饰。

香缇奶油参考： 蘑菇蛋糕——香缇奶油。

使用模具： 普通杯装器具即可。

小配方产品的延伸使用

本次制作	你还可以这样做
胡萝卜蛋糕	营养丰富的一款蛋糕，可加入其他喜欢的蔬菜或坚果，此配方可参考
橙子藏红花啫喱	藏红花是比较有个性的材料，此款是基础型啫喱产品，百搭
蜂蜜慕斯	所用材料都是慕斯馅料的基础材料，甜度较高，蜂蜜种类不同做出的口感不同，用量可以自行斟酌，可以和绝大多数甜品组合，辅助使用模具可制作出各种样式
巧克力配件	基础巧克力件制作方法，方法可借鉴，形状可变换
白色喷面	适用各种慕斯表面装饰，可换其他颜色

草莓泡芙

喷砂特点

本款产品喷砂直接作用在泡芙表面。泡芙是烘烤型甜品，表面有自然的龟裂，喷砂后，这种纹路会更加清晰，同时喷砂形成的颗粒感有梦幻感。但需要注意喷砂用量，过多会产生粗糙的磨砂感，过少会导致颜色不均匀，看起来很低劣。

喷砂色彩

本款产品使用红色喷面，呼应主体产品草莓。

底部色彩是烘烤色，偏黄且质地不平滑，喷砂最好能在表面全部覆盖一层，红色至少能遮掩住黄色底色。当然，如果喜欢多色效果，也可以尝试喷浅浅一层。

组合层次说明

产品名称	类别	主要作用
脆面	表面装饰	平衡质地；平衡口感；补充造型
泡芙面糊	泡芙	支撑；平衡口感；平衡质地
草莓果酱	夹心馅料 / 表面装饰	平衡质地；平衡口感；平衡色彩；补充造型
红果果酱	夹心馅料 / 表面装饰	平衡质地；平衡口感；平衡色彩；补充造型
草莓奶油	表面装饰	平衡口感；平衡质地
红色喷面	贴面装饰	平衡质地；平衡色彩
巧克力圆片	表面装饰	平衡形状；平衡色彩
草莓	表面装饰	呼应主题；平衡质地；平衡色彩；平衡口感
三色堇	表面装饰	平衡形状；平衡色彩

脆面
（表面装饰）

泡芙面糊
（泡芙）

草莓果酱
（夹心馅料 / 表面装饰）

红果果酱
（夹心馅料 / 表面装饰）

草莓奶油
（表面装饰）

红色喷面
（贴面装饰）

巧克力圆片
（表面装饰）

草莓
（表面装饰）

三色堇
（表面装饰）

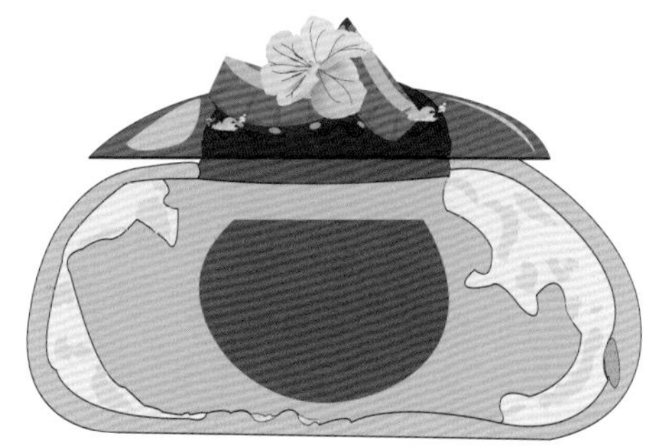

基础组合说明

1. 目前泡芙与泡芙脆面的组合是最为常见的泡芙组合方式，不但装饰上很有特点，在口感上脆面的“脆”和“颗粒感”与泡芙的韧性有很好的互补效果。
2. 泡芙内部的空洞可以挤入各式奶油馅料、水果等。本次用了符合主题的草莓相关馅料。

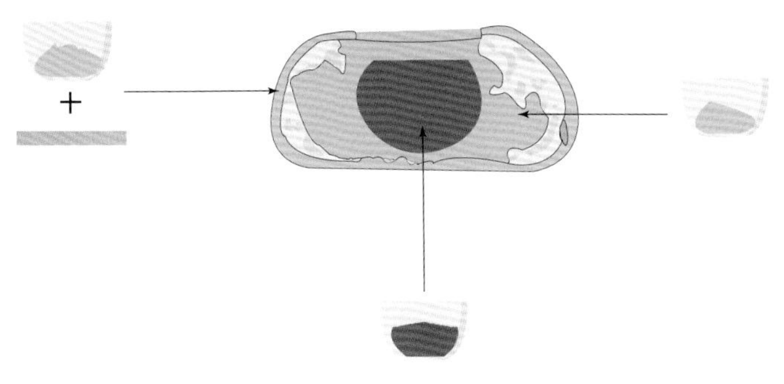

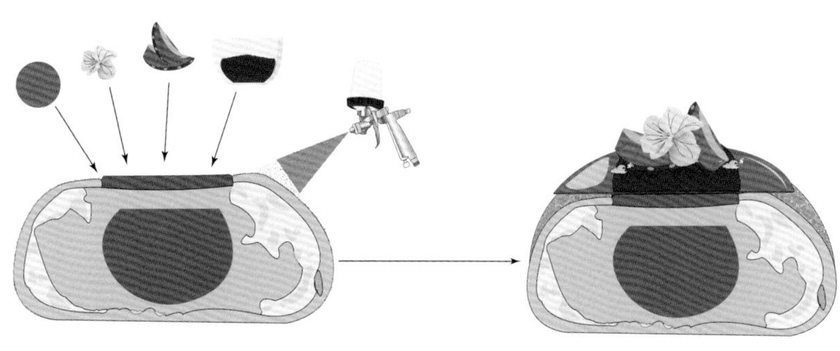

装饰组合

1. 整体造型层次类似“修女泡芙”，不过表层没有放小泡芙，为了展现曲线和立体延伸感，表面的装饰要有向上延伸的感觉。从侧面看，整体造型有三角形的延伸趋势。
2. 三色堇选用黄色部分，能给整体增添明快的氛围，如果用绿色或紫色，会增添沉稳的感觉。

组合注意点

泡芙是常温烘烤甜品，在内部挤入奶油馅料会有吸湿的情况产生，泡芙和脆面的“脆性”会减少，且存放时间越长，脆性越来越少，相对应的韧性显现出来。内部的馅料入口即化。这种方式也是泡芙常见的组合形式。

中部的巧克力圆片直径不要超过底层泡芙的最大直径，与最小直径差不多大小即可。最表层装饰要有一定的竖直方向的延伸感。

组合与设计理念

口味层次：酸甜口味，主体材料草莓在甜品中存在感非常强，馅料组合也以此为主。泡芙主体有脆面和泡芙两部分组成，内部是草莓果酱和奶油。

色彩层次：以草莓为主体的甜品，整体颜色属于红色系，但质地和明亮度不一样，表面三色堇的装饰比较显眼。

质地层次：外部主体展示偏质朴，占的比例较大，表层的巧克力件和果酱质地带光泽，占比较小。两种材料质地相差比较大，要有主体视觉占比，否则会产生很强的违和感。

形状层次：主体呈半圆形，中部的巧克力片非常薄，是分界线也是一种横向延伸，表面用果酱和水果块装饰。整体组合层次与“修女泡芙”类似，从侧面看曲线很漂亮。

脆面

配方

黄油（软化）	120 克
赤砂糖	150 克
低筋面粉	150 克

制作过程

1. 将软化的黄油加入搅拌缸中。
2. 加入赤砂糖，用扇形搅拌器中高速搅打。
3. 待混合物搅打至颜色发白时，加入过筛的低筋面粉，中低速搅打成团。
4. 将步骤3取出，放在油纸上，表面再盖上一层油纸。
5. 用擀面杖隔着油纸将面团擀成2~3毫米厚的面皮。
6. 将面皮转移到烤盘上，放入冰箱中冷藏，备用。

泡芙面糊

配方

水	125 克
牛奶 1	125 克
盐	4 克
细砂糖	4 克
黄油	100 克
低筋面粉	160 克
全蛋	250 克
牛奶 2（非必需）	适量

制作过程

1. 将水、牛奶1、盐、细砂糖和黄油加入锅中，用中小火加热，并用手动打蛋器搅拌均匀，煮沸后离火。
2. 加入过筛的低筋面粉，用手动打蛋器搅拌均匀。
3. 将步骤2加热，期间用刮刀不停搅拌，直至底部有薄膜产生。
4. 倒入搅拌缸中，用扇形搅拌器中速搅拌，并分次沿着缸壁呈流线形加入蛋液，搅拌直至顺滑（加入蛋液后，需及时用刮刀整理搅拌拍上的混合物到搅拌缸底部，避免搅打不均匀）。
5. 加入室温状态下的牛奶2，调节面糊的柔软度，直至用打蛋器提起面糊时，面糊呈倒三角状。
6. 将面糊装入带有圆形裱花嘴的裱花袋中。
7. 将烤盘倒扣在桌面上，表面放网格硅胶垫，挤出直径约5.5厘米的圆形面糊。
8. 将脆面取出，去除表面的油纸，用直径为6.5厘米的切模切割脆面，呈圆形。
9. 将脆面轻轻盖在泡芙面糊上，位置需摆正。
10. 放入烤箱，以160℃烘烤44分钟左右。

材料说明

配方中牛奶 2 是非必需的，具体添加量需根据面粉的吸水率和最后面团的稠稀度调整。

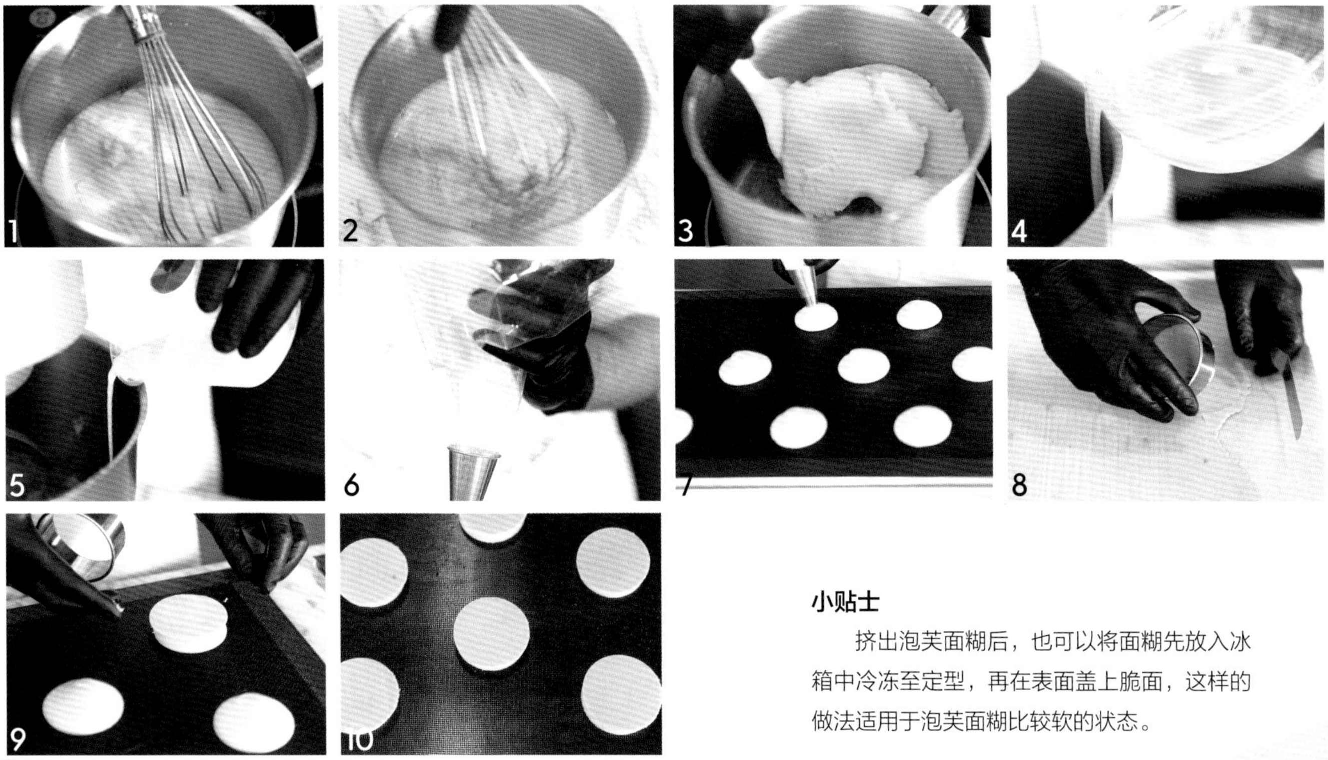

小贴士

挤出泡芙面糊后，也可以将面糊先放入冰箱中冷冻至定型，再在表面盖上脆面，这样的做法适用于泡芙面糊比较软的状态。

草莓果酱

配方

草莓果蓉	300 克
细砂糖	70 克
NH 果胶粉	5 克

制作过程

1. 将NH果胶粉和细砂糖放在玻璃碗中，用手动打蛋器搅拌均匀。
2. 将草莓果蓉放入锅中，用中火加热，并用手动打蛋器不断搅拌。
3. 将NH果胶粉和细砂糖的混合物分次放入步骤2中，继续加热并搅拌，加热至浓稠状，离火，放置在室温下冷却（或放入冰箱冷藏，快速降温），制成草莓果酱。
4. 待草莓果酱冷却至室温后，加入裱花袋中。
5. 将直径2.5厘米的15连硅胶模具放入烤盘中，挤满草莓果酱，再放入冰箱中冷冻，备用（剩余的草莓果酱可以放入冰箱中冷藏备用）。

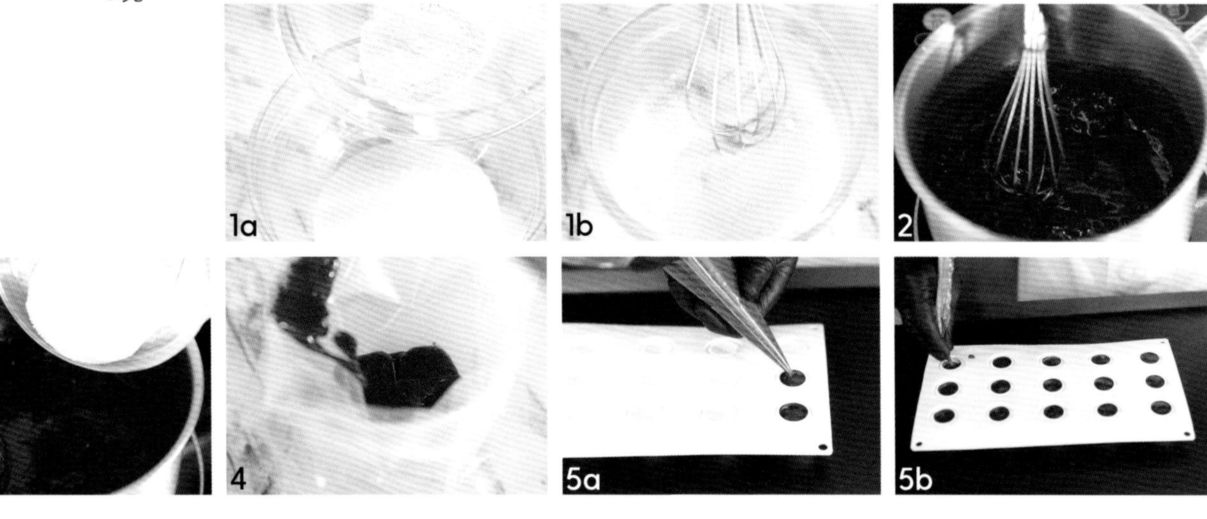

红果果酱

配方

红果果蓉	800 克
细砂糖	80 克
吉利丁块	20 克
柠檬汁	8 克

材料说明

1. 本配方中的红果果蓉由3种果蓉组成，分别是黑莓果蓉、草莓果蓉和覆盆子果蓉，用量占比为1：1：1。
2. 吉利丁块：将5克吉利丁粉和25克冷水混合泡发，再加热熔化成液体，放入冰箱中冷藏凝结成块，取出20克使用。

制作过程

1. 将红果果蓉加入锅中。
2. 在锅中继续加入柠檬汁，搅拌均匀。
3. 加入细砂糖，搅拌均匀。
4. 将混合物边用中火加热边用手动打蛋器搅拌均匀，煮沸后离火。
5. 将吉利丁块加入混合物中，用手动打蛋器混合均匀，制成红果果酱，室温放置冷却。
6. 将果酱装入裱花袋，再注入圆形螺旋模具中（最好沿着模具的纹路一圈一圈注入，避免产生过多气泡），注满即可，轻震模具，再放入冰箱中冷冻。

草莓奶油

配方

草莓果蓉	500 克
玉米淀粉	20 克
细砂糖	50 克
蛋黄	60 克
吉利丁块	30 克
黄油	200 克

制作过程

1. 将草莓果蓉放入锅中，以中小火加热，并用手动打蛋器搅拌均匀，离火。
2. 加入细砂糖、玉米淀粉和蛋黄，边加热边用力搅拌均匀至煮沸，离火。
3. 将吉利丁块加入混合物中，用手动打蛋器搅拌均匀。
4. 加入黄油，搅拌均匀，此时的混合物颜色变淡且呈现微微浓稠的状态，制成草莓奶油。
5. 将草莓奶油贴面覆上保鲜膜，放在室温下保存，备用。

材料说明

吉利丁块：将 5 克吉利丁粉和 25 克冷水混合泡发，再加热熔化成液体，最后放在冰箱中冷藏凝结成块。

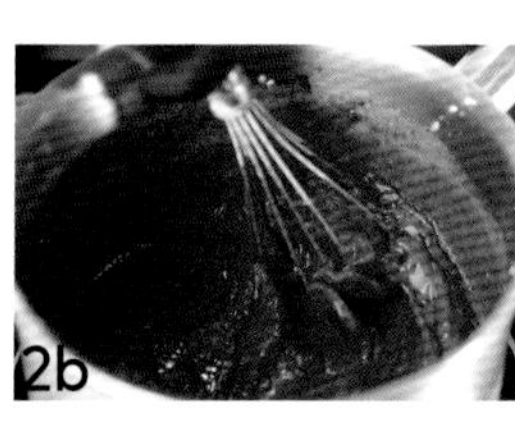

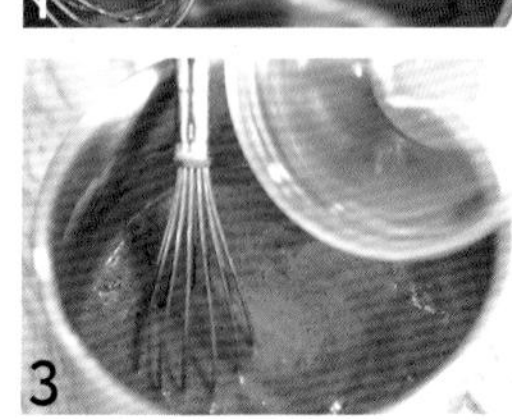

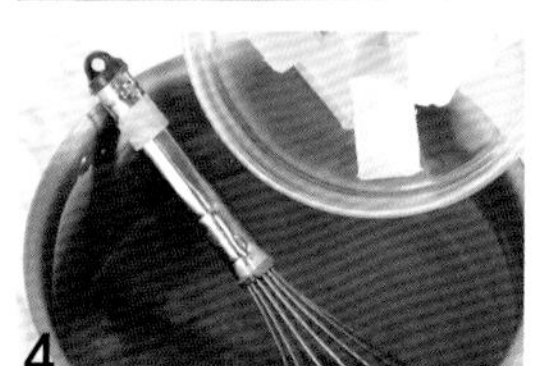

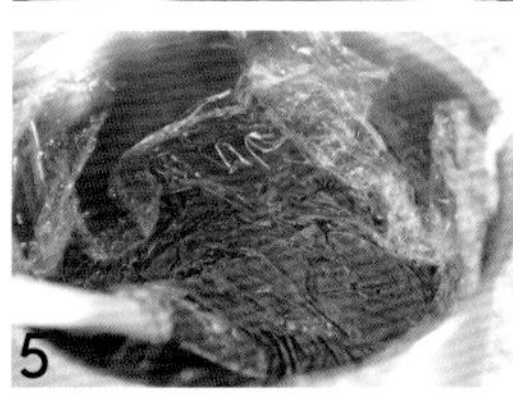

组装

配方

转化糖浆	适量
红色喷面	适量
镜面果胶	适量
草莓	适量
巧克力圆片	适量
三色堇	适量
金箔	适量

材料说明

红色喷面：将白巧克力与可可脂按照1：1的重量比混合，再加入红色色淀调色，用均质机充分搅拌均匀。

制作过程

1. 将烘烤冷却后的泡芙取出，放在垫有油纸的烤盘上，用锯齿刀横切顶部凸起的部分，切除部分的高度约为1厘米。
2. 将草莓奶油取出，稍微加热，用手动打蛋器搅拌顺滑，装入裱花袋中，再挤入泡芙中，挤八分满。
3. 将冷冻成型的球形草莓果酱取出，脱模。放入泡芙内，用手压入草莓奶油中。
4. 将草莓奶油挤入步骤3中，直到挤满泡芙的内部空间，再用刮刀抹平表面，放入冰箱中冷藏或冷冻定型。
5. 取出，喷上红色喷面（喷面时可以将产品放在转盘上，更方便操作）。
6. 将转化糖浆用裱花嘴挤在甜品托中心部位。用曲柄抹刀托起草莓泡芙底部，将泡芙放在甜品托上。
7. 将草莓果酱挤在泡芙表面中心处，呈小点状（便于后续粘巧克力圆片）。
8. 将红色巧克力圆片用抹刀取出，放置在泡芙顶部。
9. 将螺旋形的红果果酱取出，脱模，放在巧克力圆片中心处。
10. 将草莓去蒂，每个平均切成4块，并在表面刷上一层镜面果胶。
11. 将草莓块呈三角形堆放在泡芙的顶部，表面中心处装饰上三色堇，点缀少许金箔。

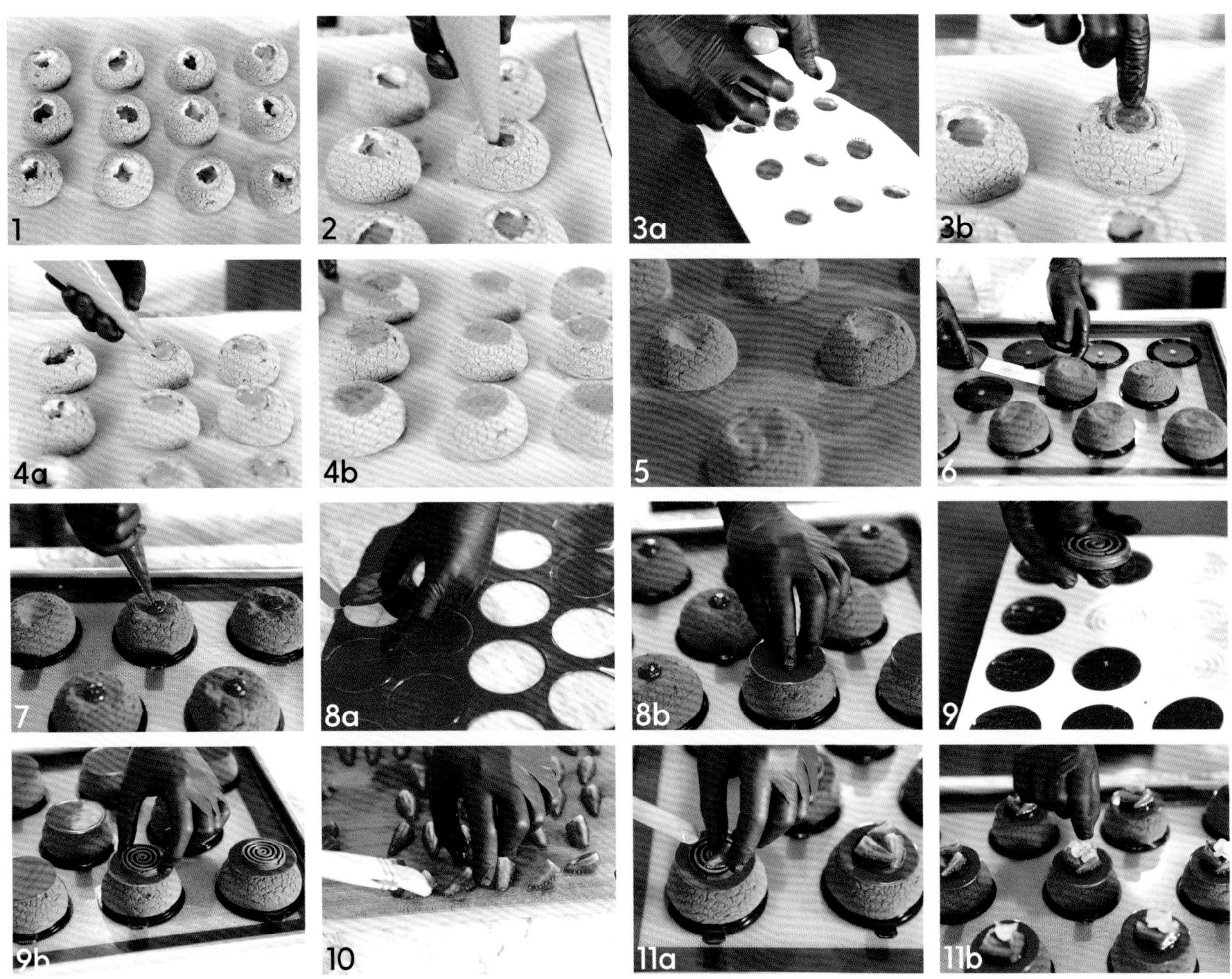

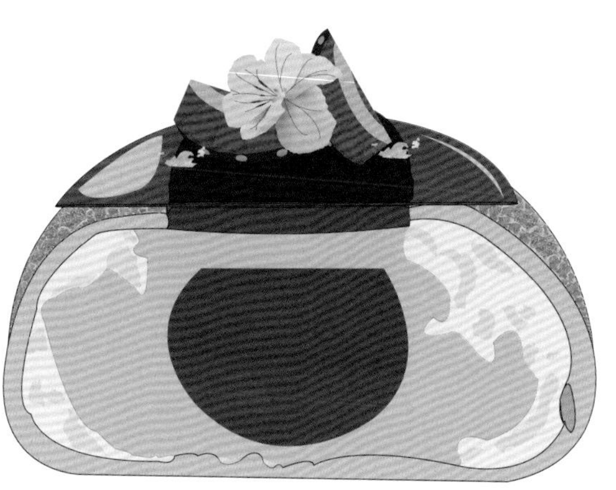

产品联想与延伸设计

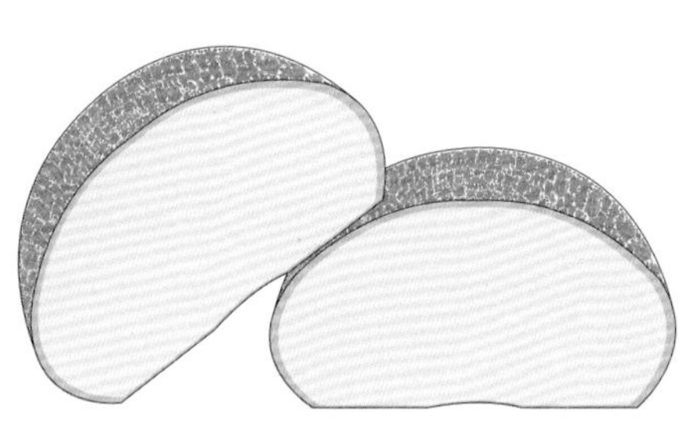

延伸设计 1

说明：组合层次选用脆面和泡芙面糊，将二者组合烘烤成常规的圆形酥皮泡芙，冷却后在底部戳孔，在内部挤入卡仕达酱搭配食用即可。

卡仕达酱参考：紫色梦——卡仕达酱。

延伸设计 2

说明：将泡芙制作成一大一小的形状，在其底部分别裱挤入卡仕达奶油。先将香缇奶油裱挤在大泡芙顶部，再放上小泡芙，顶部可放巧克力花装饰。

卡仕达奶油参考：蒙布朗小挞——卡仕达奶油。

香缇奶油参考：蘑菇蛋糕——香缇奶油。

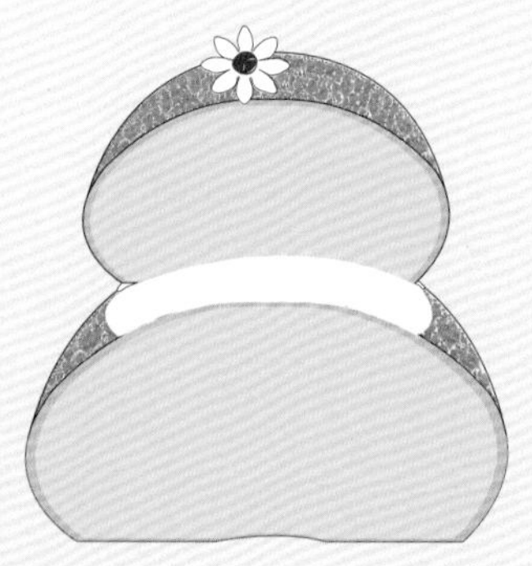

延伸设计 3

说明：去除红果果酱层次，改变部分组合层次的位置。在泡芙内部填充满草莓奶油，表面喷上红色喷面，再在表面中心处挤少许草莓果酱，放上改变颜色的巧克力圆片。将冷冻好的球状草莓果酱（放入15连圆球硅胶模中）脱模，再浸入调色后的淋面中，提高亮度，最后放在巧克力圆片上，表面装饰金箔和三色堇即可。

淋面参考：水果合奏——无色淋面（调色）。

使用模具：15连圆球硅胶模。

延伸设计 4

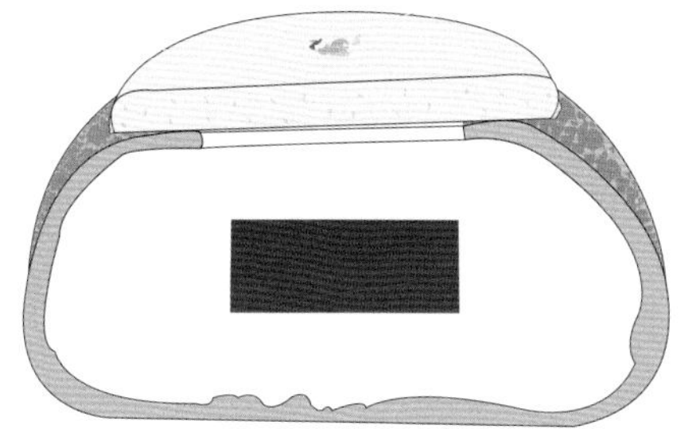

说明：改变装饰元素和泡芙内部的夹心馅料。去除红色喷面层次，将泡芙内部的草莓奶油替换成香草香缇奶油，再填入冷冻成型的圆柱形草莓果酱，最后在表面放上马卡龙壳和少许金箔装饰即可。该款产品增加了马卡龙的口感层次，使用柱状的草莓果酱，与马卡龙的形状相对应，整体简约大方，富有创意。

香草香缇奶油参考：椰浆米水果杯子甜点——香草香缇奶油。

使用模具：圆柱形硅胶模具。

小配方产品的延伸使用

本次制作	你还可以这样做
脆面	泡芙外部最佳装饰；也可以单独烘烤制作成碎粒状的装饰
泡芙面糊	基础泡芙制作
草莓果酱	最简便的草莓果酱制作方法，用材极少，可根据需求任意塑形
红果果酱	复合口味的果酱，口感丰富，可根据需求调整内部果蓉的用量占比
草莓奶油	加黄油类基础慕斯奶油的制作，可变换其他水果口味，配方可参考
红色喷面	适用各种慕斯表面装饰，可换其他颜色
巧克力圆片	基础表面装饰件，根据需求可放于其他产品表面
草莓	家中常备水果
三色堇	可食用花卉，颜色多选，也可装饰在盘式甜点上

覆盆子巧克力

喷砂特点

本款产品喷砂直接作用在慕斯表面，是法式甜品中最常见的组合装饰方法。慕斯外部温度统一，喷砂作用在表面后，一般会先起一层“白雾”状颗粒，慢慢回温后恢复喷砂颜色，颗粒感也更强。

喷砂色彩

本次使用的是黑色喷面，呼应主体产品黑巧克力。

喷砂底部是黑巧克力慕斯，两者是同类材料，色系非常容易统一，且不易出错。整体是棕黑色（深棕色）装饰，相配色彩需要进行中和，亮色系都比较容易出彩，如本次使用的红色系，呼应另一个主体食材覆盆子。如果更换水果，可以尝试黄色系、橙色系等。

组合层次说明

产品名称	类别	主要作用
巧克力底坯	蛋糕底坯	支撑；平衡质地；平衡口感
覆盆子奶油	夹心馅料	平衡口感；平衡质地
巧克力慕斯	夹心馅料 / 表面装饰	平衡质地；平衡口感；平衡色彩；补充造型
中性淋面	贴面装饰	平衡质地；平衡色彩
黑色喷面	贴面装饰	平衡质地；平衡色彩

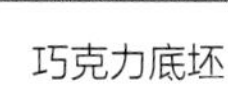

巧克力底坯
（蛋糕底坯）

覆盆子奶油
（夹心馅料）

巧克力慕斯
（夹心馅料 / 表面装饰）

中性淋面
（贴面装饰）

黑色喷面
（贴面装饰）

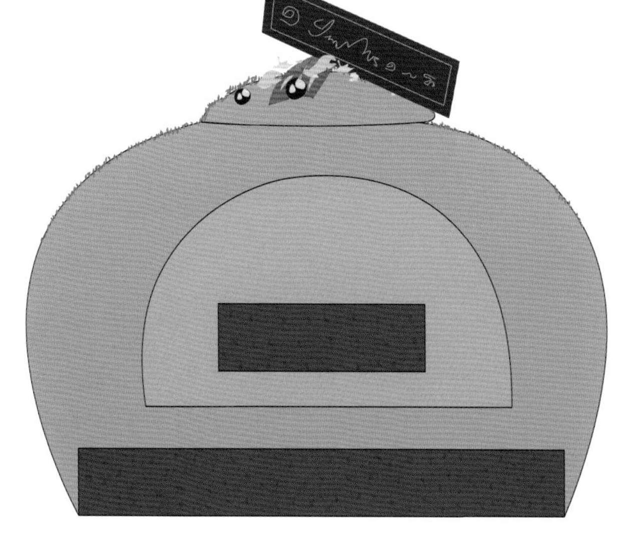

基础组合说明

1. 巧克力慕斯包裹着巧克力底坯和覆盆子奶油，组合方式适用于任意模具类型。
2. 巧克力慕斯以苦甜为主，所使用的可可含量越高，苦味越浓，一般与甜度较大或酸性较大的馅料搭配中和。

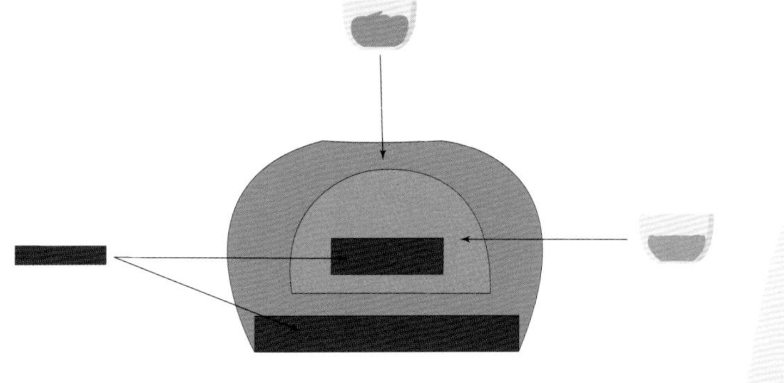

装饰组合

1. 主体造型依托模具，装饰以喷砂为主，简单装饰即可。
2. 此次使用的模具小巧，表面装饰简单，可以放一些蛋糕牌，适合店面宣传使用，同时也有装饰作用。

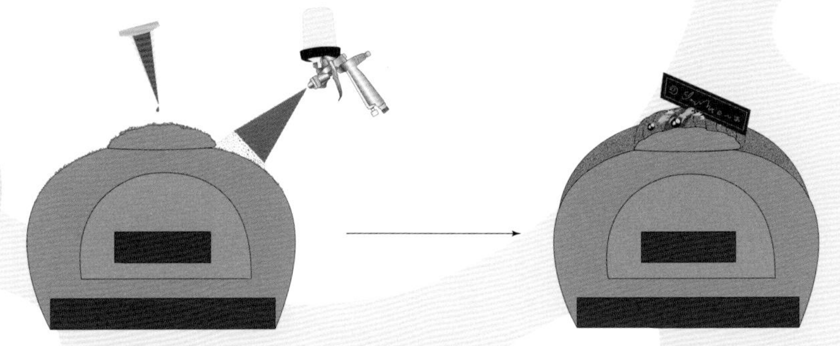

组合注意点

基底组合采用最常见的方式，即小模具制作的产品放入大模具中做夹心馅料。所以组合时注意模具大小的选择。

表面的线条装饰注意两端的整理，在挤制完成后，用刀轻轻切下两端即可，避免不整齐或高度不一影响装饰效果。

组合与设计理念

口味层次：苦、甜、酸复合味道，巧克力和水果是经典搭配，基本上不会出错。

色彩层次：棕黑色（深棕色）和红色的经典配色。

质地层次：三个主体组成部分，质地偏软，慕斯奶油入口即化，底坯部分建议添加耐高温巧克力豆增加咀嚼时的惊喜感。

形状层次：圆形主体造型，外部简单的线条就有装饰效果。也可以做竖状的立体延伸，或者做出水果形状。

巧克力底坯

配方

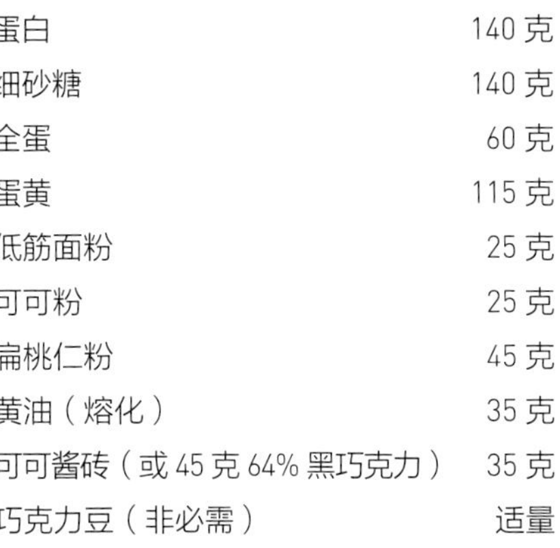

蛋白	140 克
细砂糖	140 克
全蛋	60 克
蛋黄	115 克
低筋面粉	25 克
可可粉	25 克
扁桃仁粉	45 克
黄油（熔化）	35 克
可可酱砖（或 45 克 64% 黑巧克力）	35 克
巧克力豆（非必需）	适量

制作过程

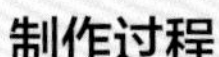

1. 将蛋白和细砂糖加入搅拌缸中，用网状打蛋器高速搅打至中性状态，制成蛋白霜。
2. 将蛋黄和全蛋倒入容器中，混合拌匀，加入蛋白霜中，高速打发1分钟后取出。
3. 将过筛的粉类混合物（低筋面粉、可可粉和扁桃仁粉）分3次加入步骤2中，用刮刀翻拌均匀，制成面糊。
4. 将可可酱砖和黄油放入容器中，混合拌匀，取少部分面糊和其混合，用刮刀拌匀（做一个预拌），再将其倒回搅拌缸中，与剩余面糊混合，用刮刀翻拌均匀。
5. 可加入一点巧克力豆，用刮刀翻拌均匀，能增加巧克力底坯脆脆的口感。
6. 将面糊倒入垫有油纸的烤盘上，用抹刀抹平，再放入烤箱，以160℃烘烤15分钟左右。
7. 取出，放在网架上，室温晾凉。脱模，依次用直径3厘米和5厘米的圆形切模压出底坯，再冷藏备用。

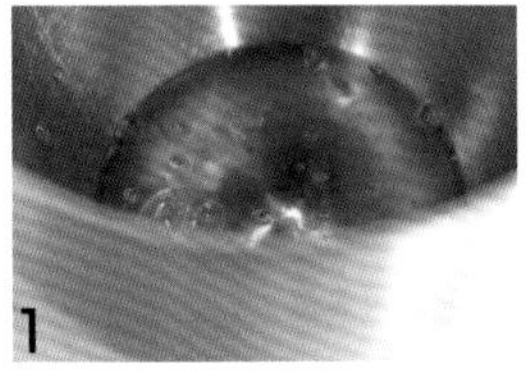

1

2

3

4a

4b

5

6

7a

7b

7c

覆盆子奶油

配方

覆盆子果蓉	250 克
细砂糖	55 克
蛋黄	75 克
全蛋	90 克
黄油	50 克
吉利丁块	24 克

材料说明

吉利丁块：将 4 克吉利丁粉和 20 克冷水混合泡发，再加热熔化成液体，放入冰箱中冷藏凝固成块。

制作过程

1. 将覆盆子果蓉和细砂糖放入锅中，边搅拌边加热。
2. 加入全蛋和蛋黄，边用手动打蛋器搅拌均匀，边加热至沸腾（此时混合物呈浓稠状，颜色变淡），离火。
3. 加入吉利丁块，用手动打蛋器搅拌均匀。
4. 加入黄油，用手动打蛋器搅拌均匀，制成覆盆子奶油。
5. 将覆盆子奶油装入裱花袋中，挤入直径为3厘米的15连硅胶半圆球模具中，约八分满。
6. 将直径为3厘米的圆形巧克力底坯放在步骤5上，用手轻轻下压。
7. 将覆盆子奶油挤入步骤6中，直至挤满模具，轻震模具以消除气泡，放入冰箱中冷冻。

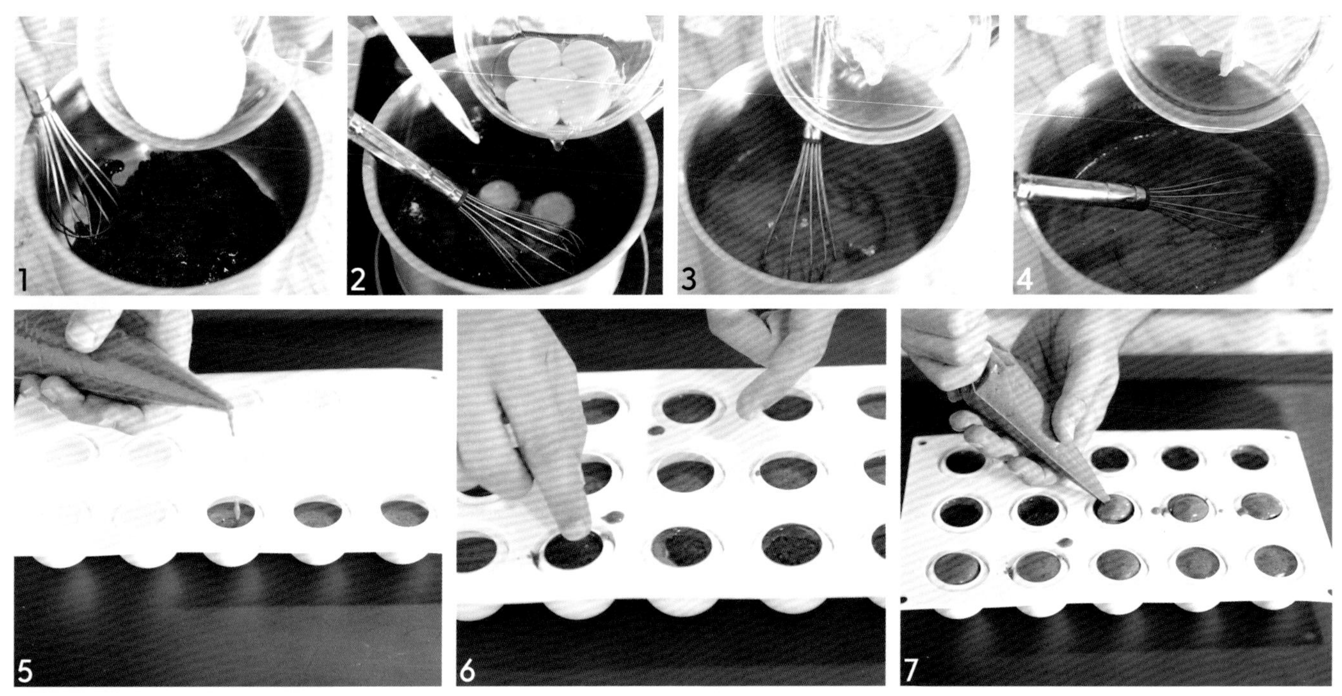

巧克力慕斯

配方

淡奶油 1	600 克
蛋黄	180 克
淡奶油 2	90 克
细砂糖	82 克
64% 黑巧克力	375 克

制作过程

1. 将淡奶油1加入搅拌缸中，用网状搅拌器以中高速搅打至七八分发（提起打蛋头，奶油呈短小的尖状），放入容器中冷藏保存。
2. 将蛋黄、淡奶油2和细砂糖加入锅中，边用手动打蛋器搅拌边加热至85℃。
3. 将液体混合物加入搅拌缸中，用网状搅拌器高速打发，使其降温至35℃。将黑巧克力熔化成液体，加入打发的混合物中，用手动打蛋器搅拌均匀。
4. 将打发的淡奶油1取出，分次加入步骤3中，先用手动打蛋器大致搅拌，再用刮刀翻拌均匀，准备组装。

组装

配方

黑色喷面	适量
中性淋面	适量
黑加仑酒	适量
红色色素	适量
银粉	适量
巧克力豆	适量
金箔	适量

材料说明

黑色喷面：用黑巧克力和可可脂以1：1的比例混合，再加入少许黑色色淀调色，用均质机充分搅拌均匀。

制作过程

1. 将巧克力慕斯装入裱花袋中，挤入直径5厘米的圆形硅胶模具中，约五分满。
2. 将覆盆子奶油和巧克力底坯的组合取出，脱模，放入步骤1中，用手稍微向下压制。
3. 在步骤2中挤入巧克力慕斯，直至模具九分满。
4. 放入直径为5厘米的巧克力底坯，用手稍微向下压，放入冰箱中冷冻定型。
5. 取出脱模，放置在垫有油纸的烤盘上。
6. 将巧克力慕斯装入带有蒙布朗花嘴的裱花袋中，在步骤5表面中间部位挤出线条。
7. 用小刀切除两端多余的巧克力慕斯。
8. 将黑色喷面装入喷枪中，喷涂在步骤7表面。
9. 在中性淋面中加入黑加仑酒、红色色素和银粉，混合均匀，装入裱花袋中，挤在线条状的慕斯上。
10. 点缀上巧克力豆和金箔，表面可插上蛋糕插牌装饰。

产品联想与延伸设计

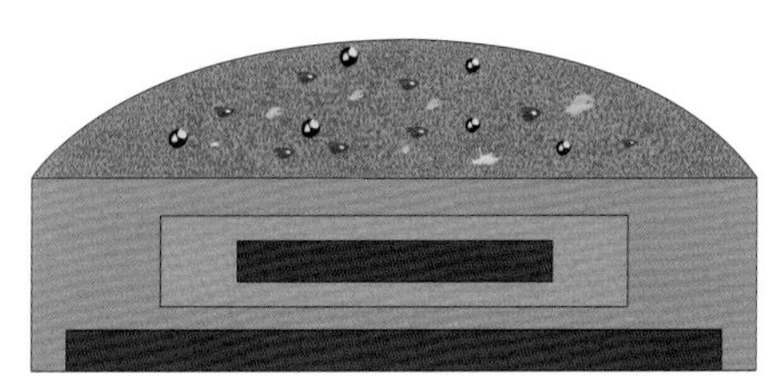

延伸设计 1

说明：组合层次和顺序不变，装饰元素不变，将其放入圆形慕斯模具中组装，冷冻成型后进行表面装饰即可。

使用模具：圆形慕斯模具。

延伸设计 2

说明：装饰元素由黑色喷面改成淋面，另外再附加巧克力配件。以巧克力慕斯为主体层次，将其注入模具中，内部放入冷冻成型的覆盆子奶油和巧克力底坯的组合。成型后在表面淋上棕色淋面，装饰巧克力件、金箔和巧克力豆即可。

淋面参考：杏子——橙色镜面淋面（可更换颜色）。

使用模具：枕形模具。

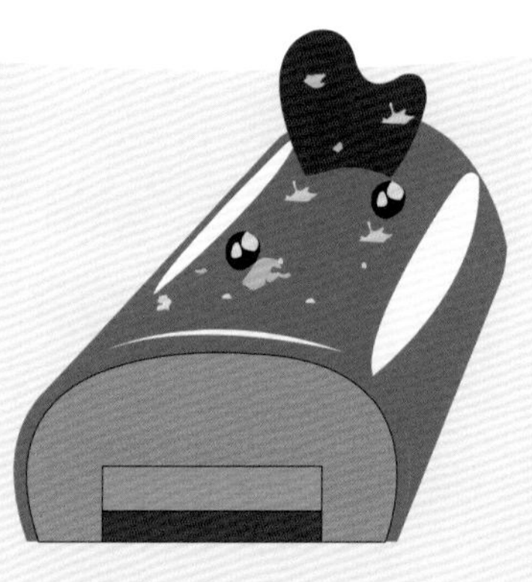

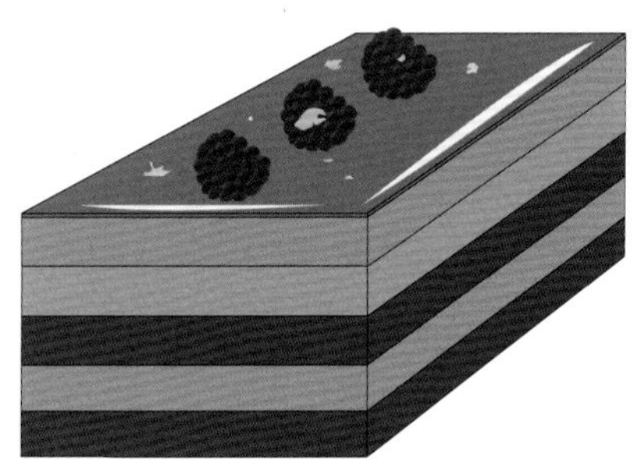

延伸设计 3

说明：组合层次由半包围结构改成上下结构。下部层次由两层巧克力底坯夹一层巧克力慕斯组成，上部为覆盆子奶油和巧克力慕斯的组合，冷冻成型后在表面装饰上棕色淋面、覆盆子和金箔。

淋面参考：杏子——橙色镜面淋面（可更换颜色）。

使用模具：框模具，成型后可切成块状。

延伸设计 4

说明：本次使用杯子来盛装甜品。将巧克力慕斯和覆盆子奶油依次注入杯中，冷冻成型后在表面挤一层中性淋面。待其凝固后在表面装饰橄榄形的扁桃仁奶慕斯、新鲜覆盆子、金箔和巧克力豆即可，整体呈现出简约和高级感，是宴会甜品台必备产品。

扁桃仁奶慕斯参考：杏子——扁桃仁奶慕斯。

使用模具：普通杯装模具即可。

小配方产品的延伸使用

本次制作	你还可以这样做
巧克力底坯	可单独制作食用；适合大部分巧克力慕斯组合使用
覆盆子奶油	酸甜的口味，适合多数慕斯组合；其他果蓉类奶油制作可参考此配方
巧克力慕斯	巧克力慕斯的基础制作
中性淋面	可调色基础淋面，百变、百搭
黑色喷面	适用于各种慕斯表面装饰，可换其他颜色

巧克力装饰

常见巧克力品种

巧克力品种非常多，主要有两大类：一种是可可脂制品；另一种是代可可脂制品。

可可脂类巧克力的主要材料是可可脂，由可可豆加工而成，是一种天然的油脂，颜色呈淡黄色。使用此类制品，需要对产品调温，该类巧克力具有香醇滑润的口感，入口即化（本书中使用的巧克力都是可可脂类巧克力）。

代可可脂巧克力的主要材料是代可可脂，由精选棕仁油（月桂酸油）经过高技术冷却，分离，再经特殊氢化、精炼调理而成的一种凝固性油脂，颜色呈白色，使用时不需要调温。使用代可可脂制作的巧克力口感较差。

可可脂

代可可脂

巧克力的生产原理

巧克力来源于可可树，需要经过许多工艺才能制成。简单的流程如下图：

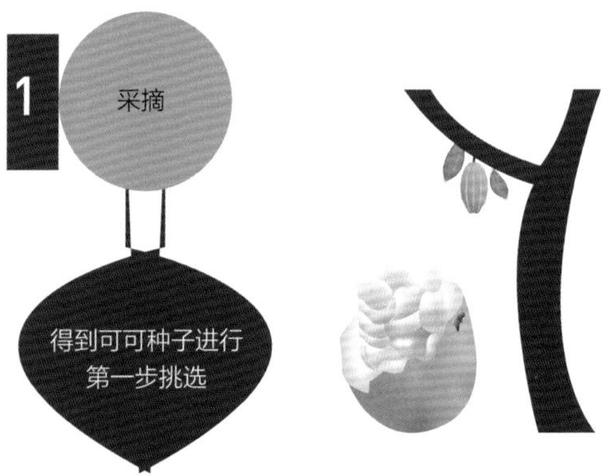

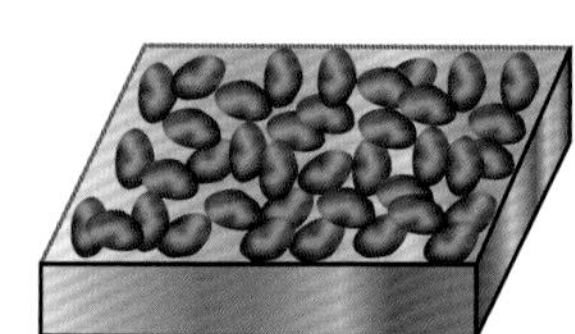

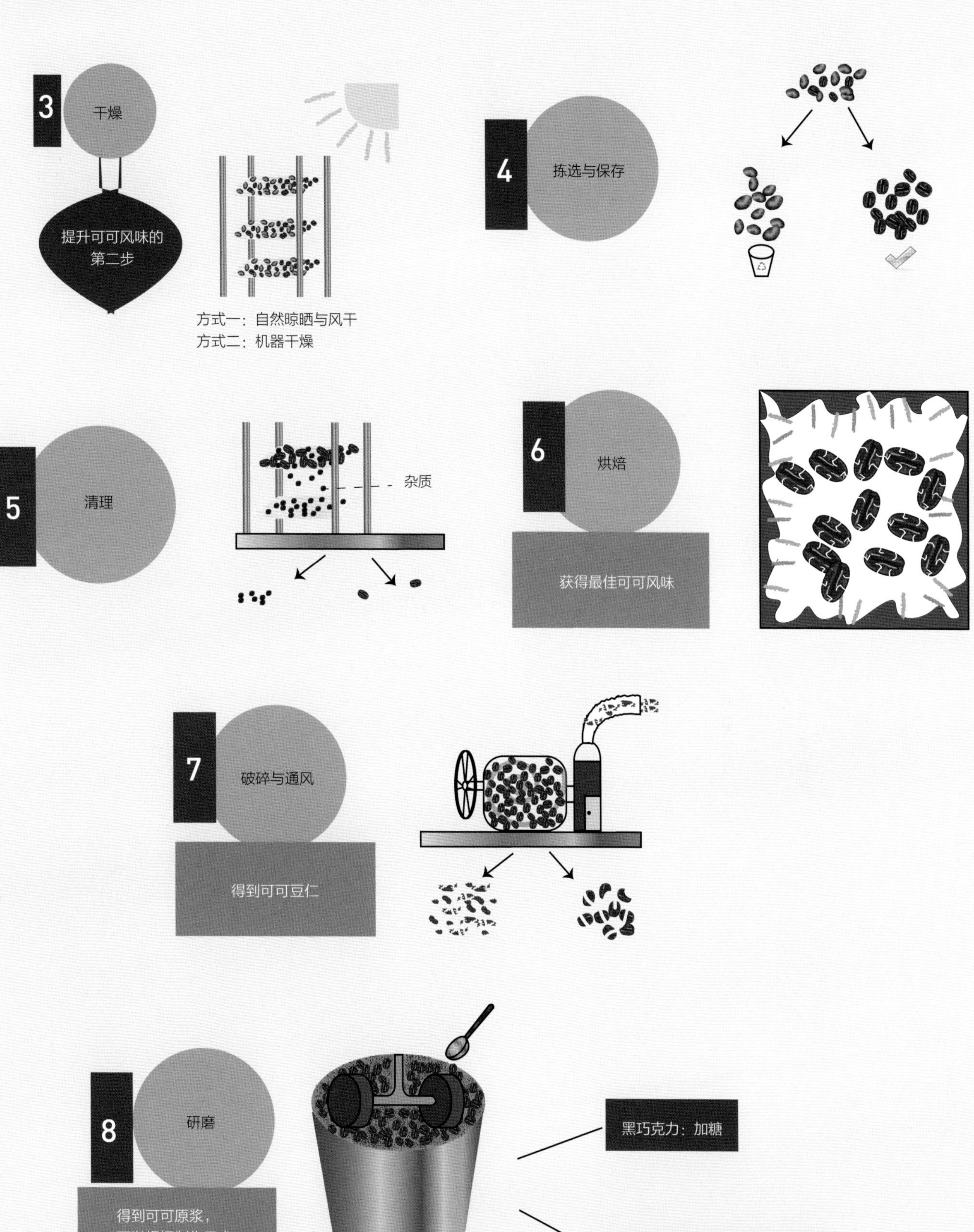
3
干燥
提升可可风味的
第二步
方式一：自然晾晒与风干
方式二：机器干燥
4
拣选与保存
5
清理
杂质
6
烘焙
获得最佳可可风味
7
破碎与通风
得到可可豆仁
8
研磨
得到可可原浆，
可以根据制作需求，
添加相应的材料
黑巧克力：加糖
牛奶巧克力：加糖、牛奶 / 奶粉

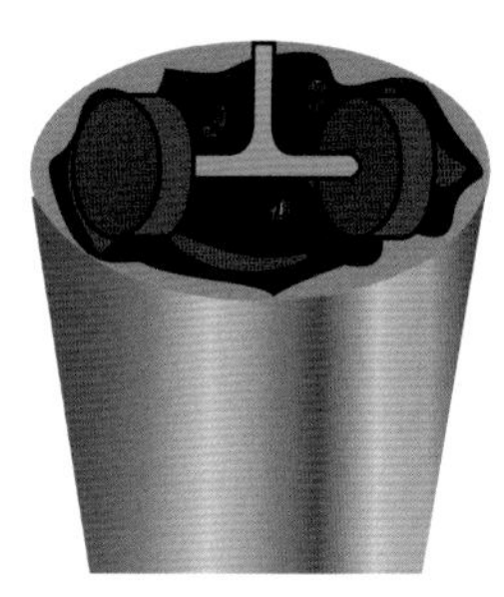

可可混合物不断搅拌，使混合物更加顺滑

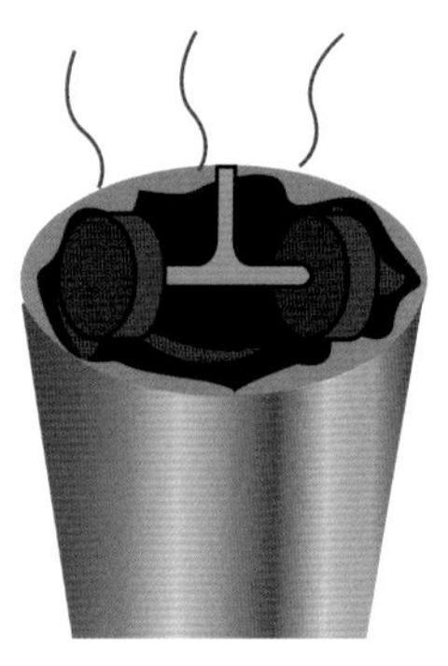

继续缓慢搅拌，提升巧克力整体的风味。在这个过程中可以添加乳化剂和稳定剂来保证巧克力成品质量

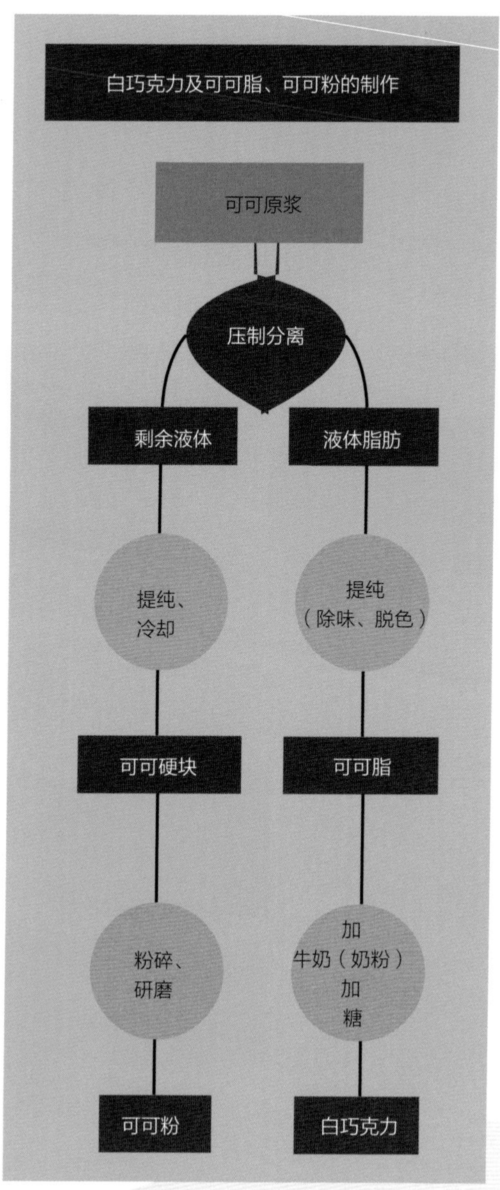

从流程图中可以看出，黑巧克力、牛奶巧克力、白巧克力、可可粉等制品是巧克力加工工艺不同阶段的制品。

巧克力种类		图片示例
根据所含原料划分	黑巧克力、牛奶巧克力和白巧克力。这三大类巧克力还可以根据巧克力中总的可可含量（包括可可脂和所有其他可可固形物）的重量百分比进行划分，如70%黑巧克力、32%牛奶巧克力等	白巧克力　牛奶巧克力　黑巧克力
根据形状划分	板状、颗粒状、纽扣状（圆形）、条状、巧克力币形状等	条状
根据用途划分	耐高温巧克力：使用时不用调温，烘烤后也不易变形	耐高温巧克力粒
	不耐高温巧克力：使用时根据所需调温，常用于巧克力装饰件、慕斯、底坯和馅料等	不耐高温白巧克力

巧克力装饰的制作

巧克力装饰在甜品制作中较常用到。巧克力熔化后经过各种方法进行塑形，之后能形成稳定的装饰造型。装饰形状可立体、可平面，可单色、可多色，操作性强，使用性高。

除巧克力工艺外，一般甜品用的巧克力装饰件制作需要先经过巧克力调温，再进行巧克力塑形。

巧克力调温

巧克力调温原理

巧克力调温实质上是对可可脂调温。巧克力调温的过程就是可可脂熔化后再形成稳定的可可脂晶体结构的过程。

可可脂是从可可原浆里提取出来的天然植物油脂，是制作巧克力必备的原材料之一。可可脂的熔点接近人体的温度，以27℃为节点，可可脂在27℃以下时，呈固体状态；在27℃以上时，随着温度的上升慢慢熔化，直到35℃时，可可脂会完全熔化。因此，这就是可可脂在室温状况下能保持固态，进入口中又能很快熔化的原因。

巧克力应用的范围较广，充当的角色较多，哪些需要调温，哪些又不需要调温呢？

（1）对于光泽度要求较高的制品，如巧克力造型、模具巧克力、巧克力装饰件等需要调温。

（2）只用于增加巧克力风味的制品，如甘纳许、巧克力味的底坯、各种酱料和夹心等都不需要调温。

影响巧克力调温的三要素

1. 温度

温度对可可脂调温起着重要的作用。通过升温→降温→再次升温这一系列过程，可可脂中的晶体由不稳定向稳定转变。

2. 搅拌

巧克力在调温过程中需要不断搅拌，使不稳定的晶体向稳定的晶体转化。伴随着温度的不断降低，可可脂凝固，巧克力状态在稳定的同时，还会收缩，这就是调温成功的巧克力容易脱模的原因。

3. 时间

可可脂内部的晶体在后期凝结的时候，需要充足的时间。若巧克力凝结时间过短，会出现表面已经凝固，但内部结晶还未完全稳定，会导致巧克力出现断裂的情况。在操作中最常见的例子是：在制作模具巧克力时，为了迅速脱模，将其放入冷冻柜中快速降温，缩短了降温时间，即使后期能够脱模，但此种状态下的巧克力也是脆弱和易碎的。

巧克力调温曲线

一般来说，巧克力中的可可脂含量每增加5%，巧克力的熔点就会降低1℃。所以，不同品牌的巧克力，调温曲线也不相同，在对巧克力调温时，可参考巧克力外包装上显示的调温曲线操作。

以下列举了几种常见的巧克力调温曲线，可供参考。

种类	加热熔化后的温度（升温）	冷却降温后的温度（降温）	再次加热后的温度（升温）
黑巧克力	45~50℃	28~29℃	31~32℃
牛奶巧克力	40~45℃	27~28℃	29~30℃
白巧克力	40~45℃	26~27℃	28~29℃

巧克力调温方法

播种法

1. 播种法

播种法是将需要调温的巧克力先取一部分熔化至所需温度，再加入剩余未熔化的巧克力，利用已熔化的巧克力的温度将整体全部熔化，同时也是降温的过程，最后再进行升温。

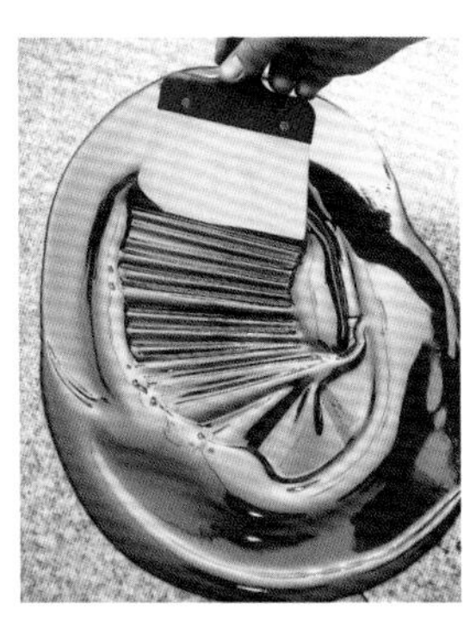
大理石调温法

2. 大理石调温法

大理石调温法是将熔化到所需温度的一部分（或全部）巧克力倒在大理石上，用调温铲来回抹制和混合，进行降温，再倒回容器中进行升温的方法。

3. 水浴法

水浴法是通过隔水加热的方式将巧克力熔化到所需温度，再将整体隔冷水降温至所需温度，最后再以隔热水升温的方式达到使用温度，此方法适合少量巧克力调温，操作方便，失败率低。

水浴法

4. 微波炉法

微波炉法是将巧克力通过微波炉加热熔化，再进行降温，最后放置于微波炉中升温的方法。操作难度大，初学者不易掌握。微波炉法给巧克力升温的主要热量来源于微波，所以巧克力在调温时，不易进水，这是优点。但是稍不注意火力和时间，巧克力就会发生焦煳现象。

微波炉法

5. 巧克力调温操作

无论采取何种方式对巧克力调温，只要牢记巧克力的调温曲线，结合调温的三要素，加以灵活运用，就能找到适合自己的调温方式。一般来说，可可脂含量在35%以上，被认为是流动性强的巧克力。

大理石调温法是最常用的调温方法，此处也以大理石调温法为例，进行具体操作介绍。

制作前准备

材　　料：黑巧克力（板状）

工　　具：铲刀（或调温铲）、测温枪（或温度探针计）、勺子、电磁炉、不锈钢复合底盆

巧克力熔化方法：隔水加热法

巧克力调温方法：大理石调温法

操作环境：室内温度18~22℃

室内湿度45%~55%

操作流程

1. 先将黑巧克力切成小块，放入盆中，边用勺子搅拌边隔温水熔化至45℃。
2. 将2/3熔化的黑巧克力倒在大理石上，用铲刀抹开。
3. 用铲刀将大理石上的巧克力来回抹制与混合，不断重复这个动作，注意抹制时要不断移动巧克力在大理石上的位置，便于大理石散热，使巧克力更好地降温。
4. 将大理石上的巧克力降温至28℃（温度最好比28℃略低），再立刻用铲刀铲入盆中（该操作过程要快，否则巧克力温度降得太低，易结块），将其与盆中温度略高的巧克力混合，搅拌，使巧克力整体温度调至28~29℃。
5. 将降温好的巧克力隔温水边搅拌边升温至31~32℃即可。

1

2

3a

3b

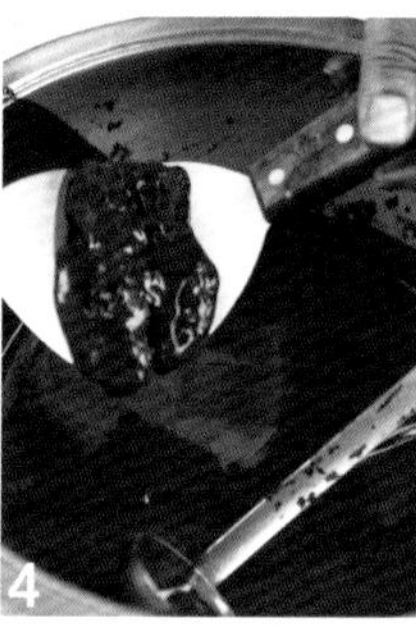
4

5

判断调温是否成功

1. 将调温后的巧克力放在铲刀上，室内静置约5分钟，若其凝固且有光泽，则表示调温成功。
2. 若调过温的巧克力经过长时间才能凝固，并且凝固后的颜色发白，则表示调温失败。此时的巧克力不用丢弃，将其重新调温即可。

调温成功的巧克力

调温过程中，有时会遇到巧克力变浓稠，为什么？

1. 巧克力进水，砂糖吸收水分，变得比之前更加黏稠。
2. 可可脂减少。随着巧克力的多次操作，巧克力中的可可脂会粘在操作台及工具上，可可脂减少，巧克力流动性变差，质地浓稠，此时可以添加适量可可脂进行调节。

巧克力装饰件的塑形方式

巧克力的塑形方法多变，在熔化与凝固之间，可塑造出多种样式。常见的巧克力装饰件有以下几种制作方式。

涂抹定型类装饰件

使用工具将调温巧克力涂抹在胶片纸上，在未完全凝固前，可以通过刮板、压模等工具切割出形状，还可以通过弯曲胶片纸带动巧克力变形，至凝固后形成各种造型。

常见的巧克力片、巧克力圈、巧克力羽毛、巧克力花瓣、巧克力弹簧等都可以通过此种方式来制作。

常见样式演示

使用材料：调温后的各式巧克力。

（1）取适量调温巧克力倒在胶片纸上，用抹刀抹开至一定厚度（根据需求），使用压模可刻出各种样式。整体移动胶片纸入冰箱冷藏凝固，取出，揭去胶片纸，即可取得各式巧克力片。

1

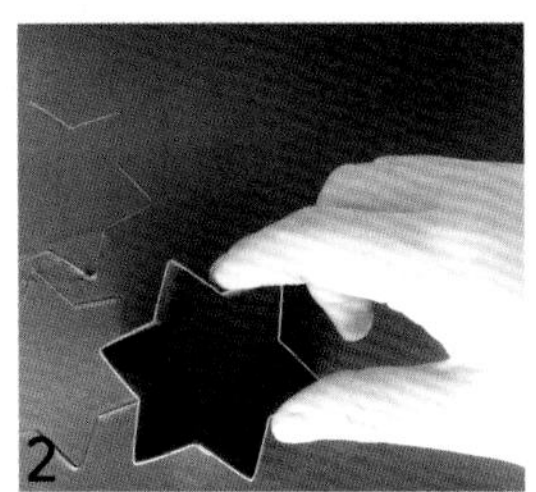
2

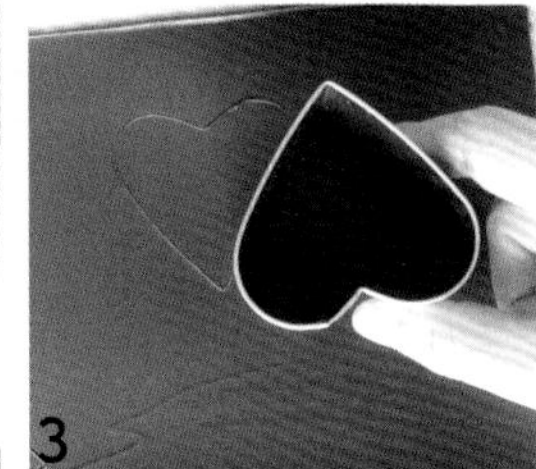
3

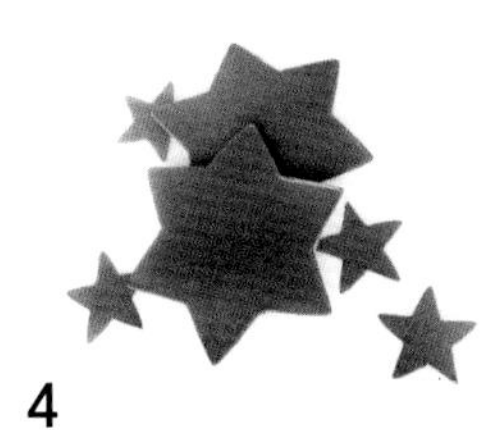
4

5

（2）在底部铺一层转印纸，再铺上巧克力，可以得到花纹巧克力片。多层巧克力叠加也可以做出上下面不同颜色的巧克力装饰片。

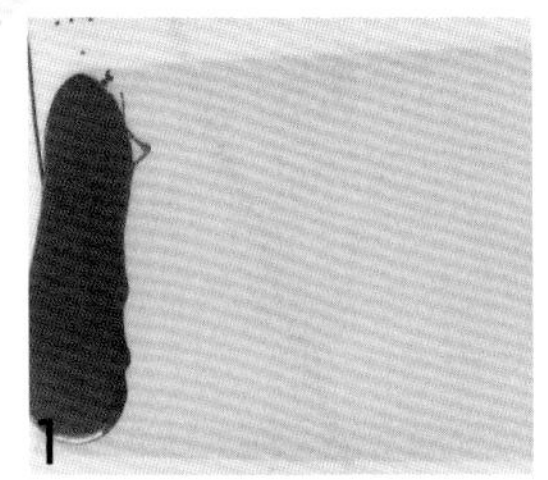
1

2

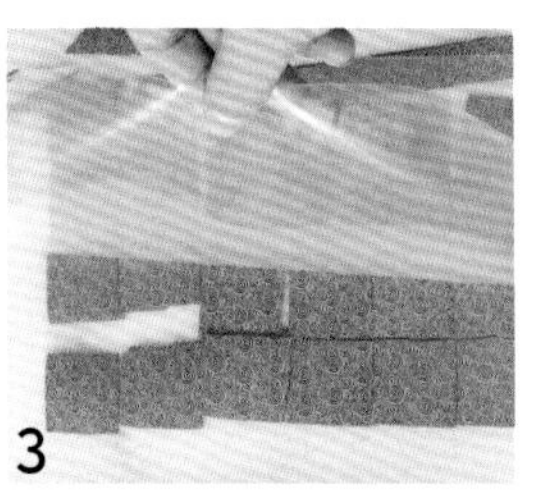
3

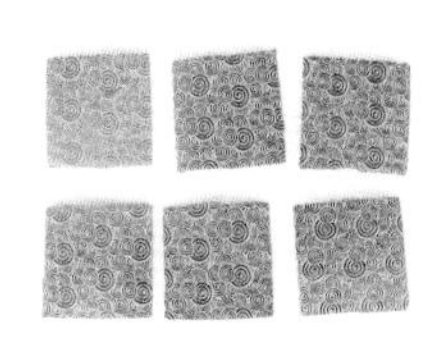
4

5

（3）调温巧克力涂抹完成后，在未完全凝固时，可用刮板在巧克力表面刮出条纹。拿起胶片纸，用双手将其卷成螺旋形，再用夹子将两端分别固定。放入冷藏柜中定型，待其凝固，取出，去掉两端的夹子，用手轻轻拽动巧克力一端的胶片纸，使其脱模，制成巧克力弹簧卷。

1

2

3
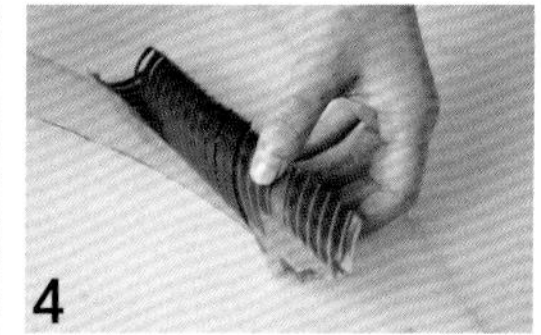
4

5

（4）调温巧克力涂抹完成后，在未完全凝固时，可以用刻刀在表面刻出形状，然后放置在各式模型上固形，冷藏定型后，再撕去胶片纸。模型不单单只有市售的模具，也可以灵活使用手中的有形工具。

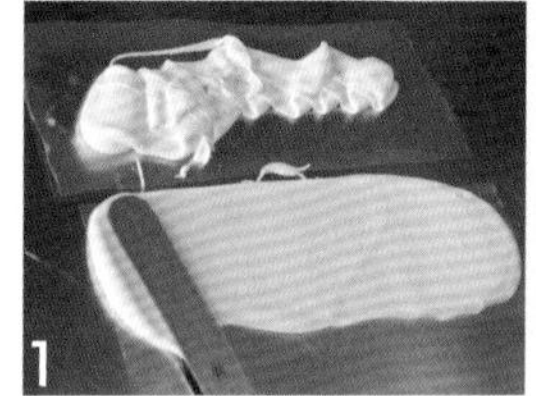
1

2
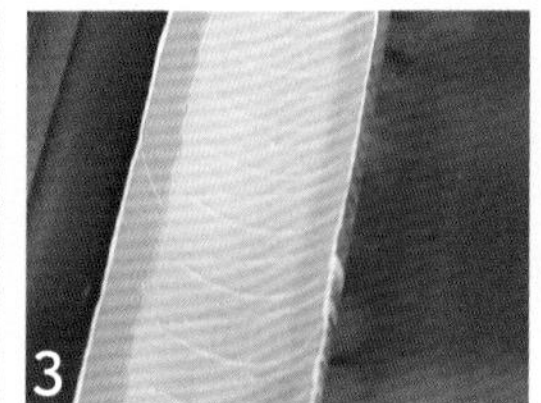
3
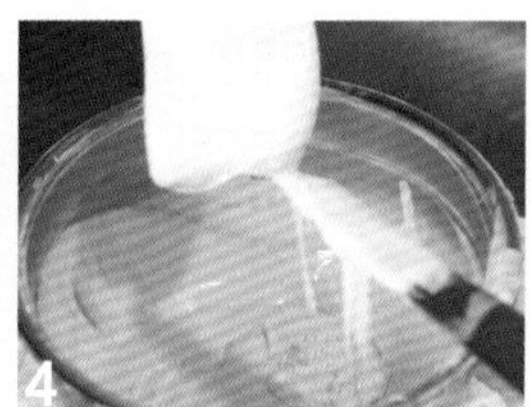
4
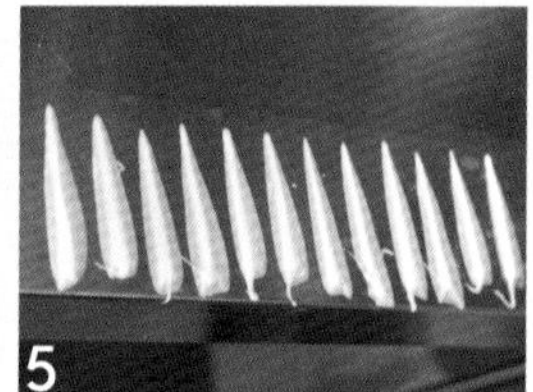
5

相关样式一览

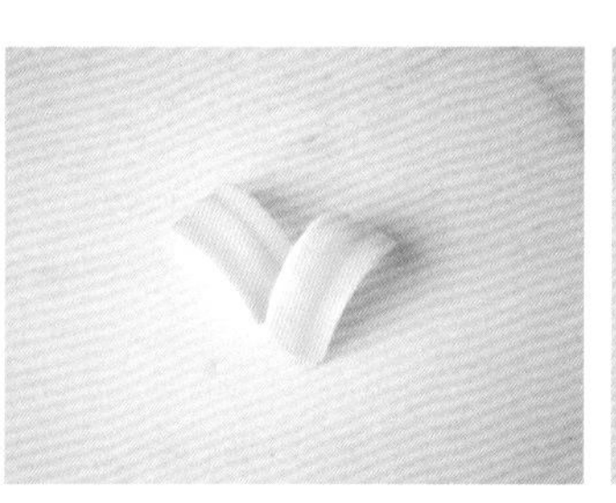
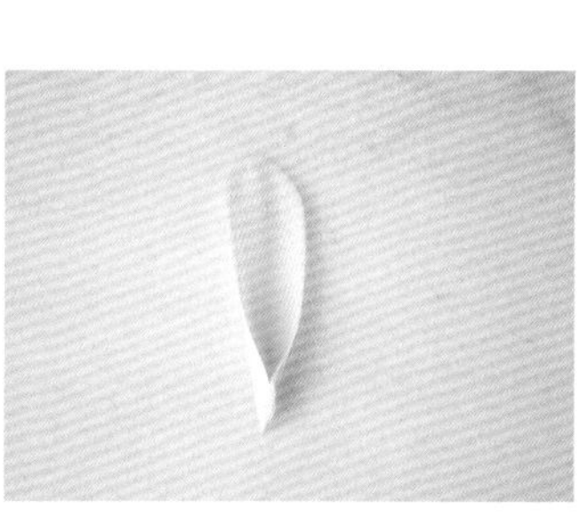
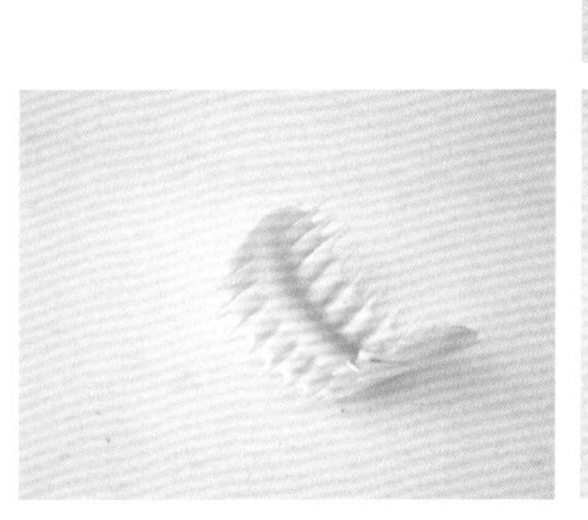
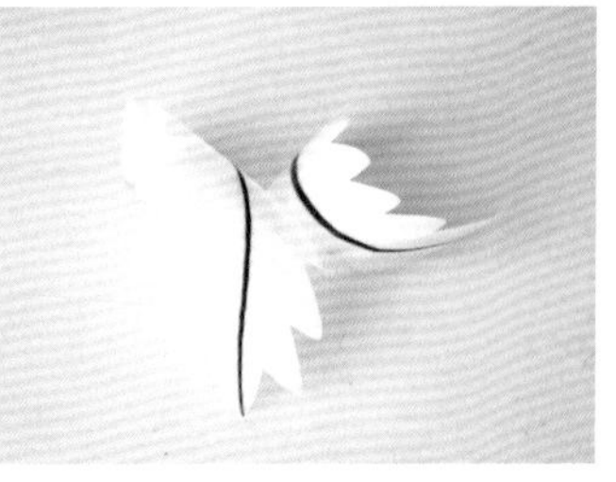

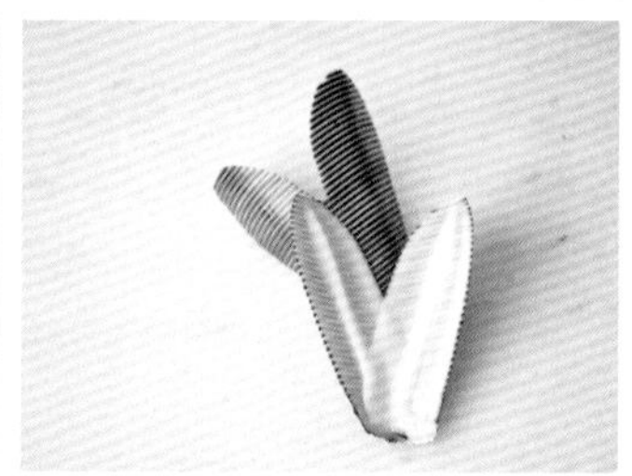

（5）使用合适宽度和长度的胶片纸，将调温巧克力均匀涂抹在表面，在巧克力完全凝固前，拿起胶片纸，围在圈模外层（为了防粘，可以在巧克力表面也覆一层油纸或胶片纸），放在冰箱中冷藏定型，完全凝固后取出，撕去胶片纸即可。

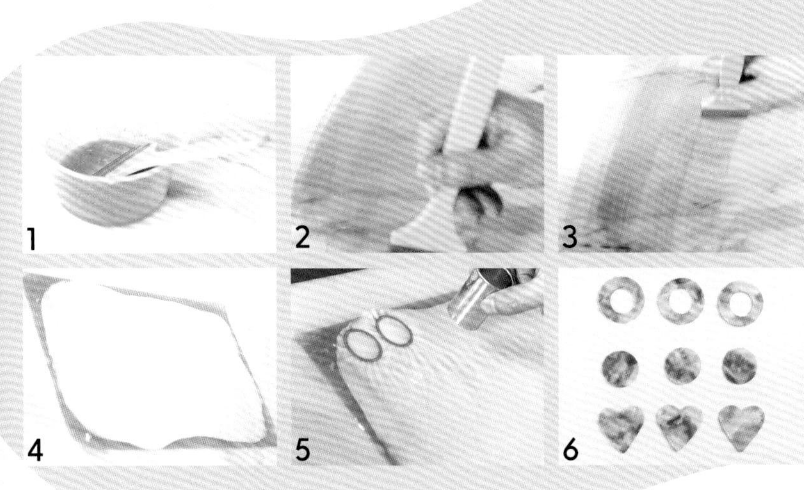

（6）巧克力可以与可可脂混合制作巧克力装饰件。功能效果类似转印纸，但是比转印纸更随性。先将可可脂熔化，之后调色，用毛刷蘸取调色可可脂在胶片纸上刷出花纹，再均匀抹上调温巧克力，凝固前在巧克力表面刻出或划出花纹，入冰箱冷藏定型。取出后揭出巧克力片即可。

挤裱定型类装饰件

将调温后的巧克力装入裱花袋或细裱，可以挤出各式形状，之后进行塑形、固形，放入冰箱中定型即可。

延伸：细裱是什么？

细裱的功能类似裱花袋，不过是迷你版裱花袋。细裱与普通款裱花袋相比，其头部非常小且可以控制，对于分量比较少的材料来说，细裱非常适合，裱花袋适合量多材料的挤裱工作。

裹细袪的常见方法

第一种：先“裹”后“装”（先做出细袪，再装入挤袪材料）

1. 剪出三角形细袪材料，摆放在桌面上，注意最长边和顶点的位置。
2. 右手将下侧的一角折叠到顶点位置上。
3. 左手将上侧的一角折叠到右侧上，使顶点处于密封状态。
4. 用手拿起细袪纸后整形，顶点处完全密封。
5. 用手将开口处的接口位置折叠。
6. 将封口处用剪刀剪出岔口。
7. 用手将岔口处向后折叠，起到牢固的作用。
8. 装进挤袪用材料后，将开口处相互折叠出三角，使开口处压紧。
9. 将小三角向下折叠压紧后，握在手心中。

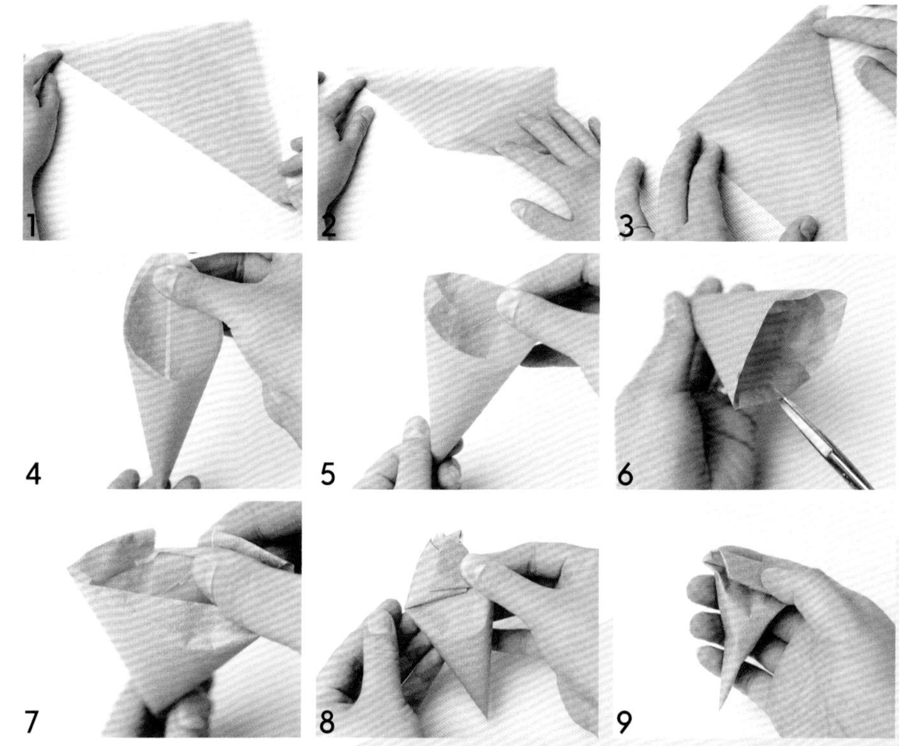

第二种：先“装”后“裹”（先放入挤袪材料，再裹出细袪形状）

1. 将挤袪材料放置在细袪纸的一侧位置，呈椭圆形放置。
2. 拿起细袪纸的一个角折叠在右侧一角的1/2位置上，使材料裹在细袪内，不要外漏。
3. 左手捏住尖头处缓慢向顶点处移动，同时右手捏住封口一直向上折叠。
4. 将细袪的开口处折叠后捏紧。
5. 用金丝扣放在开口处位置，扎紧。
6. 可以用左手捏紧金丝扣，右手转动细袪使封口更紧实。

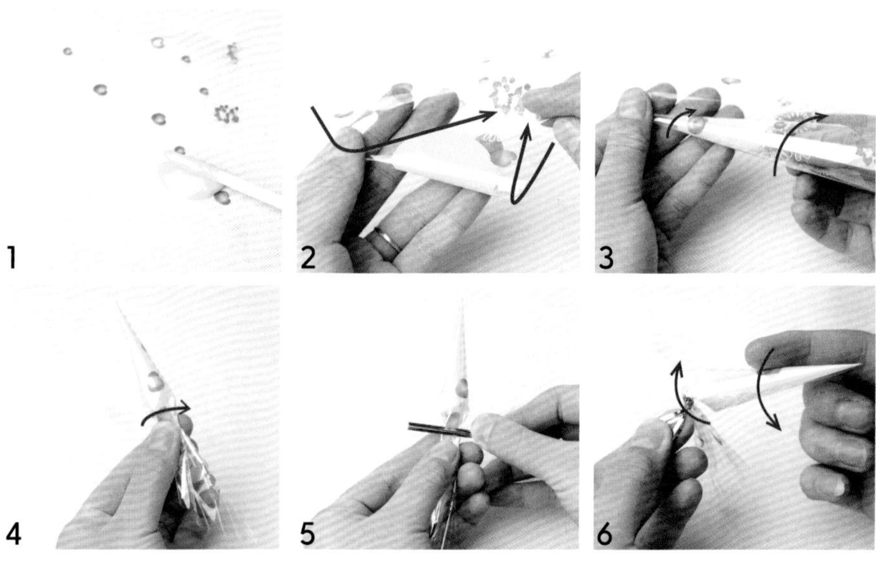

常见样式演示

使用材料：调温后的各式巧克力。

（1）将调好温的巧克力装入细裱内，在胶片纸上挤出形状，放入冰箱中冷藏定型即可。

相关样式一览

（2）将调好温的巧克力装入细裱内，在胶片纸上挤出形状，放置在各式模型上固形，之后放入冰箱中冷藏定型后，再撕去胶片纸即可。模型不单单只是市售的模具，也可以灵活使用手中的有形工具。

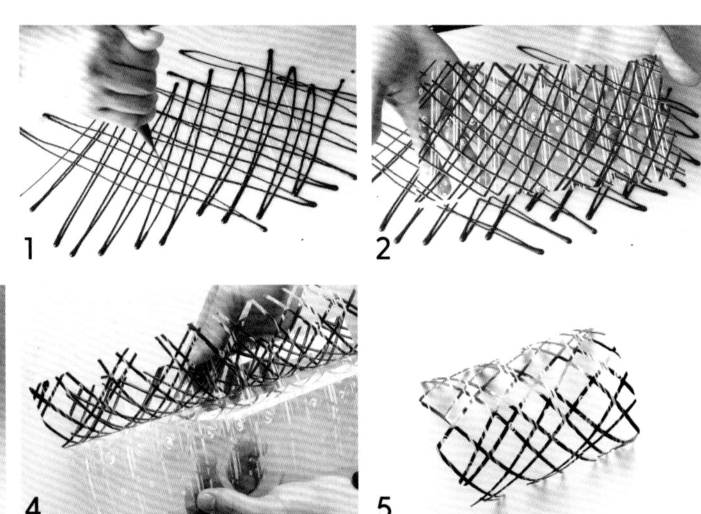

铲花类装饰件

巧克力具有一定的韧性，可以借助铲刀、抹刀或类似的工具，对其塑形。

常见样式演示

使用材料：调温后的各式巧克力或巧克力块。

小贴士

挖弧形球必须注意巧克力的软硬度，巧克力尽量偏软，在柔软状态下才能挖出比较整齐的弧形球，如果巧克力过冷只能刮出小的碎屑；反之，巧克力太软则会粘住挖球器。

（1）直接刨屑型。用挖球器在调温巧克力或巧克力块表面由上向下刮出半圆弧形小球即可。

（2）铲花型。将巧克力在大理石上来回抹制，使其产生韧性，在后期铲制时不易破碎，方便造型，该种装饰件对操作者技术要求极高，操作难度大。

1

2

3

相关样式一览

组合类装饰件

各式方法制作成的巧克力件粘在一起可以组合成更多的样式。花形是比较常见的组合类巧克力装饰件。

常见样式演示

使用材料：调温后的各式巧克力。

花蕊1：将调温巧克力灌入模具内，稍稍停留后再倒出，使巧克力在模具内形成一层壳，入冰箱冷冻凝结后轻轻倒扣磕出巧克力，两两配对粘在一起即可。

粘的方式有很多，可以加热结合面，将需要粘的面放在有热度的器皿上划两下，之后再与其他巧克力粘上。

1

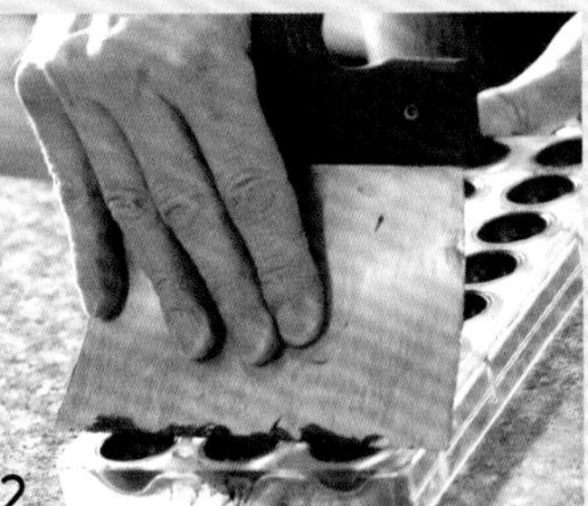
2

3

4

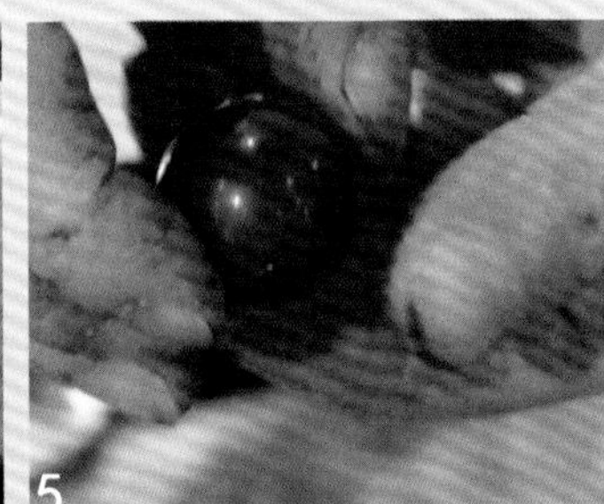
5

花蕊2：模具也可以选择水滴形。

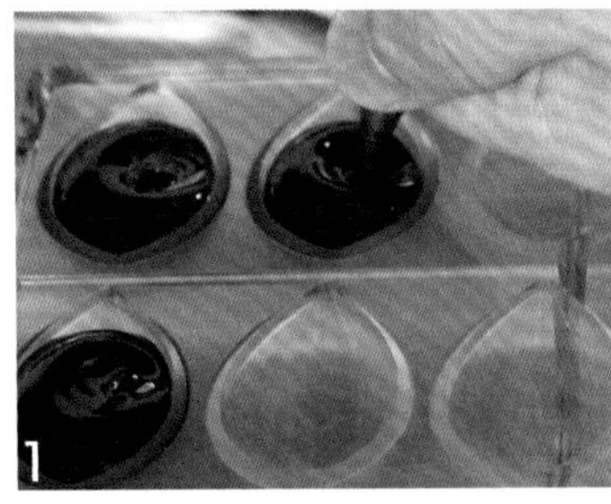
1

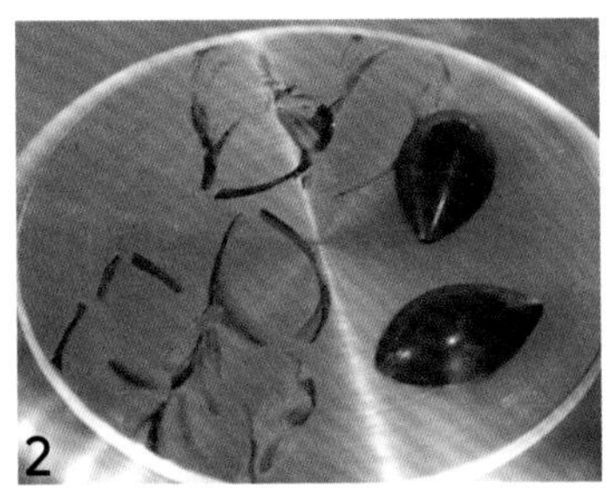
2

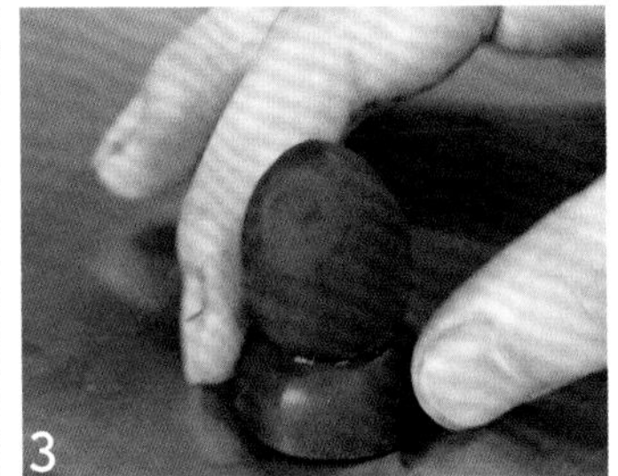
3

花瓣与花朵1：可以用挤袜的方式画出花形，花形展开方式可以依靠球形模具。

1. 将调温完成的巧克力装入细裱内，挤在球形模具外侧，形成花的弧度。
2. 待凝固后，轻轻拨下巧克力，在内部中心处粘花蕊部分即可。

花瓣与花朵2：在涂抹类巧克力上刻出花瓣形，需根据花瓣的展开层次定出花瓣数量，注意花形弯曲的角度变化。此类花形有“硬度”，不够柔美，比较适合巧克力工艺组合。

1. 将白色花瓣和黄色花瓣取出。
2. 在花蕊的上下两部分拼接处，用熔化的巧克力粘上第一层白色花瓣。
3. 取黄色花瓣围绕白色花瓣一圈，再围上2~3圈。

花瓣与花朵3：将巧克力铲花和巧克力片混合在一起，这是巧克力包花制作，难度比较高，但是花形非常自然。巧克力包花时注意每层花瓣的根部要粘好，花瓣整形时要注意时机，不能等巧克力变硬时组合，否则花瓣容易碎。

1. 首先将粉色巧克力放在大理石边缘，用铲刀均匀地抹平，边缘毛边用铲刀修饰整齐。
2. 右手拿铲刀，食指压在巧克力表面，铲刀正对着巧克力的尖端，角度保持45度左右。
3. 食指不用力，保持铲刀倾斜往上直推，铲出边缘不规则的花形。
4. 将不规则花形往一起集中，根部粘在一起，一瓣一瓣地拼成一朵圆形康乃馨花球。

小贴士

1. 康乃馨花形的面必须要薄，才能出现不规则纹路。
2. 铲刀要使用边缘上翘的翘刀，才能使铲花出现自然的褶皱。

巧克力装饰件保存

巧克力装饰件应当冷藏保存，不可冷冻，否则会破裂。

保存温度

巧克力的保存温度应保持在15~18℃，避光，不可受到太阳直射，储藏温度不宜变化过大，从储存地方取出时与室温相差不宜超过7℃，储存温度不可低于15℃。

保存湿度

巧克力的保存湿度应保持在45%~55%，开封的巧克力应保持密封，避免与空气接触，防止变干、氧化。

保存环境

巧克力应与具有刺激性气味和强烈味道的食材分开储存。尤其是调温巧克力，对于异味非常敏感，保存时必须远离外界的异味，保持环境卫生。防止昆虫破坏、侵蚀。

紫色梦

巧克力装饰特点

因为巧克力装饰件大多只有巧克力口感，对甜品整体口感的影响不是很大。所以巧克力装饰件在甜品中的作用，多体现在视觉上。

在甜品色彩和形状确认后，巧克力装饰件的色彩和形状要与主题贴合，属于锦上添花的装饰。

巧克力色彩

本款产品的巧克力装饰件为了与主题贴合，选择了紫色与白色相间的巧克力，整体和谐，没有跳脱感。如果选择纯白色系，也有一定的装饰效果，但是会非常显眼，是另一种风格，有兴趣可以尝试下。

组合层次说明

产品名称	类别	主要作用
油酥底坯（少麦麸）	面团底坯 / 表面装饰	支撑；平衡质地；平衡口感
酸奶油	夹心馅料 / 蛋糕基底	平衡口感
海绵蛋糕（少麦麸）	蛋糕底坯	支撑；平衡质地；平衡口感
蓝莓果酱	夹心馅料 / 表面装饰	平衡口感；补充色彩
打发牛奶	夹心馅料 / 馅料基底	平衡色彩；补充色彩；呼应主题
白巧克力打发牛奶慕斯	夹心馅料	平衡口感；补充色彩
蓝莓淋面	贴面装饰	平衡色彩
卡仕达酱	夹心馅料	平衡口感
巧克力配件	表面装饰	平衡色彩；平衡视觉

油酥底坯（少麦麸）
（面团底坯 / 表面装饰）

酸奶油
（夹心馅料 / 蛋糕基底）

海绵蛋糕（少麦麸）
（蛋糕底坯）

蓝莓果酱
（夹心馅料 / 表面装饰）

打发牛奶
（夹心馅料 / 馅料基底）

白巧克力打发牛奶慕斯
（夹心馅料）

蓝莓淋面
（贴面装饰）

卡仕达酱
（夹心馅料）

巧克力配件
（表面装饰）

基础组合说明

1. 主体是白巧克力打发牛奶慕斯做外框结构，内部用蛋糕与卡仕达酱做重复式填充。
2. 蓝莓果酱补充色彩与质地。

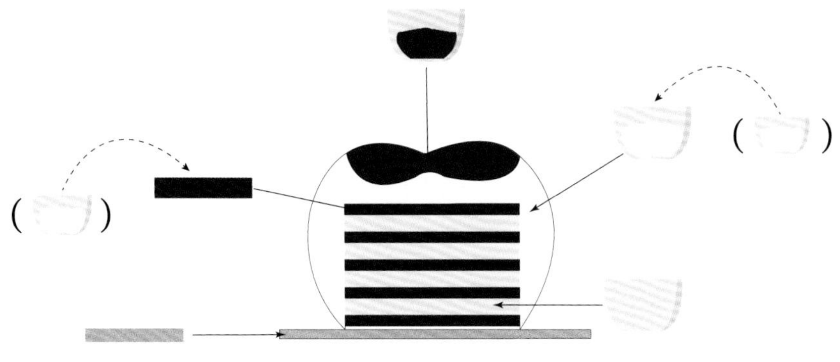

装饰组合

1. 蓝莓淋面做贴面装饰，因主体弧度的原因造成自然的紫色、白色相间的效果。
2. 巧克力配件延伸了空间感。

组合注意点

主体是模具制作的，所以每个层次的高度需要注意，烘烤厚度、组合厚度与组合重复率要相互配合，本款产品是较理想状态下的层次组合，如果底坯较厚，可以适当减少重复层次。

巧克力配件在未定型时，可以用手轻轻捏出弧度，完全定型后，再用刀划出些许空隙，给装饰件更多细节感。

组合与设计理念

口味层次：甜、酸口感为主，有蓝莓风味。

色彩层次：紫色和白色相间搭配，有梦幻感。注意一定要相间搭配。

质地层次：面团底坯脆性比较大，蛋糕软，慕斯滑润，是比较柔性的一种搭配。

形状层次：主体是模具制作而成，类似果子、种子的造型，弧度非常好看。装饰件也有一定的弧度。

油酥底坯（少麦麸）

配方

全蛋	200克
糙米粉	940克
糖粉	360克
低筋面粉	120克
瓜尔胶	20克
大豆磷脂	9克
盐	8克
黄油	480克

制作过程

1. 将除全蛋外的所有材料放入厨师机中，搅拌均匀，再加入全蛋，搅拌成面团状，取出，放在桌面上。
2. 用擀面杖将面团擀成约3毫米厚的面皮，用圈模切出形状，放入烤箱，以150℃烘烤20~30分钟。

材料说明

1. 瓜尔胶：可以使产品产生更多的气孔，能增大体积，且能帮助产品保持水分。
2. 大豆磷脂：乳化剂，可以帮助水油产品更好地融合。
3. 黄油要切成丁状使用；糙米粉、糖粉和低筋面粉需混合过筛使用。

酸奶油

配方

20%酸奶油	680克
细砂糖	150克
黄油	125克

制作过程

将酸奶油和细砂糖放入锅中，煮至浓稠，离火，加入黄油，用手动打蛋器搅拌至顺滑。

海绵蛋糕（少麦麸）

配方

全蛋	120克
细砂糖	100克
酸奶油	100克
低筋面粉	100克
鹰嘴豆粉	33克
糙米粉	33克
玉米粉	33克
苏打粉	0.5克

制作过程

1. 将全蛋放入厨师机中，少量多次加入细砂糖打发，搅打至紧实的泡沫状。
2. 加入酸奶油和混合过筛的粉类（低筋面粉、鹰嘴豆粉、糙米粉、玉米粉和苏打粉），用刮刀翻拌均匀。将烤盘倒扣在桌面上，放上硅胶垫，倒入面糊，用抹刀抹平，放入烤箱，以170℃烘烤6~10分钟。

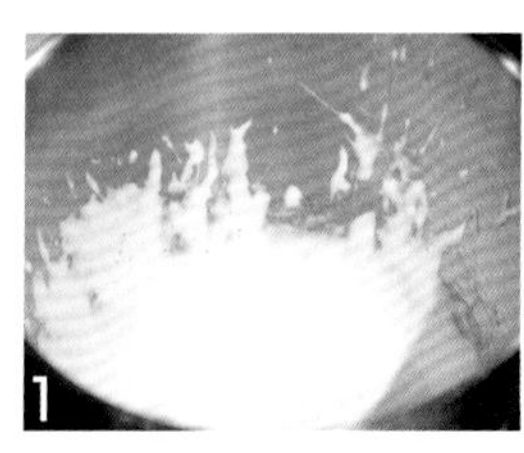

蓝莓果酱

配方

蓝莓果蓉	300克
葡萄糖浆	52克
细砂糖	22克
NH果胶粉	8克
柠檬汁	11克

制作过程

将蓝莓果蓉和葡萄糖浆放入锅中，加热至50℃，边搅拌边加入细砂糖和NH果胶粉的混合物，煮沸后离火，再加入柠檬汁，混合均匀后装入裱花袋中，在硅胶模具中挤入薄薄一层即可，放入冰箱冷冻定型。

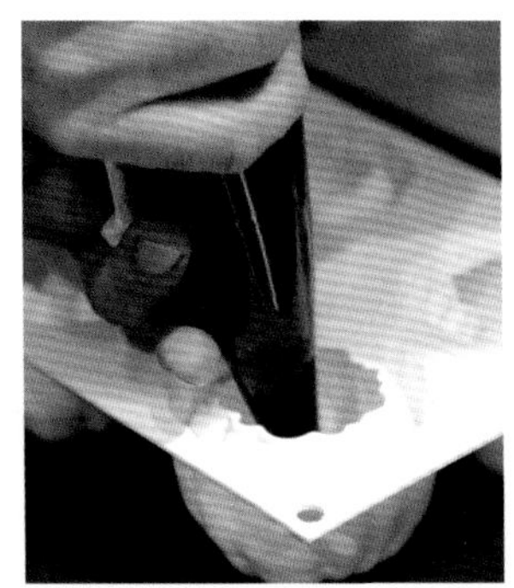

材料说明

本配方中的细砂糖和NH果胶粉需混合拌匀使用。

打发牛奶

配方

牛奶	625克
细砂糖	12克
NH果胶粉	9克

材料说明

本配方中的细砂糖和NH果胶粉需混合拌匀使用。

制作过程

将牛奶倒入锅中，加热至50℃，再加入细砂糖和NH果胶粉的混合物，煮沸后离火，放入冰箱冷藏一夜。使用前取出打发至浓稠状即可。

白巧克力打发牛奶慕斯

配方

牛奶	290克
香草荚（取籽）	1根
吉利丁片	12克
白巧克力	440克
可可脂	37克
柠檬汁	20克
打发牛奶	580克

制作过程

1. 将牛奶、香草籽放入锅中煮沸，离火，加入泡软的吉利丁片，搅拌至完全融合。
2. 将白巧克力和可可脂放入量杯中，倒入牛奶混合物，再加入柠檬汁，用均质机搅拌均匀，冷却降温至32℃。
3. 加入打发牛奶，用橡皮刮刀以翻拌的手法拌匀。

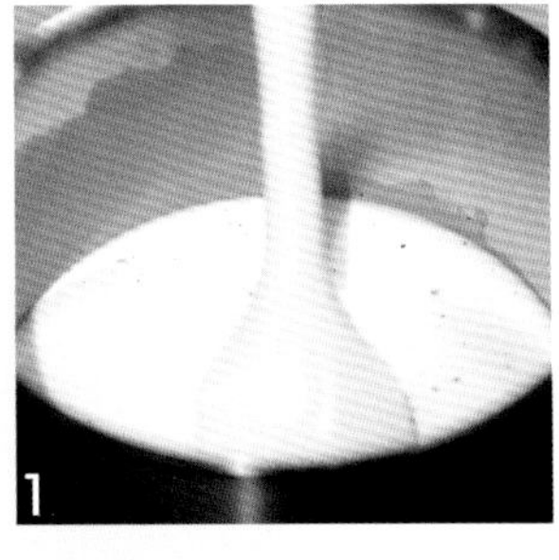

1

2

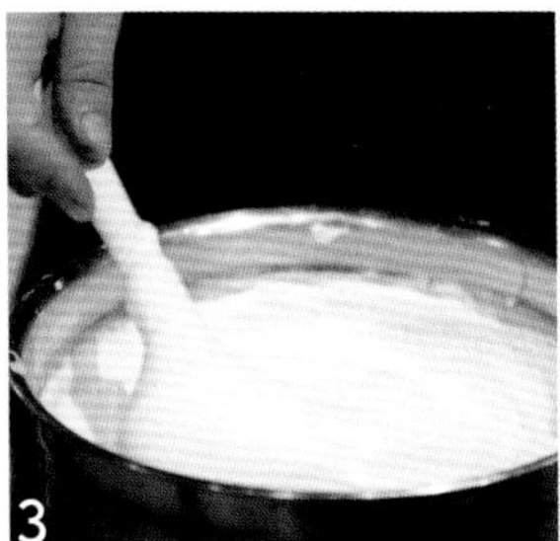

3

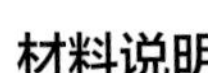

材料说明

1. 本配方中的吉利丁片用冷水浸泡至变软使用。
2. 本配方中的香草荚需取籽使用。

蓝莓淋面

配方

蓝莓果蓉	400克
柠檬汁	240克
细砂糖	630克
右旋葡萄糖粉	420克
转化糖	265克
葡萄糖浆	265克
吉利丁块	55克
可可脂	250克

材料说明

吉利丁块：将10克吉利丁粉和50克冷水混合泡发，再加热成液体，放入冰箱中冷藏，直至完全凝固，使用时取出55克即可。

制作过程

1. 将蓝莓果蓉、柠檬汁、细砂糖、右旋葡萄糖粉、转化糖和葡萄糖浆放入锅中，煮至103℃，离火，冷却至50℃。
2. 将吉利丁块和可可脂放入量杯中，倒入步骤1，用均质机搅打至顺滑。

1

2a

2b

卡仕达酱

配方

牛奶	125克
香草荚	1根
幼砂糖	35克
蛋黄	35克
玉米淀粉	10克
黄油	15克

制作过程

1. 将牛奶和香草籽（香草荚取籽）倒入锅中煮沸。
2. 将幼砂糖、蛋黄和玉米淀粉放入容器中，用手持搅拌器混合，搅拌均匀。
3. 将一部分牛奶混合物倒入步骤2中，搅拌均匀，再倒回锅中，用小火边加热边搅拌，煮至浓稠，离火。
4. 加入黄油，混合搅拌均匀，倒在铺有保鲜膜的烤盘中，表面再盖上保鲜膜，放入急冻柜中冷冻10分钟，再放到冰箱冷藏备用。

1

2

3

4

巧克力配件

配方

白巧克力	适量
紫色色粉	适量

制作过程

1. 将白巧克力调温至32~35℃，留一部分白巧克力，剩余部分加入紫色色粉调色，再将白巧克力和紫色巧克力混合，但不需要拌匀。
2. 用叶形刀蘸取步骤1，在巧克力胶片纸上压出形状，再放入圆筒中，凝固定型。
3. 将定型好的步骤2取出，加热刀片，划出缺口，呈羽毛状。

1

2a

2b

3

组装

制作过程

1. 将海绵蛋糕取出，用圈模压出所需大小。
2. 将卡仕达酱抹在步骤1的海绵蛋糕表面，作为夹馅，粘另一片海绵蛋糕，重复4次，顶部再盖一片海绵蛋糕（5块海绵蛋糕为一组）。
3. 将带有蓝莓果酱的硅胶模具取出，挤入白巧克力打发牛奶慕斯，再放入步骤2上，用抹刀抹平，放入急冻柜中冷冻定型。
4. 取出脱模，进行淋面。
5. 放在油酥底坯上，在顶部摆放巧克力配件装饰即可。

1 2a 2b 3 4 5

产品联想与延伸设计

延伸设计 1

说明：组合层次选用海绵蛋糕和蓝莓果酱，将二者和香缇奶油进行层层组合即可。在组合时，香缇奶油内可挤入蓝莓果酱，增添风味，表面用香缇奶油和新鲜蓝莓装饰，制成裸蛋糕。

香缇奶油参考：蘑菇蛋糕——香缇奶油。

使用模具：圆形蛋糕模具。

延伸设计 2

说明：改变装饰元素，将淋面装饰改成喷面，巧克力配件改成翻糖花（中心可裱挤蓝莓果酱点缀）。以白巧克力打发牛奶慕斯为主体层次，挤入模具中，内部放海绵蛋糕和卡仕达酱的组合夹心，成型后表面用翻糖花和喷面装饰，最后放在油酥底坯上即可。

喷面参考：草莓泡芙——红色喷面（可更换颜色）。

使用模具：半球模具。

延伸设计 3

说明：本款甜品使用杯子盛装。根据杯子大小将海绵蛋糕和白巧克力打发牛奶慕斯进行层层叠加，成型后在表面挤上香缇奶油，放上新鲜蓝莓、薄荷叶和金箔装饰即可。

香缇奶油参考：蘑菇蛋糕——香缇奶油。

使用模具：普通杯装器具即可。

延伸设计 4

说明：组合层次选用白巧克力打发牛奶慕斯和油酥底坯，装饰元素换成无色淋面、水果和意式蛋白霜。

以慕斯为主体层次，将其分成两部分，分别在内部加入蓝莓果酱或紫色色素（一部分多加一点，颜色较深，另一部分少加一点，颜色较浅），混合拌匀。将油酥底坯放入慕斯模具中，再依次倒入深色和浅色慕斯，营造出渐变的效果，冷冻成型后在表面淋上无色淋面，中心装饰蓝莓和意式蛋白霜等。

淋面参考：水果合奏——无色淋面。

意式蛋白霜参考：法式草莓蛋糕——意式蛋白霜。

使用模具：圆形慕斯模具。

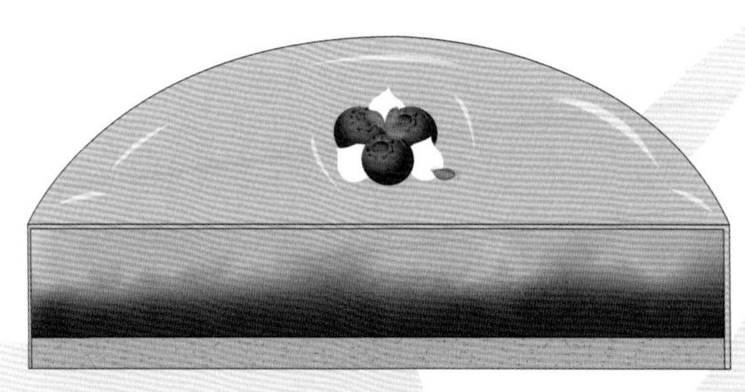

小配方产品的延伸使用

本次制作	你还可以这样做
油酥底坯（少麦麸）	麦麸较少的一款底坯，比较特殊，质地和口感都有不同
酸奶油	融合度比较高的一款基底，可以与面糊类产品、奶油馅料混合制作，可以增加口味的多样性
海绵蛋糕（少麦麸）	麦麸较少的一款底坯，比较特殊，口感质地也有很大不同
蓝莓果酱	基础果酱的做法
打发牛奶	可以用打发淡奶油代替，口感上厚度会小一点
白巧克力打发牛奶慕斯	巧克力类基础性慕斯，配方使用打发牛奶和柠檬汁，口感的油腻感会减轻
蓝莓淋面	果蓉类淋面
卡仕达酱	百搭基底
巧克力配件	紫色系巧克力装饰件，与主题比较搭，形状类似羽毛和叶子，技法可参考，用于制作其他颜色的装饰

度思香蕉

巧克力装饰特点

本款产品使用巧克力片做半包围装饰，整体造型类似于盒子，且边长不是规整形，而是交错加长，增添了律动性。

巧克力也使用了花纹装饰，黄色底色上带有棕色不规则条纹，条纹深浅不一，有空间感。

巧克力色彩

底色是黄色，呼应主题材料——香蕉，其上是棕色条纹，能中和黄色过高的亮度，视觉效果更加沉稳、平和。

组合层次说明

产品名称	类别	主要作用
榛果达克瓦兹	蛋糕底坯	支撑；平衡质地；平衡口感
香蕉海绵蛋糕	蛋糕底坯	支撑；平衡质地；平衡口感
焦糖香蕉酱	夹心馅料	平衡质地；平衡口感
慕斯	夹心馅料	平衡质地；平衡口感
焦糖打发甘纳许	夹心馅料 / 表面装饰	平衡口感；补充色彩
巧克力配件	贴面装饰	补充色彩；平衡形状

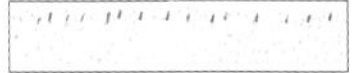

榛果达克瓦兹
（蛋糕底坯）

香蕉海绵蛋糕
（蛋糕底坯）

焦糖香蕉酱
（夹心馅料）

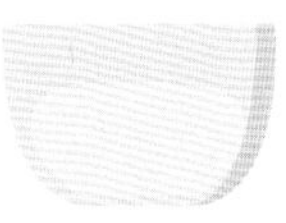

慕斯
（夹心馅料）

焦糖打发甘纳许
（夹心馅料 / 表面装饰）

巧克力配件
（贴面装饰）

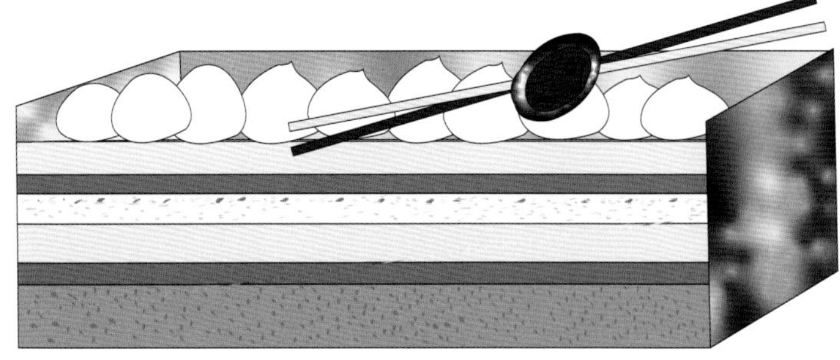

基础组合说明

1. 有两种支撑层次，焦糖香蕉酱和慕斯层次重复叠加。
2. 焦糖打发甘纳许做外露式的夹心馅料，注意装饰效果。

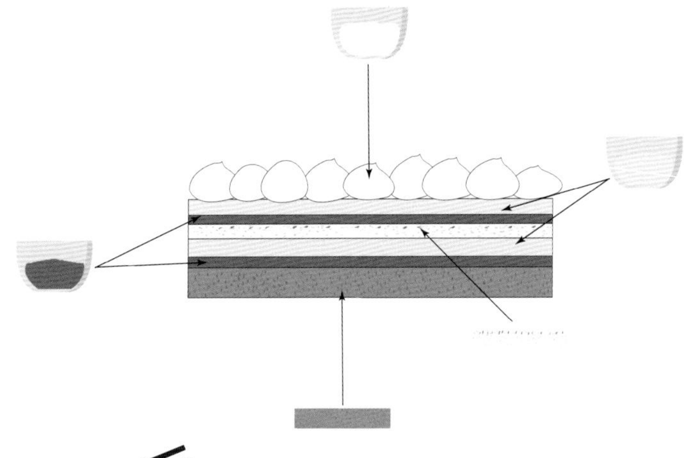

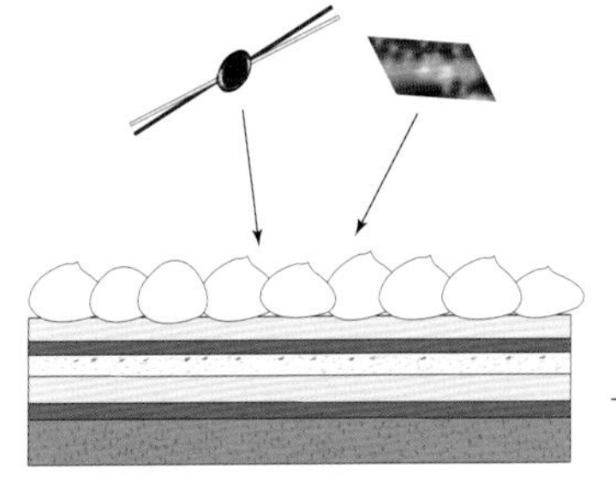

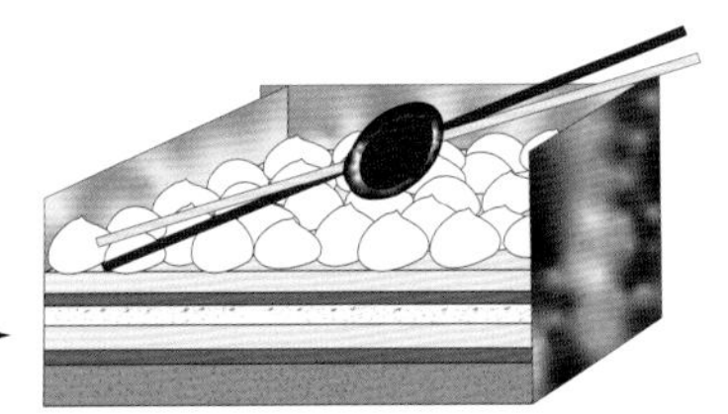

装饰组合

1. 表面馅料做成圆形装饰件，大小不一，饱满圆润。
2. 侧面用带色巧克力装饰件做围边处理。
3. 表面的线条巧克力件和黑色圆形装饰件对表面和侧面色彩有过渡和连接作用。

组合与设计理念

口味层次：甜中带有焦香味，还有坚果的混合香味。

色彩层次：外部主色是黄、白和棕色，表面的圆形棕色圆币和线条有连接表面和侧面的效果。

质地层次：两种支撑层次，一个软韧（带有颗粒性）、一个绵软，穿插的慕斯和果酱细滑，达克瓦兹中带有榛子粒。

形状层次：主体是叠加的块状慕斯，每层结构依靠模具做成长方形，表面圆形馅料圆润可爱，外围增加巧克力装饰件，使整体变成半包围结构的慕斯类型。

组合注意点

主体是各层叠加，注意各个层次的大小要相同。表面挤裱的馅料大小可以不一样，但是一定要圆润饱满才有可爱的感觉，裱花嘴口径要大。

外层巧克力装饰件颜色、大小要把控好，高度和长度与切割的慕斯形状要相搭。

榛果达克瓦兹

配方

蛋白	160克
细砂糖	65克
盐	少许
糖粉	135克
榛子粉	123克
低筋面粉	45克
烤榛子碎	90克

制作过程

1. 将蛋白、细砂糖和盐放入厨师机中，用网状搅拌器搅打至鸡尾状，加入混合过筛的粉类（糖粉、榛子粉和低筋面粉），用橡皮刮刀以翻拌的手法拌匀成面糊状。
2. 将面糊倒在硅胶垫上，用抹刀抹平，表面撒上烤榛子碎，转移到烤盘中，放入烤箱，以180℃烘烤10~15分钟。

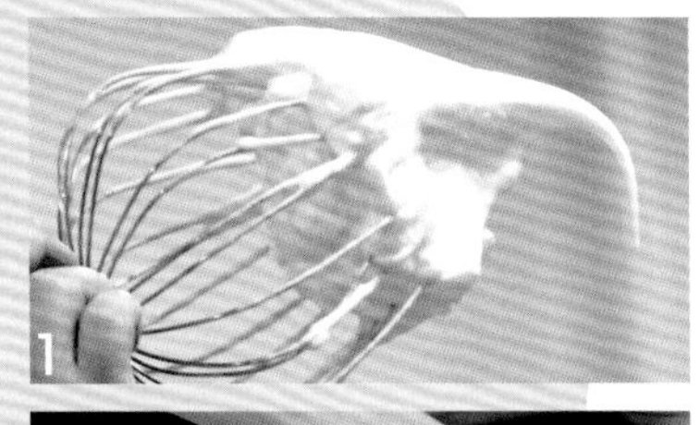

香蕉海绵蛋糕

配方

细砂糖	45克
香蕉块	250克
黑朗姆酒	20克
金黄赤砂糖1	150克
蜂蜜	60克
黄油（软化）	190克
全蛋	190克
低筋面粉	200克
泡打粉	9克
盐	少许
香蕉片	适量
金黄赤砂糖2	适量

制作过程

1. 将细砂糖放入锅中，煮成焦糖。
2. 将香蕉块和黑朗姆酒加入焦糖中，煮至浓稠，离火冷却。
3. 在厨师机中加入金黄赤砂糖1、蜂蜜和软化黄油，用扇形搅拌器搅拌至蓬松质地，分次加入全蛋，搅拌至顺滑。
4. 将步骤2加入步骤3中，搅拌均匀，加入过筛的低筋面粉、泡打粉和盐，用橡皮刮刀以翻拌的手法拌匀，制成面糊。
5. 将面糊倒在铺有油纸的烤盘中，抹平，在表面摆放一层香蕉片，撒适量金黄赤砂糖2，放入烤箱，以180℃烘烤10~15分钟。

焦糖香蕉酱

配方

金黄赤砂糖	150克
黄油	100克
香蕉片	450克
NH果胶粉	6克
细砂糖	25克
金龙舌兰	150克
炼乳	240克

材料说明

NH果胶粉和细砂糖需混合拌匀后使用。

制作过程

1. 将金黄赤砂糖放入锅中，煮成焦糖，再加入黄油和香蕉片，煮至浓稠状。
2. 加入NH果胶粉和细砂糖的混合物，搅拌均匀，再加入金龙舌兰和炼乳，混合拌匀，放入冰箱冷藏，备用。

1a

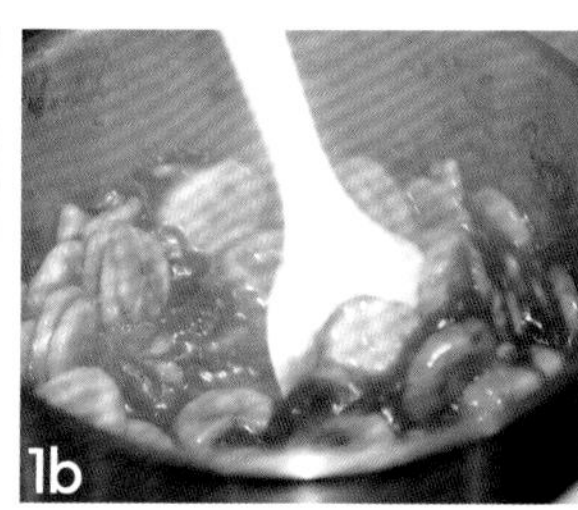
1b

2

慕斯

配方

蛋白	110克
细砂糖1	30克
水	100克
细砂糖2	300克
炼乳	400克
牛奶	250克
香草荚	2根
金龙舌兰	40克
吉利丁片	30克
33%~35%打发淡奶油	200克

材料说明

1. 将吉利丁片用冷水浸泡变软，沥干水分备用。
2. 香草荚取籽使用。
3. 打发淡奶油：将淡奶油倒入容器中，搅打至约七分发即可。

制作过程

1. 将蛋白放入厨师机中，分次加入细砂糖1，搅打至无明显蛋液状。
2. 同时将水和细砂糖2放入锅中，煮至118℃，煮好后沿缸壁倒入步骤1中，继续高速搅打至浓稠且表面有光泽的状态，制成意式蛋白霜。
3. 将炼乳、牛奶和香草籽放入干净的锅中，煮至70℃，离火。
4. 在步骤3中加入金龙舌兰和泡软吉利丁片，搅拌至完全融合，冷却至30℃，再依次加入意式蛋白霜和打发淡奶油，用手持搅拌器混合拌匀。

1

2

3

4a

4b

焦糖打发甘纳许

配方

淡奶油1	112克
葡萄糖浆	20克
香草荚	1根
转化糖	20克
白巧克力	100克
淡奶油2	300克

制作过程

1. 将淡奶油1、葡萄糖浆、香草籽（香草荚取籽）和转化糖放入锅中煮沸，离火。
2. 过滤入装有白巧克力的量杯中，先用均质机打至顺滑，再加入淡奶油2，继续用均质机搅拌均匀，表面覆上保鲜膜，放入冰箱冷藏一夜，使用时取出，搅打至浓稠状。

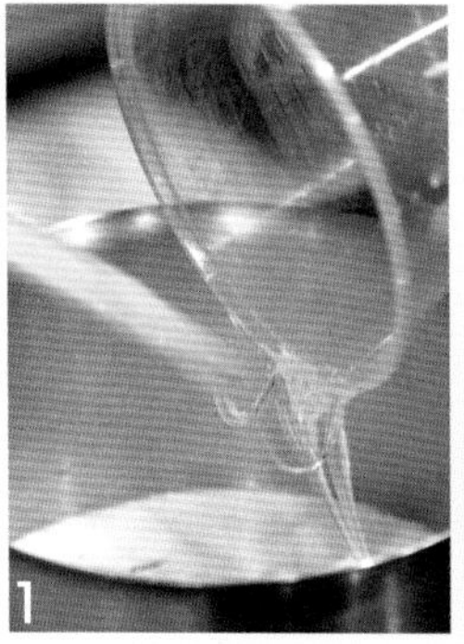
1

2

巧克力配件

配方

黑巧克力	适量
白巧克力	适量
黄色色粉	适量

制作过程

1. 将黑巧克力和白巧克力分别进行调温，在白色巧克力中加入黄色色粉，用均质机搅拌均匀。
2. 取一张巧克力用塑料纸，用毛刷蘸取适量黑巧克力，刷在其上，待巧克力稍干后，倒入一层调好色的黄色巧克力，再盖上一层塑料纸，用擀面杖擀平，待巧克力稍干后，用刀划出长方形，放入冰箱冷藏定型。

注意

1. 巧克力装饰件用于蛋糕的侧面围边，要注意巧克力片的高度和长度需要与蛋糕整体相称。
2. 黑巧克力要刷成竖条纹状，可深浅不一。

1

2a

2b

组装

制作过程

1. 将香蕉海绵蛋糕取出，在表面抹一层焦糖香蕉酱；取出榛果达克瓦兹，表面抹一层焦糖香蕉酱。
2. 将步骤1用长方形框模压出大小相同的块，先将“香蕉海绵蛋糕+焦糖香蕉酱”（香蕉酱朝上）放入模具中，倒入一层慕斯，用抹刀抹平，再放入一层“榛果达克瓦兹+焦糖香蕉酱”（香蕉酱朝上）。
3. 再倒入一层慕斯，用抹刀抹平，放急冻柜中冷冻成型。
4. 将蛋糕取出，脱模，根据需求切成块状，将焦糖打发甘纳许装入带有圆形裱花嘴的裱花袋中，在慕斯表面挤出圆球。
5. 在蛋糕侧面围上巧克力配件装饰即可。

产品联想与延伸设计

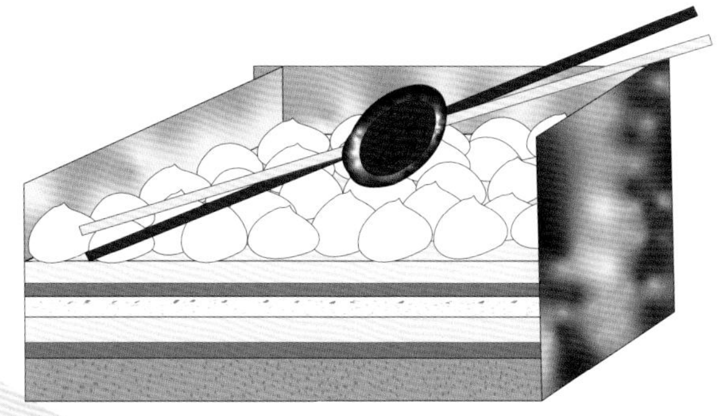

延伸设计 1

说明：组合层次由半包围式结构改成上下结构。改变达克瓦兹（可不加烤榛子碎）的形状（或口味，可增加适量可可粉，制成可可风味），将其制作成椭圆形（可以在此基础上，用巧克力装饰成可爱卡通形象）。

以焦糖香蕉酱（或焦糖打发甘纳许）作为夹心馅料，将其组合在一起，小巧，便于携带，增加食用的趣味性。

使用模具：椭圆形达克瓦兹模。

延伸设计 2

说明：本次使用杯子来盛装甜品。组合层次选用两种慕斯（额外增加巧克力慕斯）和焦糖打发甘纳许。

将巧克力慕斯倒入杯中，倾斜杯子，使杯子一边沾满巧克力慕斯，保持倾斜的状态，放入冰箱冷藏（或冷冻）至凝固。取出，倒入慕斯，直至杯子七八分满，成型后在表面裱挤适量焦糖打发甘纳许，用青柠皮屑和金箔装饰，提升整体的高级感。

巧克力慕斯参考：覆盆子巧克力——巧克力慕斯。

使用模具：普通杯装器具即可。

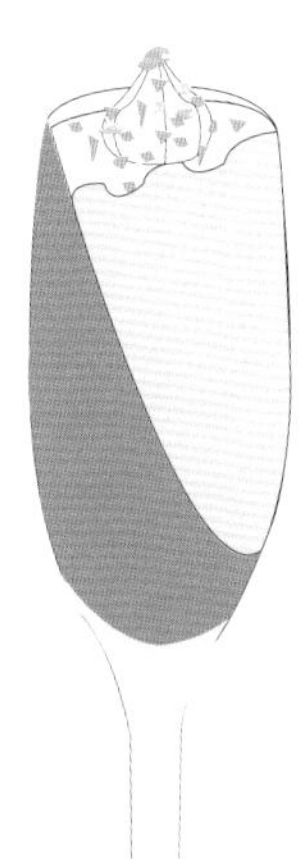

延伸设计 3

说明：挑选合适的杯子（外带可以使用一次性杯子），根据杯子大小将榛果达克瓦兹、焦糖香蕉酱和慕斯层层叠加，成型后在表面裱挤焦糖打发甘纳许，装饰薄荷叶和金箔。

使用模具：普通杯装器具即可。

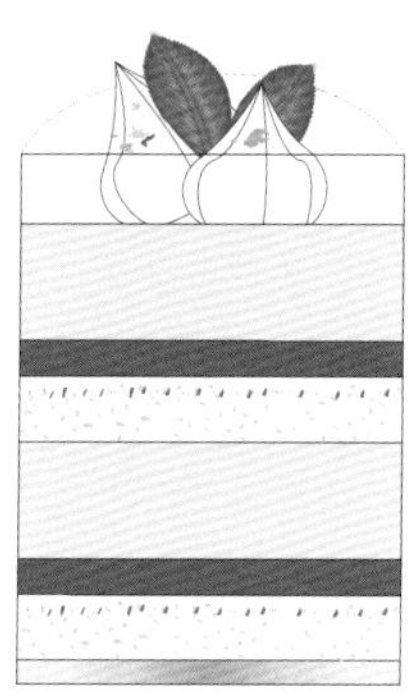

延伸设计 4

说明：组合层次由半包围结构改成全包围，将焦糖打发甘纳许和覆盆子果酱搭配，作为巧克力糖的夹心馅料，依次裱挤入半球形巧克力壳中（先挤果酱，凝固后再挤焦糖打发甘纳许），制作成星空系巧克力糖果，巧克力糖壳的颜色和形状均可更换。

覆盆子果酱参考：覆盆子开心果——覆盆子果酱。

使用模具：巧克力半球形模具。

小配方产品的延伸使用

本次制作	你还可以这样做
榛果达克瓦兹	使用榛子粉制作的达克瓦兹，坚果风味更浓郁些
香蕉海绵蛋糕	香蕉风味的海绵蛋糕，做法带有焦香味，是比较特殊的一款海绵蛋糕
焦糖香蕉酱	香蕉口味的焦糖类果酱，配方有参考意义，根据喜好可制作其他果味的产品
慕斯	基础性制作，除了酒类材料外没有特殊风味材料，是百搭款慕斯
焦糖打发甘纳许	白巧克力类甘纳许，甜度较高
巧克力配件	片状式巧克力配件，在胶片纸上抹开，用刀切成各种样式，是比较常用的装饰件做法

杏子蛋糕

巧克力装饰特点

本款产品使用的是挤裱类巧克力件，造型设计随意性比较大，可以天马行空。

巧克力色彩

甜品整体以橙色系为主，底部围边用白巧克力制作，可可脂类白巧克力颜色略带黄色，与橙色系相近，可以不用调色。在甜品表面使用了白色扁桃仁奶慕斯，如果想加强对比，底部围边也可以使用纯白色（在白色巧克力中加入白色色淀进行调色），这样整体感觉会变得很“亮”，是另一种风格。

组合层次说明

产品名称	类别	主要作用
扁桃仁底坯	面团底坯	支撑；平衡质地；平衡口感
橙子玛德琳底坯	蛋糕底坯	支撑；平衡质地；平衡口感
杏子果酱	夹心馅料 / 表面装饰	平衡质地；平衡口感；平衡形状
扁桃仁奶慕斯	夹心馅料 / 表面装饰	平衡质地；平衡口感；平衡形状
橙色镜面淋面	贴面装饰	补充色彩
巧克力配件	贴面装饰	补充色彩；平衡形状
黄桃	表面装饰	补充色彩；平衡形状

扁桃仁底坯
（面团底坯）

橙子玛德琳底坯
（蛋糕底坯）

杏子果酱
（夹心馅料 / 表面装饰）

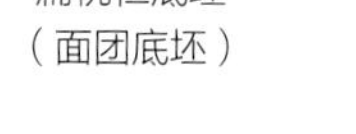

扁桃仁奶慕斯
（夹心馅料 / 表面装饰）

橙色镜面淋面
（贴面装饰）

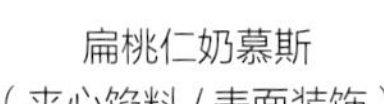

巧克力配件
（贴面装饰）

黄桃
（表面装饰）

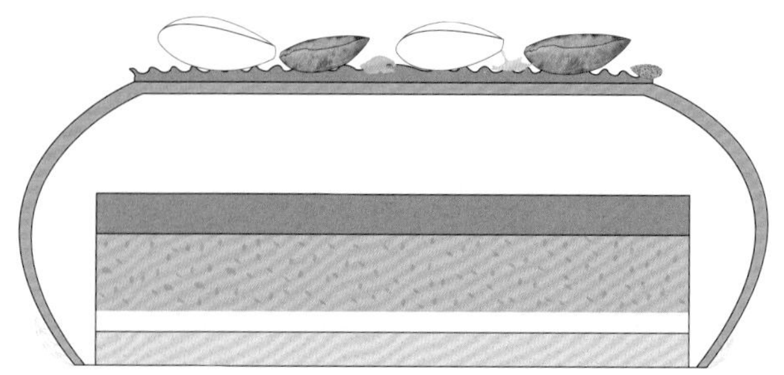

基础组合说明

两种支撑层次，杏子果酱和扁桃仁奶慕斯层次重复叠加。

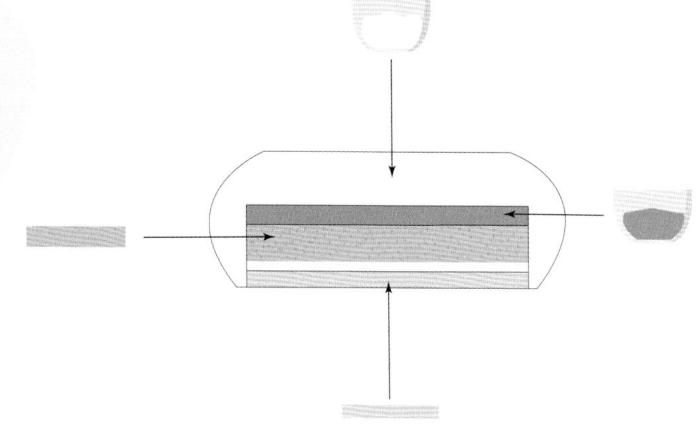

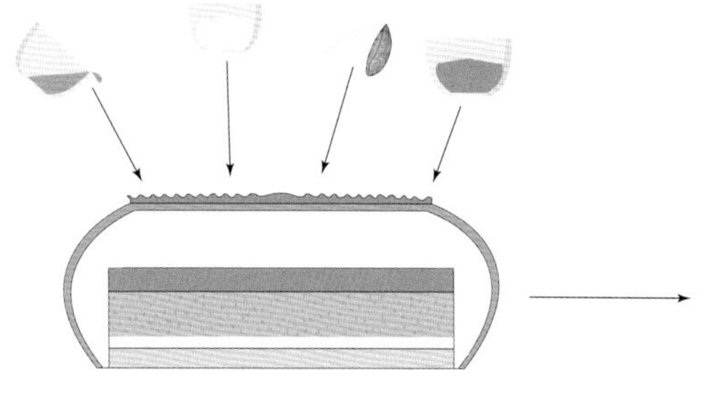

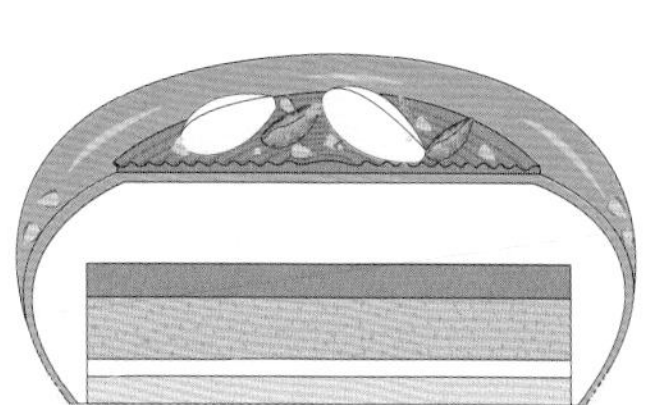

装饰组合

1. 用橙色镜面淋面做主色装饰，与主体材料呼应。
2. 果酱和慕斯依靠模具制作成各种样式补充甜品外部层次。
3. 线条式巧克力围边比片状式巧克力围边多了随意性，也更加有趣可爱。

组合注意点

本次组合层次比较多，但是配方并不是非常多，这是层次产品重复叠加的一种方法体现。只要各个层次之间的搭配比较和谐，就不需要额外增加其他口感，口味在甜品制作中一直是最重要的。

在层次产品确定后，如果想追求甜品外形设计的多变，可以依靠模具将层次产品做出各种样式，再进行搭配。

组合与设计理念

口味层次：两种底坯都偏厚重，油脂含量较高，馅料配合的醇厚度也较高，杏子果酱的酸甜被中和了一部分。

色彩层次：橙色系为主，用白色奶油做色彩中和，也有强调作用。

质地层次：扁桃仁底坯脆香，橙子玛德琳底坯口感像磅蛋糕，厚重绵软，与之配合叠加的是果酱和慕斯，是常见的质地配合。

形状层次：主体层次属于上下结构，上小下大，稳定感很强；表面有橄榄形慕斯做点缀装饰。

扁桃仁底坯

配方

黄油	165克
糖粉	70克
全蛋	25克
扁桃仁粉	75克
低筋面粉	165克

制作过程

1. 将软化的黄油和过筛的糖粉放入搅拌缸中，用扇形搅拌器中速搅打至均匀，再分次加入全蛋，继续中速搅打均匀。
2. 加入过筛的扁桃仁粉和低筋面粉，先低速搅拌，再中速搅拌至无干粉状。
3. 将面团取出，放在保鲜膜中包起来，再放入冰箱中冷藏2小时左右。
4. 取出，用擀面杖擀成厚度为2~3毫米的面皮。
5. 将面皮用直径16厘米的圆形压模压出形状，放入垫有网格硅胶垫的烤盘上，放入烤箱，以165℃烘烤约12分钟。

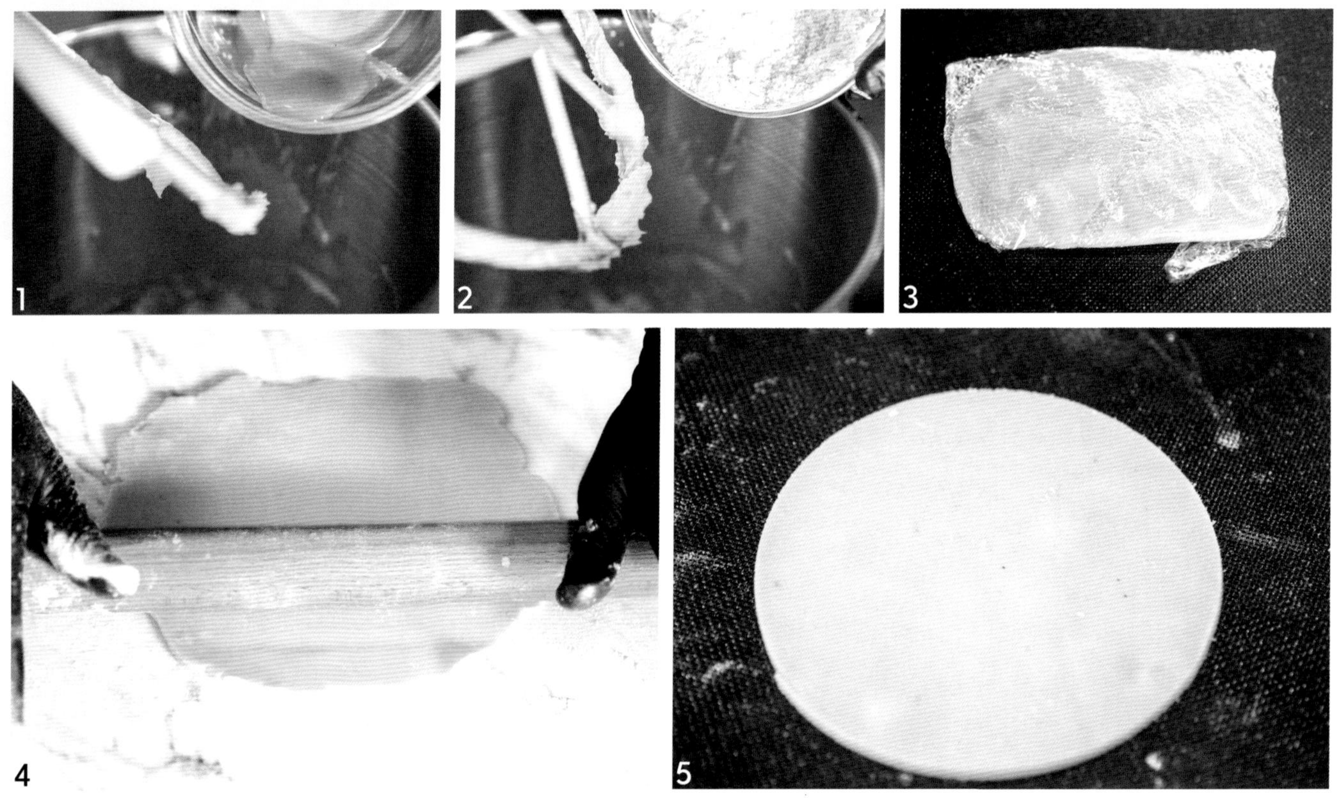

橙子玛德琳底坯

配方

橙子皮屑	适量
黄油（熔化）	240克
低筋面粉	640克
泡打粉	20克
细砂糖	360克
全蛋	320克
牛奶	220克

制作过程

1. 将橙子皮屑加入黄油液体中，混合均匀，备用。
2. 将低筋面粉和泡打粉用网筛混合过筛，备用。
3. 将全蛋和细砂糖加入搅拌缸中，用网状打蛋器高速打发至均匀且颜色微微发白。
4. 将牛奶沿缸壁缓慢地呈流线形加入步骤3中，继续中速搅拌均匀。
5. 将粉类缓慢加入搅拌缸中，一边加一边用刮刀翻拌均匀。
6. 取少量步骤5加入步骤1中，用刮刀搅拌均匀（先做一个预搅拌）。
7. 再将其全部倒回搅拌缸中，与剩余的步骤5翻拌均匀，制成面糊。
8. 将面糊装入裱花袋中。
9. 挤入直径15.5厘米、高5厘米的圆形硅胶模具中（从模具的圆心开始从内向外绕圈挤，直至挤满模具），放入烤箱，以170℃烘烤约15分钟即可。
10. 烘烤完成后，出炉，晾凉后脱模，用刀横切底坯，去除最上面一层凸起的部分。
11. 将底坯重新放回模具中，放入冰箱冷藏，备用。

杏子果酱

配方

细砂糖	60克
NH果胶粉	7克
杏子果蓉	600克
香草精	适量
吉利丁块	36克

材料说明

吉利丁块：将7克吉利丁粉和35克冷水混合泡发，再加热熔化成液体，放入冰箱冷藏凝固成块状，使用时取出36克即可。

小贴士

1. 将滴壶中的混合物注入模具时，需要顺着模具纹路注入，否则容易产生气泡。
2. 剩余的杏子果酱需放置室温，备用。

制作过程

1. 将细砂糖和NH果胶粉放在玻璃碗中，用手动打蛋器搅拌均匀。
2. 将杏子果蓉、香草精和步骤1加入锅中，用手动打蛋器不断搅拌，并用中火煮沸，离火。
3. 加入吉利丁块，搅拌至完全混合，制成杏子果酱。
4. 将果酱装入滴壶中，注入直径13.5厘米的大螺旋形模具中。
5. 轻震模具，消除模具内部的气泡（否则冷冻之后会有气孔），放入急冻柜中冷冻成型。

1

2

3

4a

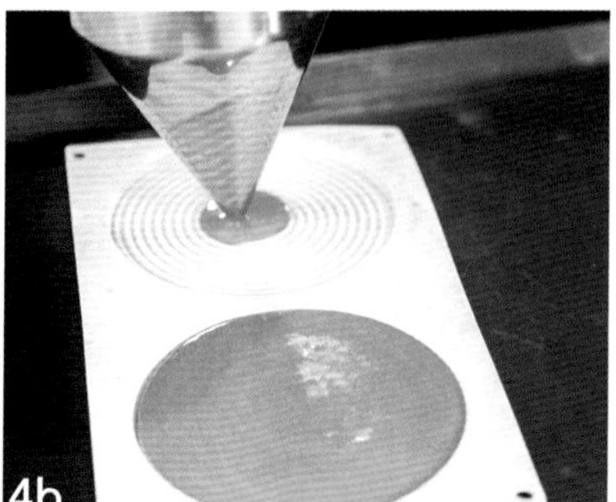
4b

5

扁桃仁奶慕斯

配方

牛奶	255克
香草精	适量
扁桃仁膏	300克
淡奶油1	180克
蛋黄	135克
吉利丁块	132克
淡奶油2	900克

小贴士

此小配方随做随用，不可放置太久，以免影响口感。

材料说明

吉利丁块：将22克吉利丁粉用110克冷水泡发，再隔水或微波加热使其熔化成液体，放入冰箱冷藏成块，备用。

制作过程

1. 将牛奶、扁桃仁膏和适量香草精放入锅中，用手动打蛋器搅拌均匀，并用中火加热。
2. 加入淡奶油1和蛋黄，用中小火煮沸（一边加热一边用手动打蛋器搅拌均匀），离火。
3. 加入吉利丁块，并用手动打蛋器搅拌均匀。
4. 倒入容器，放入急冻柜中，冷却至35℃，备用。
5. 将淡奶油2加入搅拌缸中，用网状打蛋器高速打发至浓稠且有纹路的状态。
6. 将步骤4中降温完成的混合物取出，分两次加入打发淡奶油，用手动打蛋器搅拌均匀，再用刮刀翻拌均匀，制成扁桃仁奶慕斯。
7. 装入裱花袋中，挤入宽2.5厘米、长4.5厘米的椭圆形硅胶模具中，用曲柄抹刀抹平表面。放入冰箱中冷冻成型，剩余的慕斯冷藏，备用。

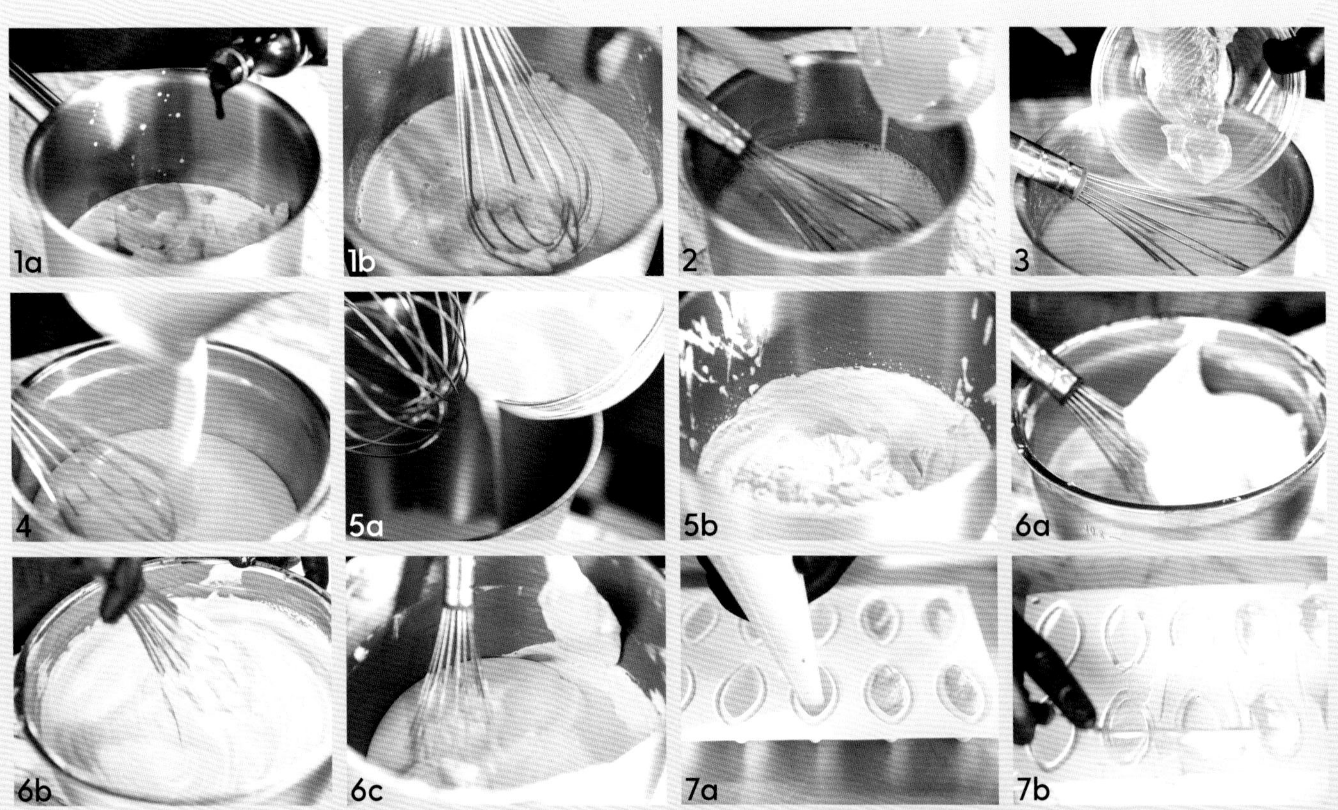

橙色镜面淋面

配方

水	140克
细砂糖	270克
葡萄糖浆	270克
无糖炼乳	180克
吉利丁块	118克
白巧克力	300克
黄色色素	适量
红色色素	适量

材料说明

吉利丁块：将20克吉利丁粉和100克冷水混合泡发，再隔水或微波加热熔化成液体，放入冰箱冷藏成块，使用时取出118克即可。

制作过程

1. 将水、葡萄糖浆和细砂糖放入锅中，煮至103℃。
2. 加入无糖炼乳，用刮刀搅拌均匀，并用中小火煮沸，离火。
3. 加入吉利丁块和白巧克力。
4. 再加入适量黄色色素（少量多次加入，直至达到理想颜色）。
5. 用均质机搅拌均匀，制成淋面。
6. 将淋面倒入量杯中。
7. 在量杯中加入适量红色色素，用均质机搅拌均匀，使其颜色调整成橙色。贴面覆上保鲜膜，将整体放入冰箱中冷藏，备用。

组装

配方

熔化的白巧克力	适量
扁桃仁	适量
金粉	适量
金箔	适量
罐装黄桃	适量
镜面果胶	适量

制作过程

1. 将装有橙子玛德琳底坯的模具取出，倒入杏子果酱。
2. 用曲柄抹刀或勺子将杏子果酱抹平。
3. 放在网架上，放入急冻柜中冷冻定型。
4. 取出脱模，放在垫有油纸的网架上。
5. 将扁桃仁奶慕斯倒入直径17厘米、高5厘米的模具中，并用曲柄抹刀抹均匀（内壁四周均抹上慕斯），防止有气泡。
6. 将步骤4放入步骤5中心处，带杏子果酱的一面朝下，并轻轻下压，使扁桃仁奶慕斯将其边缘完全包裹住。
7. 在表面再倒入一些扁桃仁奶慕斯，并用曲柄抹刀抹平。
8. 将扁桃仁底坯取出，盖在步骤7表面，并且轻轻下压。
9. 用曲柄抹刀将底坯周围的扁桃仁奶慕斯刮平，刮干净，整个放入急冻中，冷冻成型。
10. 取出脱模，放在网架上，将橙色淋面回温至35℃左右，并用均质机搅拌顺滑。用量杯将橙色淋面均匀地淋在蛋糕上。
11. 用曲柄抹刀铲起甜品，在网架上来回刮蹭，将底部多余的淋面去除，用曲柄抹刀将其转移到白色盘子上。
12. 将螺旋形杏子果酱取出，脱模。
13. 将步骤12放在甜品顶部中间。

14．将熔化的白巧克力装入细裱中，取出提前放入急冻柜中的烤盘，在烤盘上挤出细线。（制作巧克力围边时，最好提前在急冻柜中冻两个烤盘。拿出来一个使用，感到温度上升时，可以用另一个冷冻烤盘，这样更便于操作）。

15．在巧克力细条未完全凝固前，用手抓起两头，围在甜品的底部一圈，定型片刻。

16．以同样的方式再制作一条围边，以相反的方向围在甜品底部。

17．将椭圆形扁桃仁奶慕斯脱模，摆放在甜品表面。

18．用刀将一部分扁桃仁切小块。

19．将完整的扁桃仁和金粉混合，使其表面完全粘上金粉。

20．将镜面果胶装入裱花袋中，挤在甜品表面。

21．将黄桃罐头中的黄桃取出，用刀切小块。

22．用火枪加热黄桃，使其表面出现微焦的颜色，摆放在甜品上；再放上扁桃仁小块、金色扁桃仁和金箔即可。

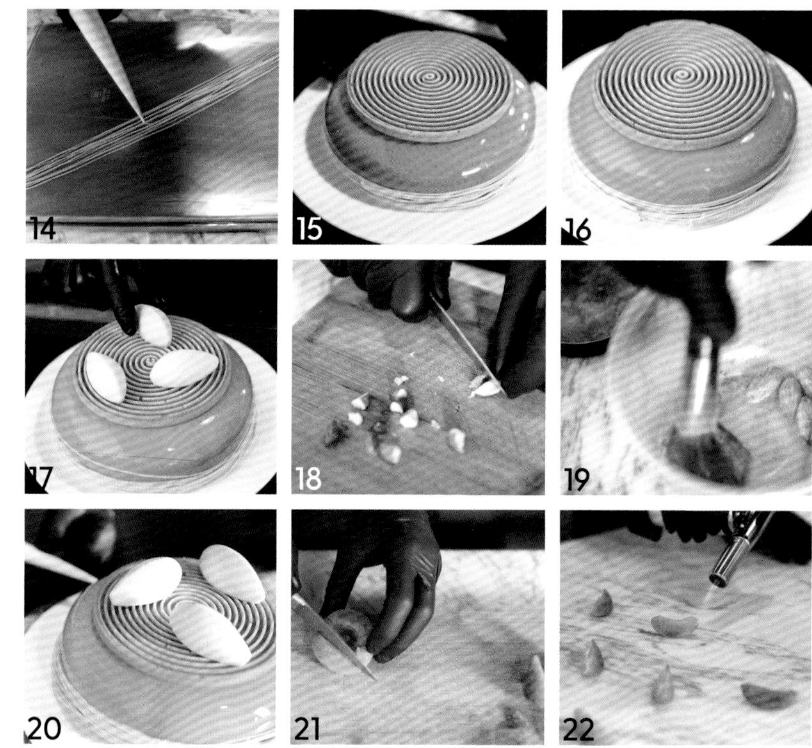

小贴士

巧克力装饰件在未完全凝固前，都可以塑形。可以进行多种色彩的调制，以配合其他主题颜色的甜品做围边。

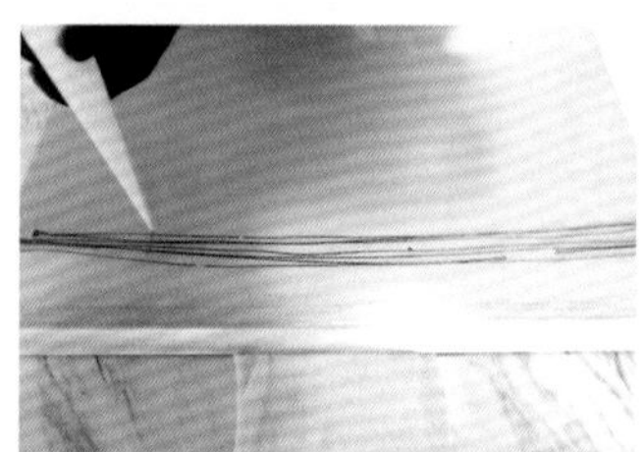

主题颜色是棕褐色的牛奶巧克力，那么围边使用棕褐色即可。

巧克力条不但可以用于围边制作，在顶部也可以做出“鸟巢”的效果。

产品联想与延伸设计

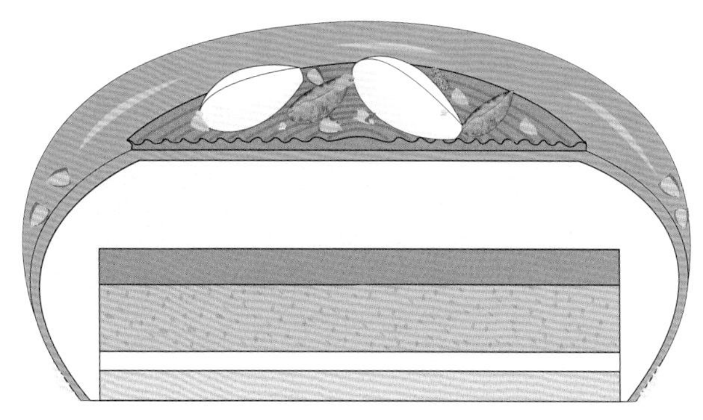

延伸设计 1

说明：将橙子玛德琳底坯由圆柱形改成贝壳形。将玛德琳底坯的面糊（可加入色素调整颜色）注入玛德琳模具中进行烘烤，成型后在蛋糕底部插入木棒，便于后期装饰（表面可浸沾巧克力或淋面，再点缀各种颜色的装饰糖）或携带，简单又可爱。

使用模具：玛德琳模具。

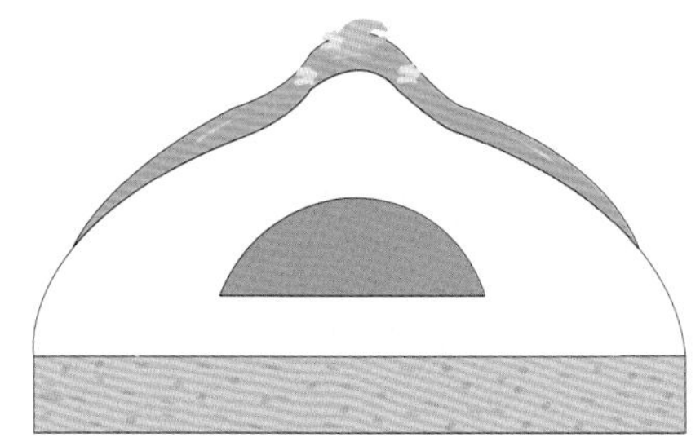

延伸设计 2

说明：以扁桃仁奶慕斯为主体层次，将其注入模具中，内部填入冷冻成型的半球形杏子果酱（将其注入半球形硅胶模具中塑形），成型后在表面淋上橙色镜面淋面。最后将其放在圆形的橙子玛德琳底坯（可用圆形圈模压制出合适大小）上，表面点缀金箔装饰即可。

使用模具：水滴模和半球形硅胶模具。

延伸设计 3

说明：内部组合元素不变，装饰元素改变，换用空心圆模来制作。待其冷冻成型后在表面喷上一层调过色的喷面装饰。

喷面参考：草莓泡芙——红色喷面（可更换颜色）。

使用模具：空心圆模。

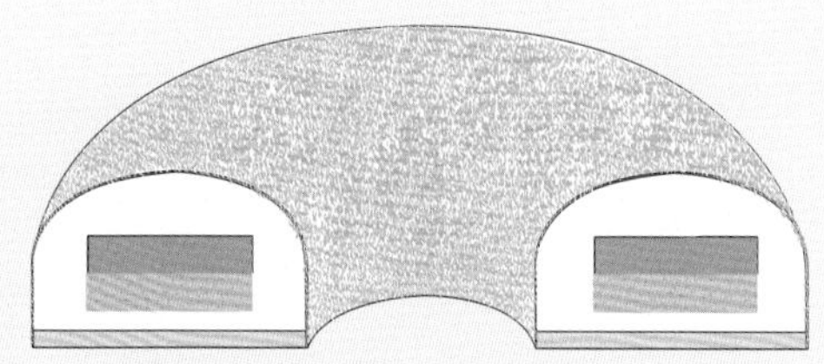

延伸设计 4

说明：以扁桃仁奶慕斯为主体层次，将其注入模具中，内部放入冷冻成型的圆柱形杏子果酱，成型后在表面淋上一层红色镜面淋面（改变配方中的淋面颜色）。最后将其放置在橙子玛德琳底坯上，表面放上螺旋形杏子果酱、橄榄形扁桃仁奶慕斯和金箔装饰。

使用模具：8连硅胶圆模和圆柱形硅胶模具。

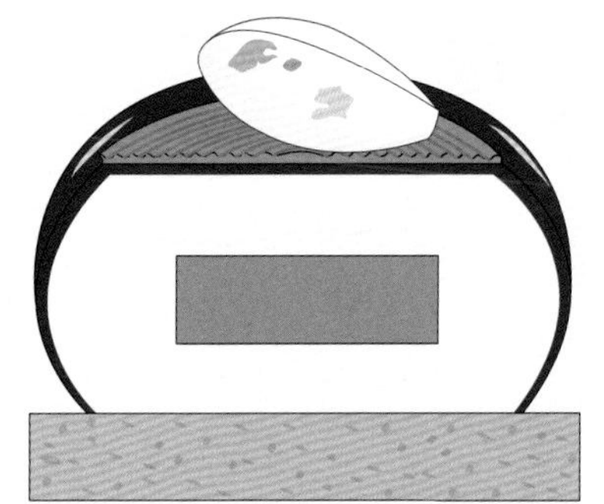

小配方产品的延伸使用

本次制作	你还可以这样做
扁桃仁底坯	常用的面团底坯，含有扁桃仁粉，带有坚果风味
橙子玛德琳底坯	带有橙子风味的黄油类蛋糕，可单独制作成蛋糕食用，也可以作为裱花蛋糕的基础支撑
杏子果酱	基础性果酱制作方法
扁桃仁奶慕斯	含有扁桃仁的一款慕斯产品，口味厚重
橙色镜面淋面	属于中性淋面的一种调色淋面，可以调和成其他颜色配合其他产品使用
巧克力配件	“鸟巢”形巧克力配件，属于挤裱型，可大可小，形状可以自由塑形
黄桃	家中常备水果

焦糖苹果蛋糕

巧克力装饰特点

本款产品使用的是模具类巧克力件，可以作为支撑层次对甜品外观产生直接影响。

巧克力色彩

整体甜品设计比较低调，巧克力也使用纯色，没有调色。

组合层次说明

产品名称	类别	主要作用
煎苹果	夹心馅料 / 表面装饰	支撑；平衡质地；平衡口感
焦糖奶油	夹心馅料	平衡质地；平衡口感
咸焦糖黄油轻奶油	夹心馅料	平衡质地；平衡口感
蜂蜜软底坯	蛋糕底坯	支撑；平衡质地；平衡口感
蜂蜜打发奶油	夹心馅料 / 表面装饰	平衡形状；平衡色彩
巧克力配件	表面装饰	支撑；补充形状

煎苹果
（夹心馅料 / 表面装饰）

焦糖奶油
（夹心馅料）

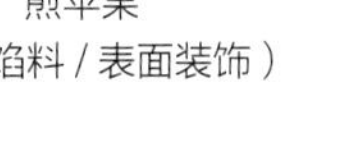

咸焦糖黄油轻奶油
（夹心馅料）

蜂蜜软底坯
（蛋糕底坯）

蜂蜜打发奶油
（夹心馅料 / 表面装饰）

巧克力配件
（表面装饰）

基础组合说明

1. 上层以煎苹果做外框结构，内部填充蜂蜜打发奶油。
2. 下层以巧克力做外框结构，内部填充馅料，以蜂蜜软底坯封顶，然后倒扣过来。

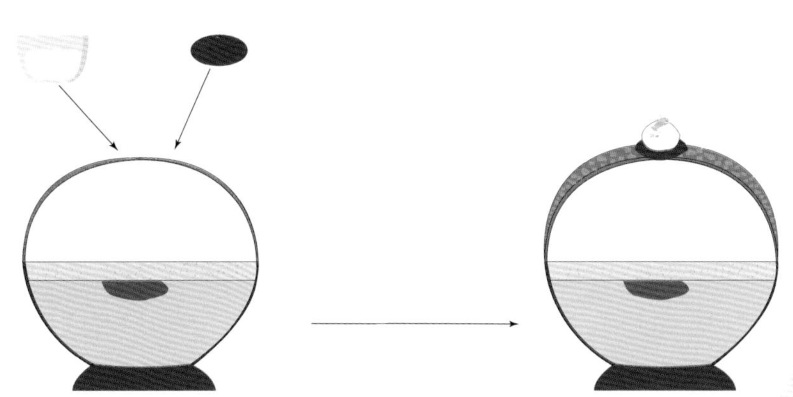

装饰组合

1. 上下两部分是两个半球相接，底层用巧克力做一个小底座，既能起稳定作用，又有装饰作用。
2. 顶部装饰有向上延伸的效果，避免整体产生臃肿的效果。

组合注意点

巧克力壳是作为支撑层次参与甜品组合的，其外形、色泽要把控好。在壳内填入馅料时，动作要轻，组合定型时尽量不要放进冷冻室，有破碎的风险。

上下两部分连接时，如果担心不牢靠，可以在中间粘一层果酱或熔化的巧克力等。

组合与设计理念

口味层次：焦香口味比较浓郁，苹果的自然清香也很足，整体制作用了不少蜂蜜，甜度和香度也有增加。

色彩层次：整体以棕黄色为主，上部点缀少许白色，有点对比效果（对比可以增加两者的视觉记忆）。

质地层次：苹果煎过之后变得软一些，比较有特色，馅料还是以细腻润滑为主，但是蜂蜜打发奶油没有食品胶，也没有过多的材料，奶油的香醇感比较足，搭配比较直接。

形状层次：形状似酒杯、花瓶，弧度很漂亮。主体层次叠加是半包围结构。

煎苹果

配方

幼砂糖1	45克
苹果丁	450克
NH果胶粉	8克
幼砂糖2	10克
苹果白兰地	35克
蜂蜜	22克

制作过程

1. 将幼砂糖1放入锅中，加热至焦糖化。
2. 在焦糖中加入苹果丁，用橡皮刮刀翻炒，使苹果丁上色。
3. 将幼砂糖2和NH果胶粉混合拌匀，再加入步骤2中，搅拌均匀。
4. 加入苹果白兰地和蜂蜜，搅拌均匀。
5. 用勺子将混合物放入半球形模具中，使苹果紧贴模具内部，形成薄厚均匀的一层壳，然后放入急冻柜冷冻成型。

1

2

3

4

5

焦糖奶油

配方

幼砂糖	175克
淡奶油	300克
葡萄糖浆	15克
黄油	65克
吉利丁粉	2克
盐之花	1克

制作过程

1. 将幼砂糖放入锅中煮成焦糖，离火。
2. 将淡奶油加热至60℃左右，再分次加入焦糖中，搅拌均匀，倒入量杯中。
3. 将黄油和葡萄糖浆倒入量杯中，加入盐之花和泡发好的吉利丁粉，用均质机搅拌均匀。

材料说明

1. 将吉利丁粉和10克冷水混合泡发，备用。
2. 将黄油切小块，备用。

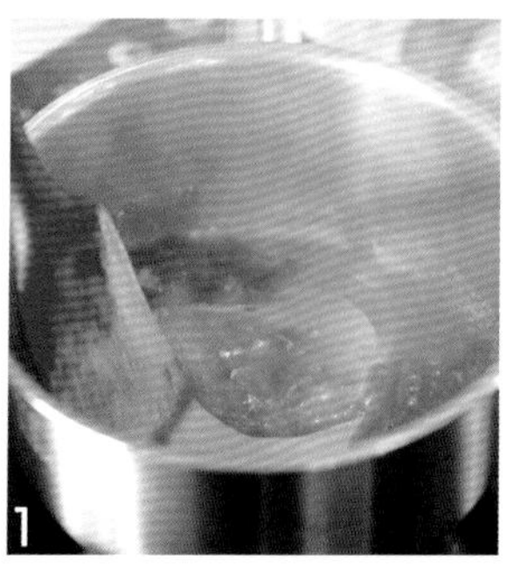
1

2

3

咸焦糖黄油轻奶油

配方

焦糖奶油	200克
淡奶油	200克

制作过程

1. 将淡奶油搅打至浓稠有纹路的状态。
2. 再将其和焦糖奶油混合，用橡皮刮刀混合拌匀，装入裱花袋中，备用。

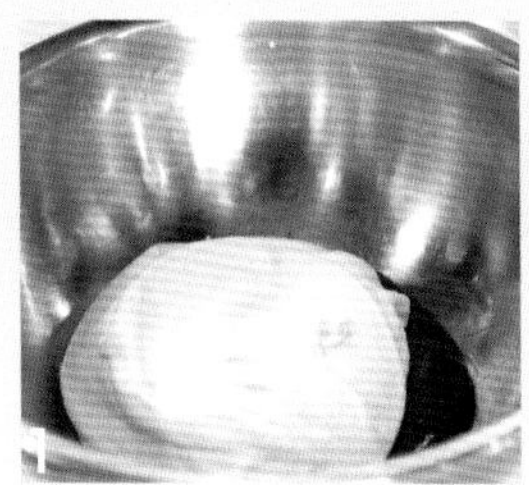

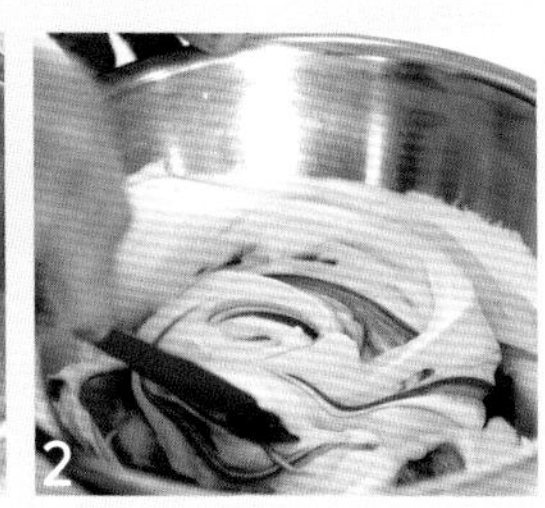

蜂蜜软底坯

配方

全蛋	60克
幼砂糖1	30克
百花蜜（蜂蜜的一种）	25克
黄柠檬皮屑	适量
扁桃仁粉	25克
低筋面粉	45克
葵花油	65克
蛋白	90克
幼砂糖2	30克

制作过程

1. 将全蛋、幼砂糖1、百花蜜和黄柠檬皮屑放入搅拌桶中，快速搅拌均匀。
2. 加入过筛的扁桃仁粉和低筋面粉，搅拌均匀，再加入葵花籽油，用橡皮刮刀搅拌均匀。
3. 将蛋白和幼砂糖2放入搅拌桶，搅打至干性状态，打蛋头上的蛋白霜呈短小的尖状。
4. 将蛋白霜加入步骤2中，混合拌匀，制成面糊。
5. 将面糊倒入铺了油纸的烤盘中，用曲柄抹刀抹平，放入烤箱中，以180℃烘烤约10分钟。
6. 取出，冷却后去除油纸，用小的圈模切出圆形底坯，备用。

蜂蜜打发奶油

配方

淡奶油	200克
蜂蜜	30克

制作过程

将淡奶油放入搅拌桶，搅打至干性发泡，打蛋头上的蛋白霜呈短小的尖状，再加入蜂蜜，混合拌匀。

组装

配方

巧克力半球空心壳	适量
巧克力厚圆片	适量
巧克力薄圆片	适量

制作过程

1. 将巧克力厚圆片粘在金底板的中心，然后将巧克力半球空心壳的缺口朝上沾在圆片上，形成一个杯子的形状。
2. 将咸焦糖黄油轻奶油挤入步骤1中至八分满。
3. 在咸焦糖黄油轻奶油内部挤入焦糖奶油，至九分满左右。
4. 将圆形蜂蜜软底坯放在步骤3上，用手轻轻压紧，放入冰箱中冷藏至凝固（时间可长一点，不可冷冻，因为会增加巧克力装饰件断裂的风险）。
5. 将煎苹果取出（不脱模），再将蜂蜜打发奶油装入裱花袋，挤入煎苹果的空心壳中，放入急冻柜冷冻定型。取出，脱模。
6. 将步骤5摆放在步骤4上，使整体组成一个圆球。
7. 将巧克力薄圆片放在步骤6的顶部，在表面用圆形裱花嘴挤出点状的蜂蜜打发奶油，放上金箔即可。

小贴士

巧克力壳：在巧克力糖果中比较常用，基本制作方法如下：

1. 将熔化好的巧克力挤入模具内（模具必须干净，且无痕迹）。用两手的手掌从下方托起模具震几下，可以消除内部气泡。
2. 用铲刀将多余的巧克力刮掉，刮的时候铲刀要稍微垂直。
3. 将模具翻转倒出多余的巧克力，用铲刀柄轻敲模具使巧克力能均匀地流出。
4. 将模具翻转过来时刮掉表面多余的巧克力，使其成空心状。
5. 等待模具内的巧克力完全凝固。
6. 取出的空心模边缘部分厚薄要均匀（厚度可以通过巧克力在模具内部停留的时间、模具温度来调整）。

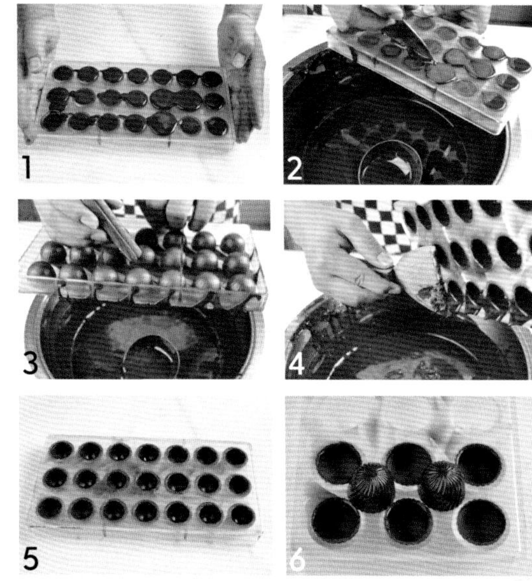

巧克力壳 1　　巧克力壳 2

两个巧克力进行拼接时，一般会将其中一个需要连接的面放在热的器物表面划制，使接触面有些许熔化，再与另一个巧克力连接。

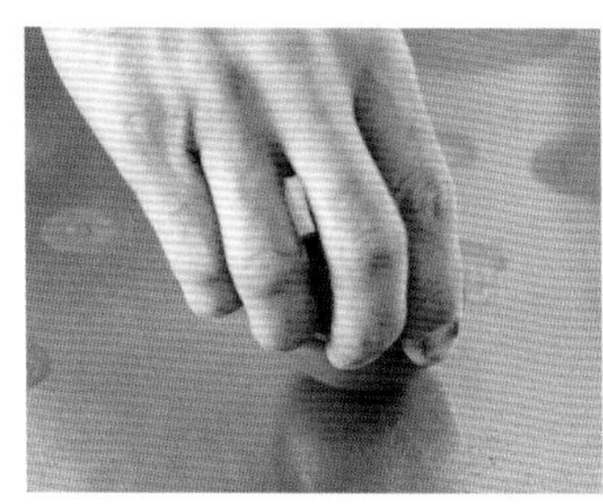

连接

产品联想与延伸设计

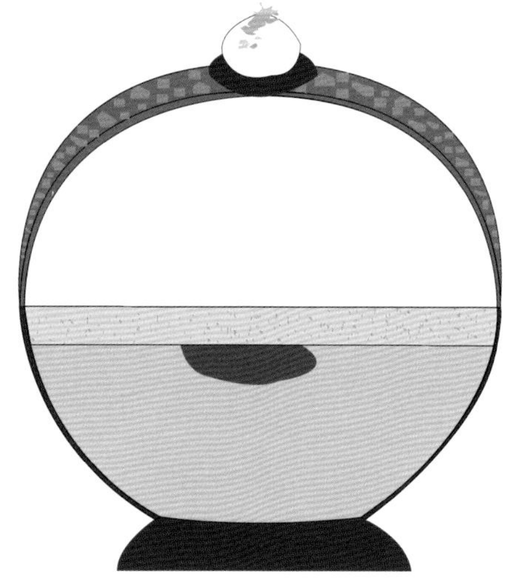

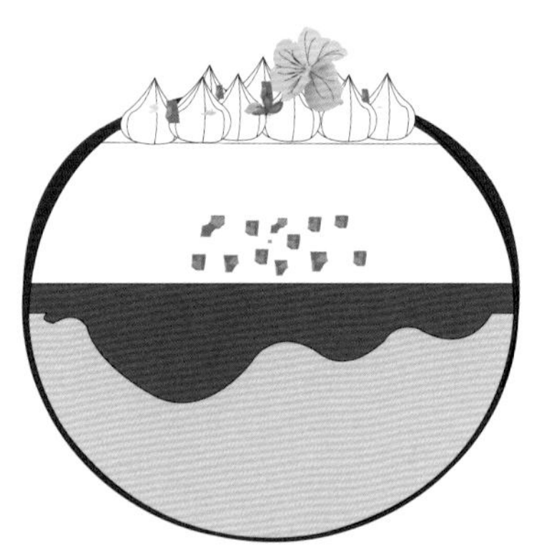

延伸设计 1

说明：改变甜品的外框形状，将外壳制成巧克力球形（由两个半球拼接而成）。

在顶部用加热后的刀具或圈模切出缺口，在底部挤入咸焦糖黄油轻奶油，再在内部依次挤入一层焦糖奶油和蜂蜜打发奶油（内部可放入少许煎苹果），成型后在表面装饰意式蛋白霜和金箔等。常用于盘式甜点的制作，摆盘时注意巧克力球底部的固定。

意式蛋白霜参考：法式草莓蛋糕——意式蛋白霜。

使用模具：巧克力半球PC模具。

延伸设计 2

说明：这里使用杯子来盛装甜品。在杯中挤入一层咸焦糖黄油轻奶油，在其内部挤入少许焦糖奶油，放入一层蜂蜜软底坯，挤入一层咸焦糖黄油轻奶油，表面撒一层煎苹果，成型后在表面裱挤蜂蜜打发奶油，用巧克力件和金箔等装饰。

使用模具：普通杯装器具即可。

延伸设计 3

说明：将蜂蜜软底坯、咸焦糖黄油轻奶油和蜂蜜打发奶油按照图形所示顺序叠加入框模具中，成型后切割成合适的大小，最后在表面裱挤蜂蜜打发奶油，装饰翻糖花（或巧克力花）和金箔，制成切块蛋糕。

使用模具：框模具。

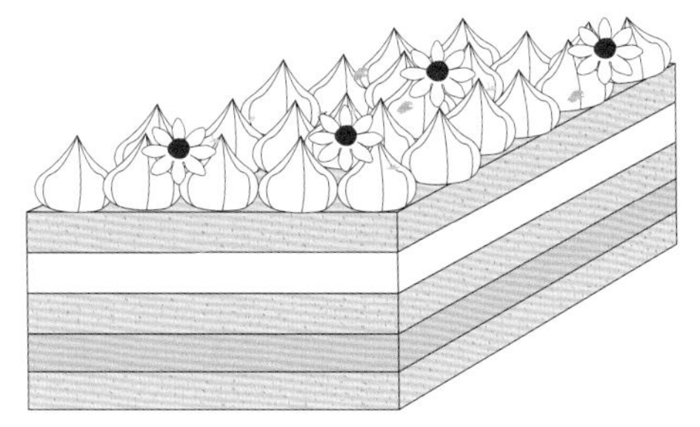

延伸设计 4

说明：将蜂蜜软底坯（圆形）、焦糖奶油和蜂蜜打发奶油层层叠加，再用蜂蜜打发奶油抹面，成型后在表面裱挤咸焦糖黄油轻奶油和蜂蜜打发奶油，装饰上薄荷叶和金箔，制成裱花蛋糕。

使用模具：圆形蛋糕模具。

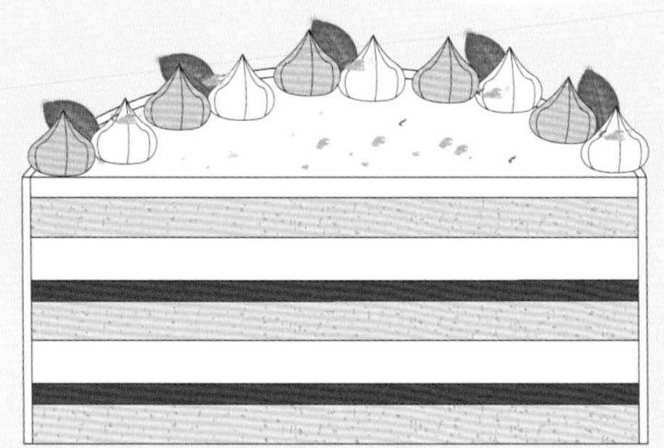

小配方产品的延伸使用

本次制作	你还可以这样做
煎苹果	带有焦糖口感，有颗粒感，保留了苹果的风味特点，其他果味产品可以参考
焦糖奶油	基础性的焦糖奶油，加入了一点盐之花，香醇感有延长
咸焦糖黄油轻奶油	焦糖奶油的延伸产品，包容度更高一些，可以百搭
蜂蜜软底坯	韧性比较好的一款底坯，百搭款，制作时使用了葵花籽油，可以根据喜好替换成其他油脂
蜂蜜打发奶油	贴合主题风味的一款打发奶油，加了蜂蜜
巧克力配件	下部装饰件是作为支撑用的，其实上下两个半球形巧克力件可以做成全包围式的甜品类型，此次制作可以作为参考

杯子甜品装饰

甜品的装饰类别有很多种，杯子装饰与盘式是两类比较特殊的存在。

说到杯子甜品，有些人可能想到杯子烘烤类蛋糕，表面有奶油装饰等；或者甜品台上使用精致的玻璃杯盛装的冷藏甜品；或是外带甜品的一种新型食用餐具。

根据甜品的类型，杯子的选用标准有非常大的不同。

烘烤类杯子甜品

面糊或酱汁等填入杯子中，通过烘烤形成基础甜品，后期可以在表面进行奶油装饰等。这种杯子一般使用纸杯、陶瓷杯等，杯子需绝对安全无毒，且能承受住高温烘烤。

彩色纸杯

纯色纸杯

烘烤之后，可以使用奶油、水果、半成品等对蛋糕进行表面装饰。

冷藏类杯子甜品

这类甜品属于冷藏慕斯（奶油）型产品，与传统的法式甜品相比，这类甜品不依赖支撑层次，杯子本身就是比较牢靠的一种支撑。

此类甜品常用透明玻璃杯、鸡尾酒杯等制作，因为层次能从外观上直接看到，所以层次色彩需要格外注意。

适用于餐厅、甜品台等有氛围的场合使用。

常用玻璃杯型：

白兰地杯

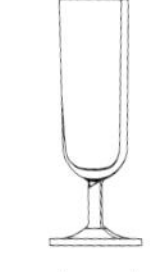

彩虹酒杯

鸡尾酒杯

玛格丽特

香槟杯

雪利酒杯

塑料杯子甜品

塑料杯装甜品现在越来越大众化，如网红产品“豆乳盒子”等，这类杯子或盒子不直接参与烘烤，样式千差万别，可以随着食用场景选择不同的层次进行搭配。

适用家常制作，可自由搭配。

杯子甜品的组合注意要点

1. 填充时要干净利落

使用透明材质的杯子，填充时要注意避免模糊层次，使用裱花袋、滴壶等填充。对于不透明的纸杯等，填充时避免面糊或酱汁洒落在杯外，影响美观。

2. 填充时注意主体厚度（高度）的把控

对于冷藏性质的甜品组合，填充时注意层次之间的和谐，避免某一层过多或过少，影响整体口感。对于烘烤性质的杯子蛋糕，填充时需要考虑烘烤后的膨胀高度及可能需要的装饰方法。

3. 层次组合搭配要和谐

透明质地的冷藏甜品，层次高度、质地、颜色等都可以从杯身看出来，所以“组合”也是装饰的一种。

裱花袋

滴壶

小勺子

布丁与烤布蕾

布丁是甜品中的常见类型，制作方法不一，常见的有烘烤凝固型布丁、冷藏凝固型布丁。

冷藏凝固型布丁用食品胶与基础酱汁混合，在低温下产生凝固状态，是甜品馅料制作的基础做法。这里着重介绍烘烤型布丁。

从制作方面来说，烤布蕾可以算是布丁的一大类，有时烤布蕾也称作法式焦糖布丁。

1. 制作方法

烘烤型布丁一般都会用水浴烘烤的方法，水浴烘烤可以增加烤箱内的湿度，帮助产品保留水分，保持嫩滑质地。

2. 使用材料

基础口味的布丁与烤布蕾使用的材料近似，包含牛奶（水）、糖、蛋黄或全蛋，不过烤布蕾使用蛋黄，布丁使用全蛋。

3. 口感

因为使用材料和制作方法近似，烘烤型布丁与烤布蕾整体口感也近似，但因为烤布蕾使用的是蛋黄，整体要比其他类布丁滑嫩一些（布丁蛋白质含量比烤布蕾高，烤布蕾油脂含量比较高）。

4. 代表性标志

布丁很爽滑，冷藏比烘烤要简单很多，烘烤需要格外注意烘烤程度。一般烤至晃动布丁杯时，内部的布丁会产生晃动感，但表面不会碎裂。这种状态下的布丁不会干。

焦糖布丁是布丁中非常有名的产品，焦糖有时呈现在布丁表面，布丁下面也可能有。如果使用盘式盛装，焦糖有时也会以液体形式出现。

法式烤布蕾的经典代表性标志是其表面的焦糖壳：在烤布蕾表面直接撒上砂糖，使用火枪在表面进行烧灼使砂糖熔化、变色，形成糖壳。

5. 盛装器皿

布丁和烤布蕾要烘烤，所以盛装器皿需要能受热，且受热的时候依然安全。常见的有陶瓷、耐高温玻璃杯，或一次性铝箔纸杯等。

组合层次说明

产品名称	类别	主要作用
布丁 / 烤布蕾	夹心馅料	平衡质地；平衡口感；平衡色彩
糖壳 / 巧克力 / 焦糖	表面装饰	平衡质地；平衡口感；平衡色彩

基础组合说明

将布丁液或烤布蕾装入盛器中，进行水浴烘烤。

装饰组合

1. 布丁或烤布蕾烘烤之后，在表面可以用巧克力碎屑、烧糖壳装饰。
2. 焦糖类布丁，可以先将焦糖液注入模具中，再添加酱汁液体，烘烤完成后，可以倒扣，使焦糖层在表面。

小配方产品的延伸使用

本次制作	你还可以这样做
布丁 / 烤布蕾	基础性制作，可以在材料中加入个性材料，如巧克力、抹茶、香辛料等，制作出别样的口味，本次制作的巧克力布丁就是属于基础延伸款，配方可以参考
糖壳 / 巧克力 / 焦糖	主要根据主产品的口味进行补充回应

焦糖布丁

焦糖汁

配方

幼砂糖	120 克
水	30 克
热水	30 克

制作过程

1. 将幼砂糖和水混合，持续加热至煮成焦糖色（颜色不能太浅），关火。
2. 倒入热水，混合拌匀，制作成焦糖汁。再将其倒入杯子底部一层，摇匀（不用太厚），放入冰箱中冷藏保存（冷藏过后会有类似麦芽糖的质感）。

布丁液

配方

牛奶	300 克
幼砂糖	40 克
全蛋	150 克
香草荚（取籽使用）	1/2 根

制作过程

1. 将牛奶、1/3的幼砂糖和香草籽放入锅中，加热至60～70℃，关火。
2. 盖上盖子闷5分钟左右。
3. 将全蛋和剩下的幼砂糖混合，用手动打蛋器搅拌均匀。
4. 边搅拌边将步骤2倒入步骤3中，混合均匀，再过筛2~3次，制成布丁液。

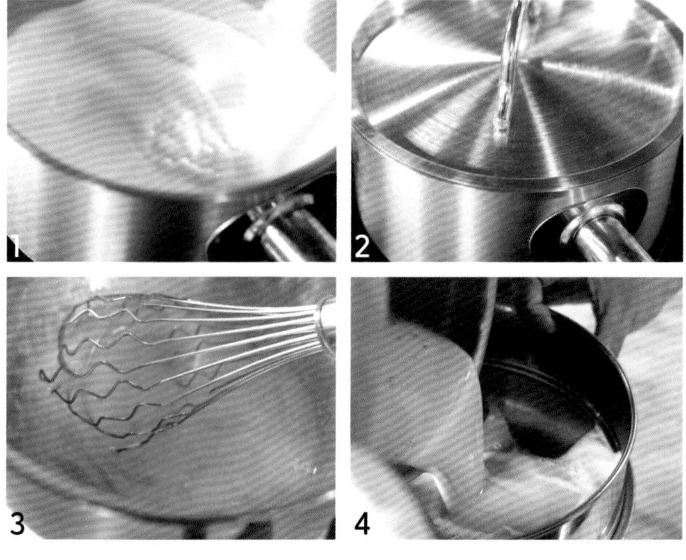

组合

配方

薄荷叶　　适量

焦糖布丁

制作过程

1. 将布丁液倒入带有焦糖汁的杯子中，至八九分满，使用火枪烧去表面气泡。
2. 在表面覆上铝箔纸。
3. 将其放入烤箱中，以上下火160℃，进行水浴烘烤（杯子放在有深度的烤盘内，烤盘内添入水，至杯底1厘米左右），直至摇晃杯子时，布丁能轻微晃动即可（杯子向一侧倾斜，布丁会有流动的趋势，但表皮不会破的状态），表面可用薄荷叶装饰。

小贴士

1. 烤完的布丁表面有黄色的物质，是杯底的焦糖汁上浮导致的。
2. 布丁冷藏3小时以上再食用，口感会更好。成品可以冷藏保存3天，布丁液可以保存2天。
3. 消除布丁液气泡的方法：用保鲜膜或厨房纸贴面；用火枪燎气泡。
4. 布丁液过筛的目的：去除气泡和杂质。
5. 牛奶加热至60～70℃而不是煮沸，可以减少营养的流失。
6. 布丁中使用全蛋和蛋黄的区别：用全蛋口感更有弹性，蛋黄更细腻绵软。
7. 用牛奶会比用淡奶油的口味清淡些，淡奶油更丝滑浓郁。
8. 布丁表面有皱痕，是因为水浴烘烤使用的水过少；布丁烤老了会有蜂窝状空洞。
9. 烘烤好的焦糖布丁可以进行倒扣操作，焦糖面在顶部展示。

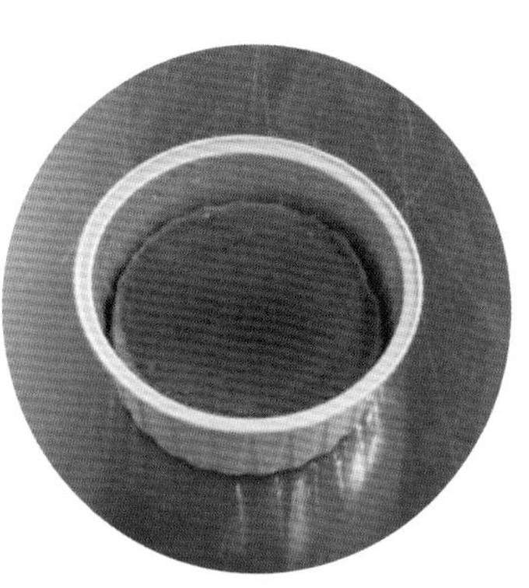

烤布蕾

蛋奶糊

配方

牛奶	750 克
淡奶油	500 克
细砂糖	210 克
香草荚	1 根
蛋黄	360 克

制作过程

1. 将牛奶、淡奶油、1/3细砂糖和香草籽（香草荚取籽使用）放入锅中，加热至60～70℃，关火。
2. 盖上盖子闷5分钟左右。
3. 将蛋黄与剩下的细砂糖混合，用手动打蛋器搅拌均匀。
4. 将步骤2冲入步骤3中，用手动打蛋器继续搅匀，制成蛋奶糊。
5. 将蛋奶糊过筛2～3次，期间可将厨房纸放在液体表面，去除气泡（也可用火枪烧除表面气泡），制成蛋奶糊。
6. 将蛋奶糊倒入量杯中，再注入杯中，直至八九分满，在表面盖上铝箔纸。将其放入烤箱，水浴烘烤（在烤盘中注入高度到杯底1厘米左右的水）以上火160℃、下火140℃烘烤至熟（摇晃时，表面有轻微晃动）。将其取出，放入冰箱中冷藏3小时，即可食用。

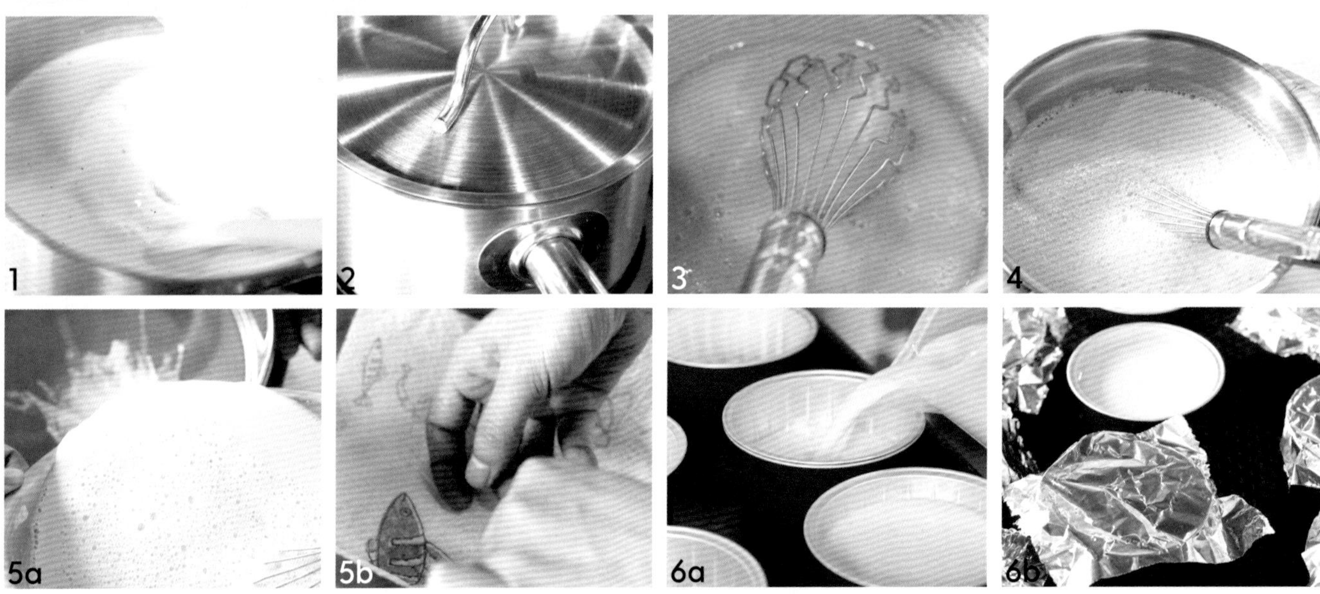

烤布蕾

小贴士

1. 食用前，可以在布丁表面筛一层砂糖，用火枪烧出焦糖壳（根据需求可以重复撒糖）。焦糖壳制作完成后，不及时食用会溶化。
2. 如果焦糖壳出现裂口，是因为放置的时间过长，焦糖溶化，布丁从中间渗入导致表面裂开。
3. 如果焦糖壳有颗粒感，可能是由于最后筛入的砂糖太厚，没有完全烤熔化。

巧克力布丁

布丁奶糊

配方

淡奶油	375 克
牛奶	125 克
细砂糖	75 克
香草荚	1 根
速溶咖啡粉	2 克
牛奶巧克力	100 克
蛋黄	70 克
全蛋	50 克

制作过程

1. 将淡奶油、牛奶、1/3细砂糖，香草籽（香草荚取籽使用）和速溶咖啡粉混合，煮至60～70℃，关火，盖上盖子闷5分钟左右。
2. 将混合物过筛入装有牛奶巧克力的容器中，用均质机搅拌均匀，边搅拌边冲入蛋黄和全蛋的混合物中，搅拌均匀，最后过筛2～3次，制成奶糊。
3. 将奶糊装入量杯中，再注入杯中，至八分满左右。
4. 在步骤3表面盖上铝箔纸，放入烤箱中，水浴烘烤（将杯子放在烤盘中，加入高度到杯底约1厘米的水），以上火160℃、下火140℃烘烤至熟（摇晃时，表面有轻微晃动）。将其取出，放入冰箱冷藏3小时即可食用。

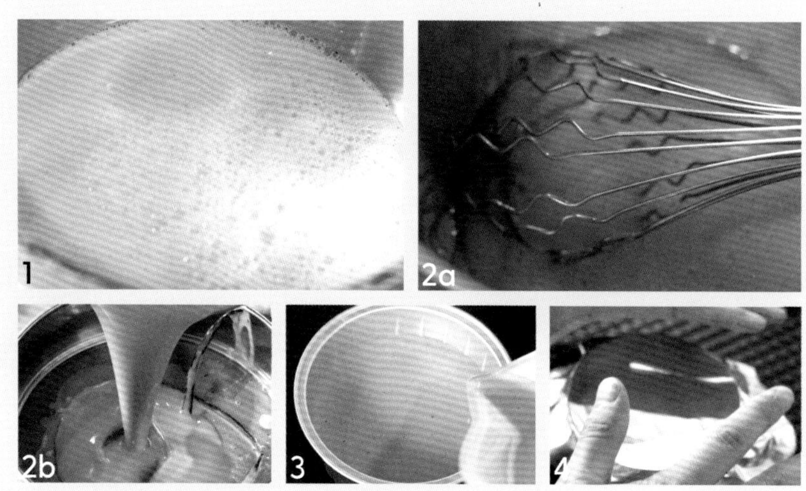

组装

配方

黑巧克力	适量
糖粉	适量

制作过程

1. 将调温好的黑巧克力倒在大理石台面上，用抹刀抹成薄薄的巧克力面，再使用牛角刀铲出碎屑。
2. 将巧克力碎屑盖在烘烤后的布丁表面，再筛一点糖粉装饰即可。

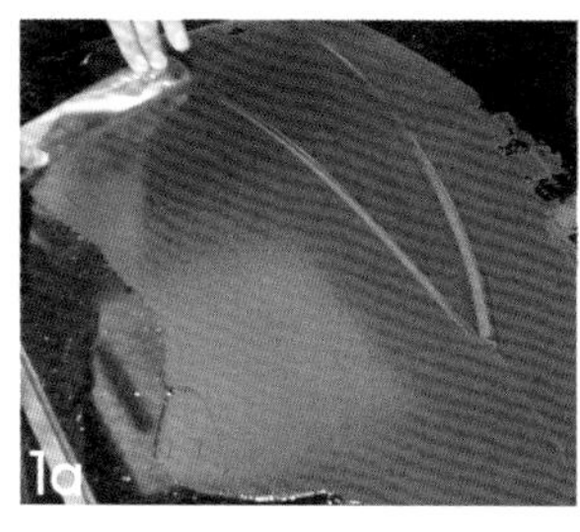

巧克力布丁

小贴士

1. 如果使用黑巧克力，可可含量过高，成品口感会偏硬。
2. 如果觉得口味偏甜，可以略微减少砂糖用量，或用少量可可含量高的巧克力来中和口味。

椰浆米水果杯子甜点

杯型特点

本款产品使用的是笛形香槟杯，杯身弧度流畅，杯身细长，腹身比口稍大，一般用于高雅酒会。使用此种杯子盛装甜品，适合甜品台组合，颜值很高。

杯子组合特点

本款产品用的杯子是玻璃材质，透明度高，甜品组合需要注意层次分明，以及对色彩的把控。杯型偏优雅型，用色不宜太过繁复。

组合层次说明

产品名称	类别	主要作用
椰浆米	夹心馅料	平衡质地；平衡口感；平衡色彩
热带水果泥	夹心馅料 / 蛋糕基底	平衡质地；平衡口感；平衡色彩
菠萝丁	蛋糕底坯	平衡质地；平衡口感
香草香缇奶油	夹心馅料 / 表面装饰	平衡口感；补充色彩

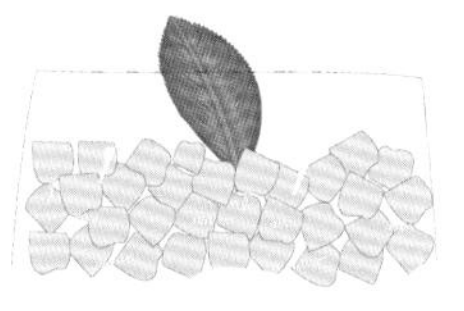

椰浆米
（夹心馅料）

热带水果泥
（夹心馅料 / 蛋糕基底）

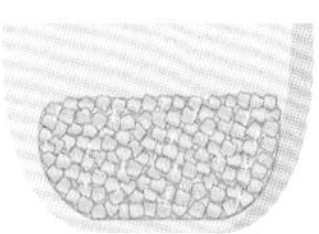

菠萝丁
（蛋糕底坯）

香草香缇奶油
（夹心馅料 / 表面装饰）

基础组合说明

椰浆米和热带水果泥的组合叠加。

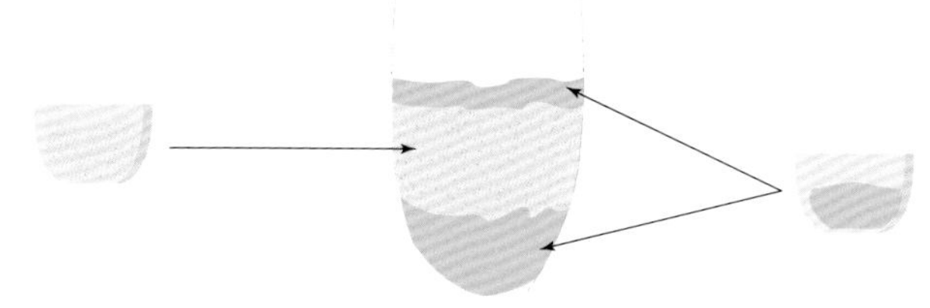

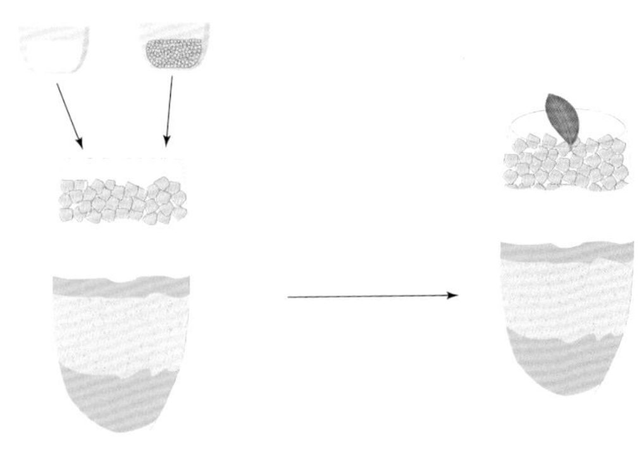

装饰组合

1. 带有香草籽的香缇奶油做色彩和口味上的补充，同时分离果肉和果泥的层次。
2. 菠萝颗粒呼应主题材料，薄荷叶增加清新感。

组合注意点

本次使用的杯子有一定的深度，且杯口不是特别大，所以在组装时建议使用裱花袋等指定性较强的组装材料或工具。避免叠加层次时弄脏杯壁，影响外观。

组合与设计理念

口味层次：甜中带有辛香，乳脂含量也较高，余味比较长。

色彩层次：乳白色和黄色为主，白色馅料中的香草籽呈分散性展示，使视觉不会过于单调。

质地层次：果泥中含有食品胶，质地略带弹性。椰浆米带有颗粒感，咀嚼时很有趣。

形状层次：依据杯子形状，层层叠加各式馅料，需要注意层次高度和杯壁的干净度。

椰浆米

配方

水	188 克
盐	1 克
意大利米	63 克
青柠皮屑	3 克
肉桂粉	0.8 克
椰奶	250 克
淡奶油	75 克
幼砂糖	25 克

制作过程

1. 将水、盐和意大利米放入锅中煮5分钟。
2. 与此同时，在另一个锅中加入椰奶、肉桂粉和青柠皮屑，用刮刀不断搅拌，煮沸。
3. 将煮好的意大利米用网筛沥干水，加入步骤2中，继续煮10分钟，成米糊状。
4. 关火，加入淡奶油和幼砂糖，用刮刀搅拌均匀，倒入盆中，贴着表面盖上保鲜膜，放入冰箱冷藏。

1

2

3

4

热带水果泥

配方

葡萄糖浆	90 克
百香果果蓉	270 克
芒果果蓉	180 克
幼砂糖	90 克
NH 果胶粉	11 克
椰子果蓉	180 克
黄油	90 克

制作过程

1. 将葡萄糖浆、百香果果蓉和芒果果蓉倒入锅中加热至60℃，加入幼砂糖和NH果胶粉的混合物，用手动打蛋器不断搅拌，煮沸后离火。
2. 加入将椰子果蓉和黄油，用均质机完全搅打均匀。

1

2

菠萝丁

配方

青柠皮屑	2 克
姜丝	5 克
新鲜菠萝丁	450 克

制作过程

将所有材料放入盆中，用刮刀搅拌均匀，包上保鲜膜，放入冰箱，冷藏备用。

香草香缇奶油

配方

转化糖	21 克
香草籽	9 克
淡奶油	404 克

制作过程

将所有材料倒入搅拌桶中，用网状搅拌器搅拌至八分发（打蛋头上的淡奶油具有一定的硬度，盆中的奶油有清晰的纹路），装入裱花袋中，放入冰箱，冷藏备用。

组装

配方

薄荷叶	适量

制作过程

1. 取出热带水果泥，装入裱花袋中，将高脚杯放在烤盘上，往杯内挤入一层热带水果泥，放入冰箱中冷藏至凝固。
2. 从冰箱中取出椰浆米，用勺子将其填入步骤1的杯中（也可以使用裱花袋），冷藏至凝固。
3. 取出杯子，再挤上一层薄薄的热带水果泥，至五分满，冷藏至凝固。
4. 将香草香缇奶油取出，挤入步骤3的杯中，至七分满。
5. 在香草香缇奶油表面铺上一层厚厚的菠萝丁。
6. 在顶部放一片薄荷叶装饰。

产品联想与延伸设计

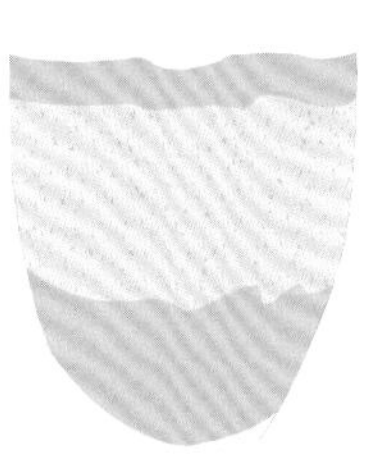

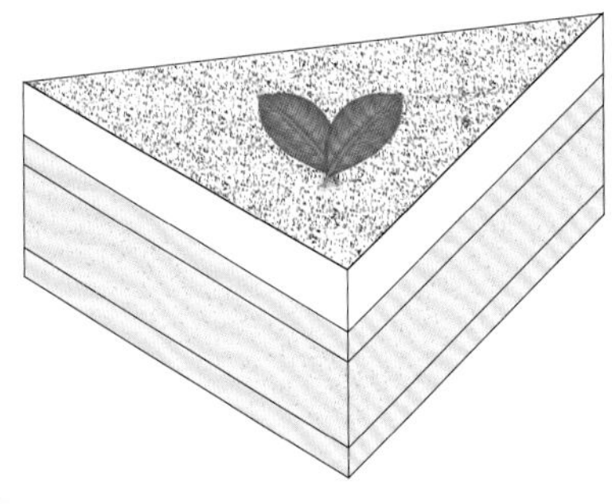

延伸设计 1

说明： 去除水果泥和菠萝丁层次，增加黄油海绵蛋糕作为支撑层次。在模具中按照图示顺序放入黄油海绵蛋糕和椰浆米，再挤入香草香缇奶油，成型后在表面筛少许可可粉，装饰薄荷叶即可。整体呈三角块状，很适合当下午茶点心。

黄油海绵蛋糕参考： 水果合奏——黄油海绵蛋糕。

使用模具： 三角形慕斯模具（或框模具），使用框模具时需切成合适大小的块状。

延伸设计 2

说明： 组合层次去除菠萝丁，增加扁桃仁油酥面团和淋面。将油酥面团捏入模具中烘烤（注意高度距离模具顶面0.5~1厘米，为后面的层次预留组合空间），完成后在底部注入一层热带水果泥，填入成型后的椰浆米。成型后挤入一层香草香缇奶油，直至与模具齐平，冷冻成型后在表面抹上调色后的淋面，装饰巧克力件和香缇奶油等。

扁桃仁油酥面团参考： 脆米苹果芒果挞——扁桃仁油酥面团。

淋面参考： 水果合奏——无色淋面（调色）。

使用模具： 圆形模具。

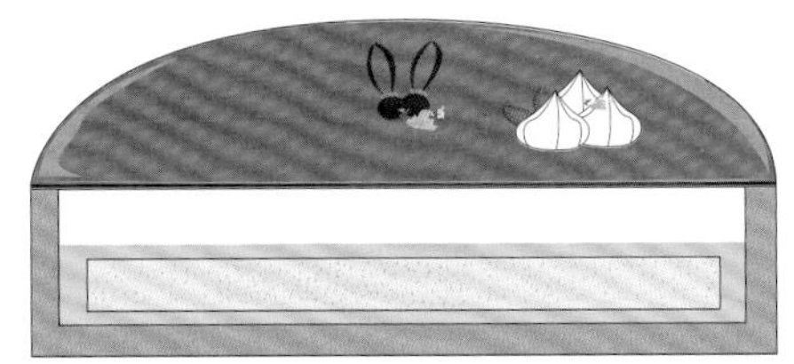

延伸设计 3

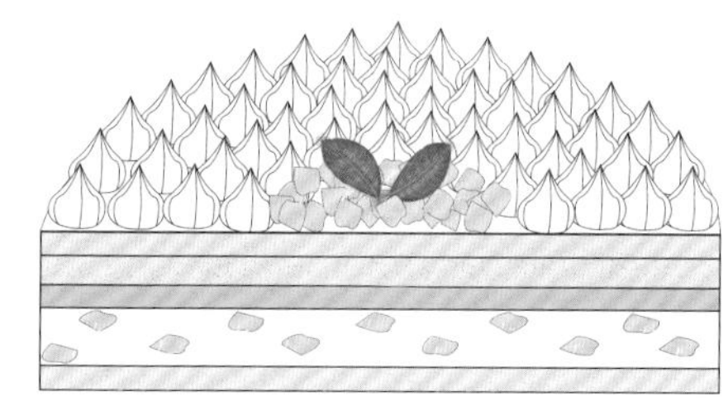

说明：增加黄油海绵蛋糕作为支撑层次，将其放入模具中，挤入香缇奶油，内部撒入少许菠萝丁。成型后依次挤入热带水果泥和椰浆米，放上蛋糕底坯。在表面铺上一层打发较稀的香缇奶油（其他组合层次的香缇奶油打发程度不变），再用锯齿花嘴裱挤香缇奶油，放上菠萝丁和薄荷叶装饰。

黄油海绵蛋糕参考：水果合奏——黄油海绵蛋糕。

使用模具：圆形慕斯圈。

延伸设计 4

说明：将组合层次应用在冷饮中。在杯子底部放入菠萝丁，倒入所需冷饮，再加入冰块和球状椰浆米，表面裱挤适量香草香缇奶油，点缀薄荷叶，用小勺子和吸管配合饮用，夏日清凉必备。

使用模具：普通杯装模具。

小配方产品的延伸使用

本次制作	你还可以这样做
椰浆米	风味比较独特，含有肉桂粉，还有意大利米的特殊香气和口感特征，是一款有个性的馅料，余味很长，不含食品胶，比较接近西餐做法
热带水果泥	含有黄油的果酱类产品，醇厚度有一定的补充，可以不用
菠萝丁	含有姜丝，与肉桂粉相对，加了一点青柠皮屑，如果与椰浆米配合使用，建议使用此配方。如果与其他甜品馅料配合，可根据需要去除
香草香缇奶油	带有香草籽，香草风味浓郁

玫瑰覆盆子奶油干酪布丁

杯型特点

本款产品使用一次性塑料杯，高度7厘米、上口直径7.25厘米、下口直径5.25厘米，是较常见的一种杯型，手握感觉很好，视觉上不会过大或过小，也比较好搭配。

杯子组合特点

本次使用了水果贴壁式的装饰方法，一来可以与主题相呼应，二来使杯子蛋糕的装饰上下呼应。内部使用的水果最好大小相差无几。

顶部装饰使用了花瓣，花瓣一半在杯内，一半在杯外，有很强的稳定感和延伸感，色彩与主题材料也非常搭。

组合层次说明

产品名称	类别	主要作用
覆盆子水果软糖	夹心馅料 / 表面装饰	平衡质地；平衡口感；平衡色彩
榛子酥粒	夹心馅料 / 表面装饰	平衡质地；平衡口感；平衡色彩
白巧克力慕斯	夹心馅料	平衡质地；平衡口感；平衡色彩
覆盆子	夹心馅料 / 表面装饰	呼应主题；平衡质地；平衡色彩；平衡口感
红玫瑰花瓣	表面装饰	平衡形状；平衡色彩
防潮糖粉	表面装饰	平衡口感；平衡色彩

覆盆子水果软糖
（夹心馅料 / 表面装饰）

榛子酥粒
（夹心馅料 / 表面装饰）

白巧克力慕斯
（夹心馅料）

覆盆子
（夹心馅料 / 表面装饰）

红玫瑰花瓣
（表面装饰）

防潮糖粉
（表面装饰）

基础组合说明

覆盆子水果软糖、白巧克力慕斯与榛子酥粒层层叠加（覆盆子紧贴杯子内壁），根据杯子高度，可以重复叠加，也可以单次叠加，但是总体建议白色部分大于红色部分，黄色榛子酥粒约占白色部分高度的1/3。

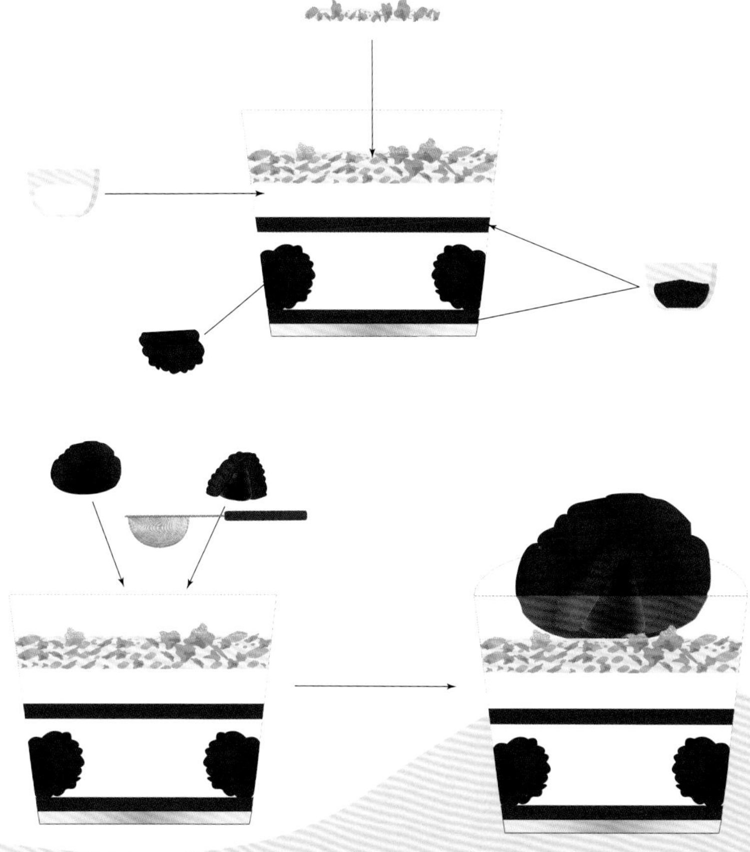

装饰组合

1. 底层的半颗覆盆子也是一种装饰，间隔要把控好，不要过密，否则会有上下轻重不平衡的感觉。
2. 表面的玫瑰花瓣要挑选色彩鲜艳、舒展度好的。
3. 在用防潮糖粉装饰时，表面只需要过筛薄薄的一层即可。

组合注意点

切半的覆盆子贴在杯壁上一定要紧密贴合，否则后期填充酱料时会模糊水果的外形轮廓，影响外部观感。

本次使用的杯子透明度高，甜品组合需要注意层次分明，以及对色彩的把控。覆盆子水果软糖在组装前，一定要确定质地统一，避免有颗粒，否则在挤入层次后，会出现不平的现象，且颜色深浅不一。

组合与设计理念

口味层次：酸甜为基础口味，含油脂量也比较高，余味比较长。

色彩层次：主色是红色和白色，白色多、红色少，二者对比会使红色更加鲜艳，有别样美感。

质地层次：杯装甜品中的馅料可以比其他慕斯馅料质地稀一点，因为含水量高，更加爽滑，同时口味也更加清淡，所以可用其他材料补充一下。

形状层次：依据杯形层层叠加馅料，红色部分占比较少，白色占比较多，顶部以展开的花瓣做向外和向上的延伸。

覆盆子水果软糖

配方

覆盆子果蓉	200 克
NH 果胶粉	5 克
细砂糖 1	22 克
细砂糖 2	220 克
葡萄糖浆	50 克
酒石酸溶液	20 克

材料说明

1. 酒石酸溶液为酒石酸粉与热水的混合物，粉与水重量比为1：1。
2. 酒石酸与柠檬酸效果一致，具有凝结、调节酸味的作用。

制作过程

1. 将覆盆子果蓉放入复合底锅中，加热至40℃。
2. 加入NH果胶粉与细砂糖1的混合物，用打蛋器快速搅拌均匀，煮至沸腾。
3. 加入细砂糖2和葡萄糖浆，继续加热至103℃。
4. 加入酒石酸溶液，并且迅速搅拌均匀。
5. 将混合物倒入量杯中，冷藏凝固。使用时，用均质机打碎破坏凝结使之稍微回软。

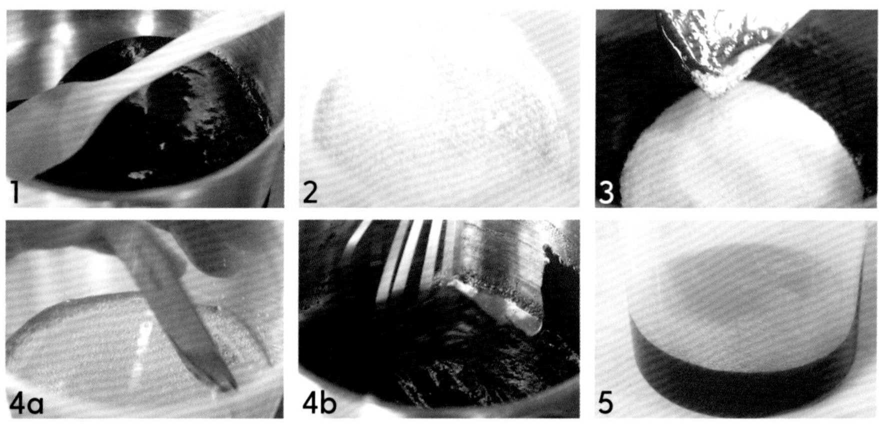

小贴士

1. 酒石酸溶液可以同比例换成柠檬酸溶液。酒石酸溶液可起到调节酸味的作用，并且会使整款酱料凝结性增强。
2. 若用到的酒石酸溶液较多，可以提前用热水配好，再装进瓶子里密封即可。
3. 制作过程中，若酒石酸溶液未完全溶解到位，可以倒进锅中略煮。
4. 本配方糖分较多，质地比较柔软。

榛子酥粒

配方

黄油	60克
面粉	60克
榛子粉	60克
糖粉	60克

材料说明

黄油使用冷黄油，有一定的硬度，提前用刀切小丁备用。

制作过程

1. 将配方中所有材料放入搅拌缸中。
2. 用扇形搅拌器搅打成颗粒状。
3. 为了得到更细的颗粒，可将步骤2放入10目网筛背部，用手挤压入铺好油纸的烤盘中。
4. 放入烤箱，以上下火160℃烘烤10~15分钟，烤至金黄色即可。

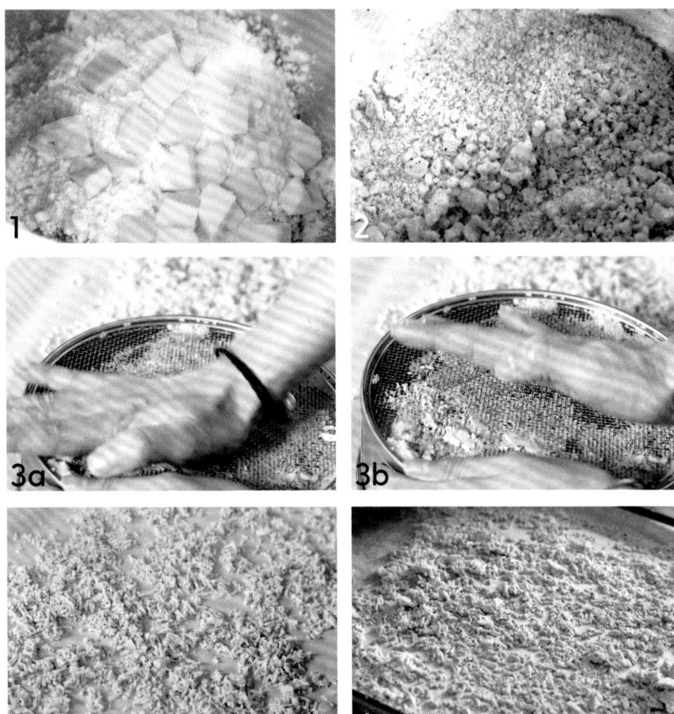

小贴士

1. 网筛的网格大小决定了酥粒大小。
2. 本款配方介绍了用网筛处理酥粒的方法，若配方材料偏干，可直接打成酥粒，若成团则可采用过网筛的方法，将其碾压成颗粒。
3. 网筛处理酥粒的过程中，若酥粒粘在一起可以冷冻过后搓开再烘烤。

白巧克力慕斯

配方

牛奶	150 克
细砂糖	25 克
蛋黄	39 克
吉士粉	10 克
黄油	35 克
白巧克力	200 克
淡奶油	600 克
玫瑰香精	适量

制作过程

1. 将蛋黄与细砂糖混合拌匀，再加入吉士粉，搅拌均匀。
2. 将牛奶放入锅中，加热至微微沸腾。
3. 边搅拌边将步骤2冲入步骤1中，搅拌均匀，再倒回锅中煮制，边用打蛋器搅拌边熬煮，至呈现顺滑浓稠的状态，离火。
4. 加入黄油，用打蛋器继续搅拌至顺滑的状态。
5. 加入白巧克力，继续搅拌均匀（如果余热已经不能完全熔化巧克力，可以稍稍加热或放在有余热的电磁炉上进行热量传输）。
6. 将混合物倒入盆中，继续搅拌混合均匀，降温至31℃。
7. 将淡奶油搅打至稍微浓稠，分两次与步骤6混合均匀（第一次加入淡奶油时，使用打蛋器搅拌，第二次加入时换用刮刀翻拌均匀）。
8. 加入玫瑰香精，混合拌匀，再放入裱花袋中备用。

小贴士

玫瑰香精的添加量可以适当调整，不可过多。

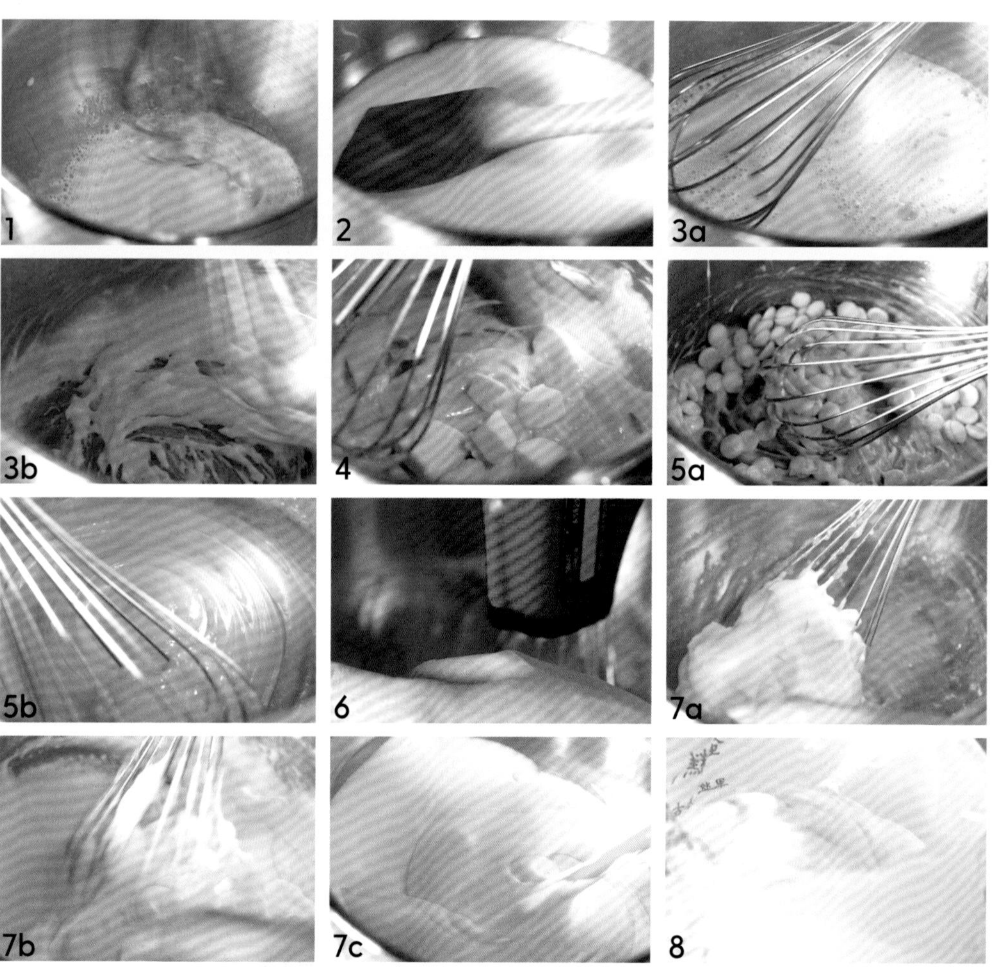

组装

配方

防潮糖粉	适量
红玫瑰花瓣	适量
覆盆子	适量

制作过程

1. 将杯子放在烤盘中，在底部挤上一层覆盆子水果软糖。
2. 用刀将覆盆子切半，沿杯壁间隔贴上3片。
3. 在步骤2中挤上一层白巧克力慕斯至五分满，震平，放入冰箱中冷冻凝固。
4. 取出，挤一层覆盆子水果软糖，之后再挤一层白巧克力慕斯（如果质地比较稀的话，需要放入冰箱中稍稍冷冻定型）。
5. 放入榛子酥粒，晃动平整，表面筛少许防潮糖粉。
6. 在杯子正中心点缀沾有防潮糖粉的整颗覆盆子，将其压在玫瑰花瓣上。

小贴士

1. 挤第一层白巧克力慕斯时，要先把覆盆子的缝隙填满，再挤至想要的高度。
2. 组装时切半覆盆子需要与杯壁紧贴，否则后期挤巧克力慕斯时会与其混合在一起，影响美观。
3. 本款产品中的酥粒起到丰富层次的作用，给人以惊喜的感觉，若不放酥粒，全部都是软绵的口感，会过于单一。
4. 酥粒口感酥脆，组装后若存放时间过久会影响口感，应当组装后尽快食用。门店应当在顾客点单后再组装，保持其口感。

产品联想与延伸设计

延伸设计 1

说明：组合层次选取白巧克力慕斯和覆盆子水果软糖，再增加淋面和黄油海绵蛋糕进行组合。将黄油海绵蛋糕和覆盆子水果软糖依次放入模具中，成型后注入白巧克力慕斯，表面用调色后的淋面和覆盆子装饰。

淋面参考：水果合奏——无色淋面（调色）。

黄油海绵蛋糕参考：水果合奏——黄油海绵蛋糕。

使用模具：三角形慕斯模具或框模具。使用框模具时产品要切成合适大小的块状。

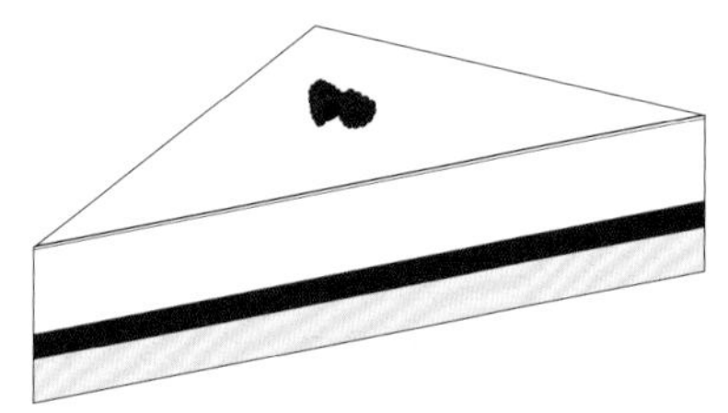

延伸设计 2

说明：以白巧克力慕斯为主体层次，将其注入模具中，内部放入黄油海绵蛋糕和覆盆子碎，成型后表面用调色后的淋面、金箔和覆盆子装饰。可切成块状食用。

淋面参考：水果合奏——无色淋面（调色）。

黄油海绵蛋糕参考：水果合奏——黄油海绵蛋糕。

使用模具：圆形慕斯模具。

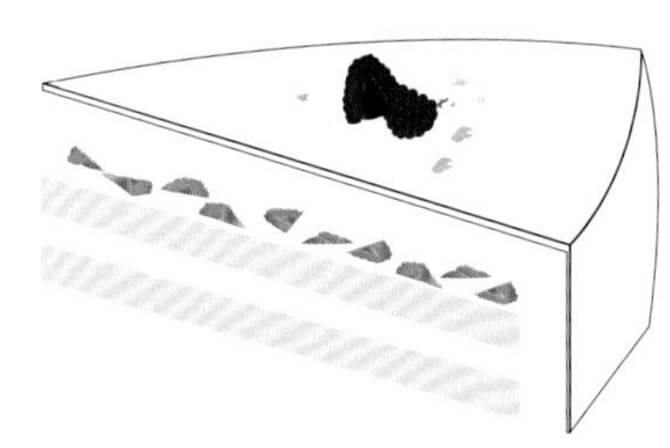

延伸设计 3

说明：去除榛子酥粒，增加黄油海绵蛋糕和淋面进行组合。将黄油海绵蛋糕放入模具中，再将覆盆子水果软糖和白巧克力慕斯进行层层叠加，中间要在模具内壁紧贴对半切开的覆盆子，成型后在表面淋上调色后的淋面，装饰覆盆子和金箔。

淋面参考：水果合奏——无色淋面（调色）。

黄油海绵蛋糕参考：水果合奏——黄油海绵蛋糕。

使用模具：框模具。产品可切成合适大小的块状。

延伸设计 4

说明： 组合层次不变，额外增加黄油海绵蛋糕和淋面，换用圆形模具制作。以白巧克力慕斯为主体，在内部依次填入海绵蛋糕和覆盆子水果软糖的组合，成型后在表面淋上调好色的淋面，边缘撒一圈榛子酥粒，中心放上覆盆子装饰。

淋面参考： 水果合奏——无色淋面（调色）。

黄油海绵蛋糕参考： 水果合奏——黄油海绵蛋糕。

使用模具： 圆形慕斯模具。

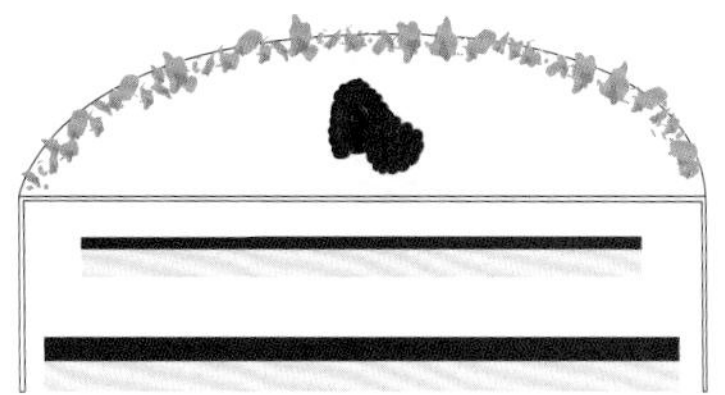

小配方产品的延伸使用

本次制作	你还可以这样做
覆盆子水果软糖	软糖作为杯子甜品的内馅，酱汁有点偏稀，如果想做成有点硬度的软糖，可以提高熬煮的温度，混合加热温度可调高至106℃，果胶粉的用量根据需求可增加。完成后可以直接入模，冷藏凝固成水果软糖
榛子酥粒	一款非常实用的装饰性材料，同时可以作为夹心馅料补充质地，非常百搭
白巧克力慕斯	基础性巧克力类慕斯馅料，没有使用食品胶，主要依靠白巧克力的凝结能力，质地偏稀，适合杯装甜品的使用。如果用到其他类型甜品中，可根据需求添加食品胶
覆盆子	家中常备水果，也可应用于与其相对应的甜品中
红玫瑰花瓣	基础表面装饰件，根据需求可放于其他产品表面，注意色彩搭配
防潮糖粉	和普通糖粉相比，不仅可以装饰，还具有防潮作用。可装饰于各类需要防潮的产品上

附 录

产品赏析

挞与派的常见组合与装饰

挞与派的基础特性

挞与派的主要支撑层次是面团类底坯，其可塑性和支撑性都比较高，质地偏硬、脆，油脂含量较高，通过烘烤时间和温度的控制可以得到不同程度的烘烤色。无论是手动制形，还是依托模具塑形，面团类产品都能达到较理想的效果。

在与馅料等组合搭配时，挞派可以作为“盛器”承装各式馅料，可以作为基底承载各式层次；其口感偏厚重，与轻质、酸性、果味等材料组合有很好的调和作用，与厚重性、苦味等层次组合会使余味延长很多。

挞与派类产品多属于外露形面团底坯，其颜色可以从外观上直接看到，颜色深浅与烘烤程度、材料使用有直接关系。

产品名称： 巧克力挞。

组合结构： 上中下结构＋包围结构（中部）。

装　　饰： 奶油馅料装饰、巧克力珍珠等。

层次说明： 下部由油酥挞底做底层支撑，中部由巧克力奶油做主体慕斯，外部淋上巧克力淋面，顶部用牛奶巧克力香缇奶油做围边装饰。从侧面看形似三角形，底边使用巧克力珍珠做了一圈装饰，进一步柔化产品的曲线，使产品细节更加丰富。

使用模具： 下部挞底塑形可以使用基础的压模；中部的慕斯奶油可以使用半球形模具，上部香缇奶油使用锯齿形花嘴进行挤裱即可（注意压模直径与球形模具的直径要相宜）。

产品名称： 栗子黑加仑挞。

组合结构： 上中下结构＋包围结构（下部）。

装　　饰： 栗子颗粒、栗子奶油、酱汁等。

层次说明： 将挞底制作成半包围支撑，内部填充馅料，中部放奶油馅料，上部使用半颗栗子做主题烘托。从侧面看结构很稳定。

具体操作： 中下结构交界处，使用栗子奶油做线条装饰，样式比较传统。中部奶油馅料制成曲面形，颜色较浅，为了柔化色彩，先铺一层镜面果胶，再于顶部使用黑色酱汁做一点颜色补充和过渡。下部由油酥挞底做包围形底层支撑，内部使用巧克力奶油做主体慕斯，黑加仑酱汁做填充，再用栗子奶油做出丝状装饰。

使用模具： 下部挞底塑形可以使用基础的塔模；中部的慕斯奶油可以使用半球形模具（注意压模直径与球形模具的直径要相宜）。

产品名称：香蕉小挞。

组合结构：上中下结构 + 包围结构（上、下部）。

装　　饰：淋面、巧克力、巧克力珍珠等。

层次说明：将挞底做成半包围结构，内部填充馅料层次；中部由香蕉奶油馅料做外部框架，内部填充层次；顶部使用巧克力圈做装饰。从侧面看结构很稳定，曲线也好看，色彩与形状易产生活泼之感。淋面装饰是本款产品的一个亮点，从中部至底部都覆盖了中性淋面，淋面中添加了橙色色淀和金粉，有梦幻的感觉，还点缀了星星装饰件。比较适合春节、圣诞等欢乐的节日。

使用模具：下部挞底塑形可以使用基础的塔模；中部的慕斯奶油可以使用半球形模具（注意压模直径与球形模具的直径要相宜）。

产品名称：柠檬挞。

组合结构：上中下结构 + 包围结构（上、下部）。

装　　饰：巧克力件、淋面等。

层次说明：底部使用挞模作为支撑，内部填充馅料层次；中部使用一个巧克力片做视觉分割；上部使用半球形模具制作慕斯主体，内部可以填充蛋糕底坯等，外部使用黄色淋面做包裹装饰。本款产品装饰较简单，是一款比较干练的甜品。有棱角，从侧面看比较稳定。

使用模具：下部挞底塑形可以使用基础的塔模；上部的慕斯奶油可以使用半球形模具（注意压模直径与球形模具的直径要相宜）。

产品名称：巧克力覆盆子挞。

组合结构：上下结构 + 包围结构（上、下部）。

装　　饰：巧克力件、淋面、椰蓉等。

层次说明：底部使用挞模作为支撑，内部填充馅料层次；上部使用半球形模具制作慕斯主体，内部可以填充蛋糕底坯等，外部使用红色淋面做包裹装饰，侧边使用白色装饰物做颜色过渡。本款产品使用了椰子相关材料做主体食材，也使用了椰蓉进行装饰，其白色有过渡效果。造型比较小巧优雅，圆润可爱。顶面使用了弧形巧克力件做装饰。

使用模具：下部挞底塑形可以使用基础的塔模；上部的慕斯奶油可以使用半球形模具（注意压模直径与球形模具的直径要相宜）。

产品名称：巧克力蛋白挞。

组合结构：上中下结构 + 包围结构（下部）。

装　　饰：巧克力片、牛奶巧克力蛋白霜等。

层次说明：底部用巧克力挞底做支撑，内部填充扁桃仁奶油馅料，统一烘烤定型；中部使用巧克力类蛋白霜做馅料，使用圣安娜花嘴挤裱出放射状奶油；顶部使用巧克力圆片做表面覆盖，表面挤几滴巧克力做装饰。整体呈圆柱状，造型有点笨拙，但是较质朴。

使用模具：下部挞底塑形可以使用基础的塔模；中部馅料使用圣安娜裱花嘴挤裱。

产品名称：柠檬蛋白挞。

组合结构：上中下结构＋包围结构（下部）。

装　　饰：蛋白霜、奶油装饰等。

层次说明：底部使用挞模作为支撑，内部填充扁桃仁奶油，统一烘烤定型；中部使用柠檬奶油通过圆形裱花嘴进行挤裱装饰；上部使用意式蛋白霜通过锯齿形花嘴挤裱装饰，再用火枪灼烧上色。中层柠檬奶油的挤裱形状和色彩使上下过渡得很自然，也是主体材料。整体造型优雅中带点活泼，结构稳定。

使用模具：下部挞底塑形可以使用基础的塔模；中部使用圆形裱花嘴挤出形状；上部使用锯齿花嘴螺旋向上挤裱出造型。

产品名称：黑莓巧克力挞。

组合结构：上下结构＋包围结构（下部）。

装　　饰：栗子奶油、水果、巧克力片、马卡龙装饰等。

层次说明：底层用挞模制作成半包围形的支撑结构，内部填充黑莓酱汁和巧克力馅料等，用黑色淋面做涂层装饰。表面使用栗子奶油做丝状堆砌（可以使用筒状机器压制），再盖一片马卡龙，筛上糖粉装饰。本款产品的表面积比较大，在有限空间内使用了树莓点缀，增加色彩对比度，加深产品记忆点。

使用模具：下部挞底塑形可以使用基础的挞模；上部使用小号圆形裱花嘴挤制丝状奶油，或使用小型圆筒状压面机即可。

产品名称：草莓西柚挞。

组合结构：上下结构＋包围结构（上、下部）。

装　　饰：水果、巧克力装饰件、淋面等。

层次说明：底层以挞模制作成半包围形的支撑结构，内部填充柠檬扁桃仁奶油，统一烘烤定型；成型后在表面中心处涂抹一层草莓果酱；上层摆放由圆形模具塑形的西柚慕斯，且带橙色淋面。在上层与下层的接触面上，用草莓片围成一圈，做成装饰层。摆放要密集且有层次。表面中心处用两根巧克力线条做装饰，画面更美观。

使用模具：下部挞底塑形可以使用基础的塔模；上部使用圆形慕斯圈或六连圆形硅胶模具（注意底层模具与上层慕斯模具之间的大小关系）。

产品名称：芝士挞。

组合结构：包围结构。

装　　饰：蛋液装饰。

层次说明：底层以挞模制作成半包围形的支撑结构，先入炉烘烤定型；取出后内部填充芝士奶酪馅料，入冰箱冷冻定型，再在表面刷上蛋液，最后再烘烤一次。本款产品制作简易，是蛋挞类产品的基础制作流程，可以批量生产。

使用模具：挞底塑形可以使用基础的挞模，挞模可以带花纹边。

产品名称：柠檬挞。

组合结构：半包围结构（下部）+上下结构。

装　　饰：蛋白霜装饰、淋面装饰、椰蓉、红加仑、绿色叶形巧克力件。

层次说明：下部由挞底做成半包围框架，内部填入可烘烤馅料或慕斯馅料；上部主体是黄色慕斯馅料，内部可以填充其他馅料或底坯，外部使用中性淋面或镜面果胶装饰。蛋白糖（意式）在挤裱完成后，在表面撒上椰蓉，继而放入冰箱中冷冻或冷藏，完全定型后取出，放在上下接触面的侧边做出围边的效果。

使用模具：下部挞底塑形可以使用基础的塔模；上部慕斯主体使用半球形硅胶模具（注意挞模直径与半球形模具的直径要相宜）。

产品名称：核桃派。

组合结构：包围结构。

装　　饰：碧根果仁、糖粉等。

层次说明：使用面团依托模具塑形，可在内部刷上一层蛋液，在内部填充核桃奶油，表面摆放上碧根果仁，统一放入烤箱中烘烤。出炉后，在指定地方筛上一层糖粉。

使用模具：派底使用基础派模。

蛋糕卷装饰

蛋糕卷特性

蛋糕卷的底坯具有一定的韧性，可以折叠、卷制，其色彩取决于烘烤程度和材料，自由度比较大，厚度在1厘米左右，在蛋糕卷上可以叠加一些具有固定形状的馅料、水果等，卷起时，连同内部层次一起卷，形成卷状物。

除内部层次外，蛋糕卷的上层也可以使用常规装饰进行产品优化，如糖粉、奶油馅料、巧克力件等。

产品名称：巧克力香蕉卷。

组合结构：包围结构（卷）+上下结构。

装　　饰：香缇奶油、水果装饰等。

层次说明：以巧克力蛋糕底坯为基础支撑，先抹一层香缇奶油，将香蕉段放在一端，从上至下开始卷起巧克力底坯，形成蛋糕卷。表层使用香缇奶油通过锯齿花嘴挤裱出花纹装饰。

使用模具：烘烤蛋糕卷使用长烤盘。

产品名称：松饼蛋糕卷。

组合结构：包围结构（卷）+上下结构。

装　　饰：巧克力香缇奶油、巧克力片、糖粉装饰等。

层次说明：以巧克力蛋糕底坯为基础支撑，先抹一层巧克力香缇奶油，从上至下开始卷起巧克力底坯，形成蛋糕卷。在表面使用圣安娜花嘴将巧克力香缇奶油挤出花纹。使用巧克力片做出视觉隔离，增加空间感。在表面做一层糖粉装饰，与底坯形成视觉差。

使用模具：烘烤蛋糕卷使用长烤盘。

产品名称：草莓香草卷。

组合结构：包围结构（卷）。

装　　饰：草莓、玫瑰花瓣等。

层次说明：以草莓蛋糕底坯（纯色底坯中加入红色色素）为基础支撑，先抹一层香草奶油，再在蛋糕底坯一端平铺一排草莓颗粒，从上至下卷起蛋糕，至形成蛋糕卷。在蛋糕卷表面使用奶油粘一片花瓣和一块草莓。

使用模具：烘烤蛋糕卷使用长烤盘。

产品名称：巧克力蛋糕卷。

组合结构：包围结构（卷）。

装　　饰：巧克力屑、香缇奶油。

层次说明：以巧克力蛋糕底坯为基础支撑，先抹一层香草奶油，从上至下卷起蛋糕，至形成蛋糕卷。在蛋糕卷表面使用香缇奶油均匀涂抹一层，再用巧克力碎屑进行表面装饰，呼应主体材料。

使用模具：烘烤蛋糕卷使用长烤盘。

常温蛋糕与饼干组合装饰

此类产品对温度的要求没有冷藏、冷冻类甜品那么苛刻，可以短期内室温存放。在烘烤前、烘烤后操作可以实现不同目的的装饰。

一般情况下，烘烤前可以使用手作制形、工具制形及特殊的混合方式对产品样式产生直接影响；烘烤后可以使用粉类装饰、功能性装饰及叠加其他层次来装饰。

产品名称： 阿拉棒。

组合结构： 单个面团。

装　　饰： 手作扭曲。

层次说明： 黄油类面团制作完成后，擀成一定的厚度，切割成长条状面团制品，再用手将每小块面团进行扭转，形成螺旋形状。

使用模具 / 工具： 无模具。

产品名称： 燕麦饼干。

组合结构： 单个面团。

装　　饰： 花纹压模切割、扎孔。

层次说明： 带燕麦的黄油面团擀成一定的厚度，使用花纹圆形切模进行切割，入烤盘后，再用叉子在表面扎出一些小孔，这样有助于防止面团在烘烤过程中过度鼓胀影响美观。

使用模具 / 工具： 圆形压模（边缘带波浪形花纹）。

产品名称： 北海道曲奇。
组合结构： 上中下结构。
装　　饰： 无。
层次说明： 曲奇面糊入框模定型后烘烤成型，出炉晾凉后叠加糖霜馅料。
使用模具 / 工具： 方形框模。

产品名称： 花生脆饼。
组合结构： 单一面团。
装　　饰： 花形压模。
层次说明： 带花生酱的黄油面团成型后，用手将其搓成圆形，放在烤盘上，用手按压成扁形，使用花形压模在表面按压出花形，之后烘烤定型即可。
使用模具 / 工具： 花纹模具。

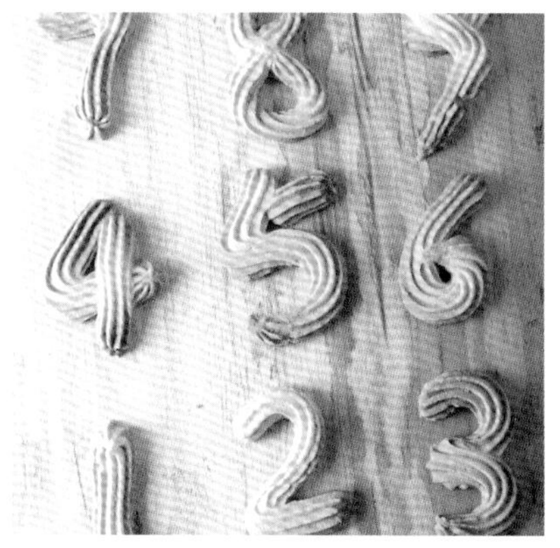

产品名称： 数字饼干。
组合结构： 单一面糊。
装　　饰： 无。
层次说明： 黄油类面糊装入带有锯齿形裱花嘴的裱花袋中，在烤盘中挤出数字形状，烘烤定型即可。
使用模具 / 工具： 锯齿形裱花嘴。

产品名称： 夹心手指饼干。
组合结构： 上中下结构。
装　　饰： 无。
层次说明： 手指饼干面糊装入带有圆形裱花嘴的裱花袋中，在烤盘中挤出圆形形状，表面筛上糖粉，烘烤定型后，取两块饼干，中间夹一层黄油奶油即可。
使用模具 / 工具： 圆形裱花嘴。

产品名称：芝士千层蛋糕。

组合结构：上下结构。

装　　饰：无。

层次说明：芝士海绵蛋糕面糊根据所需分成若干份（可以调色），入炉前，先取一份倒入模具中，烘烤凝固后，再倒入下一层，依次完成所需面糊的叠加。

使用模具 / 工具：圆形蛋糕模具。

产品名称：蔓越莓饼干。

组合结构：单一面团。

装　　饰：无。

层次说明：黄油类面团成型后，加入蔓越莓颗粒，搅拌均匀，面团放入长方形框模中塑形冷冻，定型后取出，切割成块，之后烘烤成型即可。

使用模具 / 工具：长方形框模。

产品名称：戚风蛋糕。

组合结构：单一面糊。

装　　饰：无。

层次说明：戚风面糊完成后，直接入模烘烤即可。

使用模具 / 工具：中空形模具。

产品名称：咕咕洛夫蛋糕。

组合结构：单一面糊。

装　　饰：无。

层次说明：将戚风蛋糕或海绵类蛋糕面糊直接入模，烘烤定型即可。

使用模具 / 工具：咕咕洛夫模具。

产品名称： 酸樱桃咕咕洛夫蛋糕。

组合结构： 单一面糊。

装　　饰： 酸樱桃酱汁。

层次说明： 将戚风蛋糕或海绵类蛋糕面糊直接入模，烘烤定型，完成后表面淋上酸樱桃酱汁。

使用模具 / 工具： 咕咕洛夫模具。

产品名称： 手指饼干。

组合结构： 单一面糊。

装　　饰： 挤裱成型。

层次说明： 面糊成型后，装入带有圆形裱花嘴的裱花袋中，挤出大小一样的长条，烘烤成型。

使用模具 / 工具： 裱花嘴。

产品名称： 奇迹。

组合结构： 包围结构。

装　　饰： 淋面。

层次说明： 底坯使用杏仁底坯，用磅蛋糕模具烘烤，成型后横切成4片，每两片之间抹上芒果果酱粘好，入冰箱冷藏定型。可根据需求切割，之后在表面淋上白巧克力淋面装饰即可。

使用模具 / 工具： 磅蛋糕模具。

产品名称： 香料面包。

组合结构： 包围结构。

装　　饰： 淋面、橙子皮、蓝莓等。

层次说明： 使用肉桂粉等混合香料粉制作面糊，使用磅蛋糕模具烘烤成型。出炉晾凉后，在表面刷一层薄薄的杏子果酱，然后在表面淋上或刷上一层糖粉糖衣或蛋白糖粉淋面。

使用模具 / 工具： 磅蛋糕模具。

产品名称：草莓蛋糕。

组合结构：包围结构。

装　　饰：香缇奶油、草莓等。

层次说明：基础蛋糕底坯烘烤完成后，切割成片，每两片之间粘上奶油或果酱等，重复层叠至一定高度，在最外层裹上一层香缇奶油，使用锯齿形花嘴挤裱出各式形状，摆放草莓颗粒装饰。

使用模具 / 工具：圆形蛋糕模具。

产品名称：裸蛋糕。

组合结构：上下结构。

装　　饰：奶油霜裱花。

层次说明：基础蛋糕底坯烘烤完成，切割成片，每两片之间粘上奶油霜，完成后通过裱花进行装饰。

使用模具 / 工具：各式裱花嘴。

杯装甜品装饰

杯装甜品不依赖支撑层次，层次搭配上比较多元，组合方面比较注重色彩、质地、口感。

根据杯子的高度和透明度，选择高度适合的层次叠加，表面装饰可以使用对应的食材，可以使用奶油挤裱出多样式花形来丰富视觉。

杯子的支撑性与蛋糕底坯、面团底坯等材料有一个比较大的区别，就是杯子具有高度不渗透性，且不变形，所以杯装甜品也可以含有液体类材料。

杯装甜品整体稳定，外带方便安全，较适应现代生活节奏。

产品名称： 香橙杯。

组合结构： 上下结构。

装　　饰： 网格巧克力装饰件、珍珠糖、香料叶等。

层次说明： 使用透明杯子，依次添加各种层次，香橙慕斯、浸泡糖浆的底坯、果酱、果冻等，顶部使用橙子果粒、巧克力片、珍珠等装饰。

使用模具： 无模具；盛装器皿为圆形一次性塑料杯子。

产品名称： 凡尔赛。

组合结构： 上下结构。

装　　饰： 蓝莓、草莓、巧克力装饰件、蛋白霜（黑加仑口味）、镜面果胶。

层次说明： 底层是荔枝果冻；第二层是覆盆子果冻；第三层为了丰富质地，添加了一层海绵蛋糕，海绵蛋糕上可适量刷一些糖浆；第四层挤入一层奶酪慕斯，入冰箱冷冻定型；表层使用黑加仑口味的意式蛋白霜，通过锯齿花嘴挤出花纹形状，再使用火枪进行表面着色；之后摆放上水果和巧克力片；水果表面可以刷一层镜面果胶增加亮度。

使用模具： 无模具；盛装器皿为方形一次性塑料杯子。

产品名称： 棠达希欧。

组合结构： 包围结构＋上下结构。

装　　饰： 无花果片、粉色果冻液。

层次说明： 底层挤入一层无花果果酱，第二层放泡软的蛋糕底坯，两者入杯的直径要小于杯底直径，这样第三层的外交官奶油才能完全将两者包围。第四层是香草慕斯，在表面摆放上一片新鲜的无花果薄片，挤入一层粉红果冻液，入冰箱冷冻成型。

使用模具： 无模具；盛装器皿为U形一次性塑料杯子。

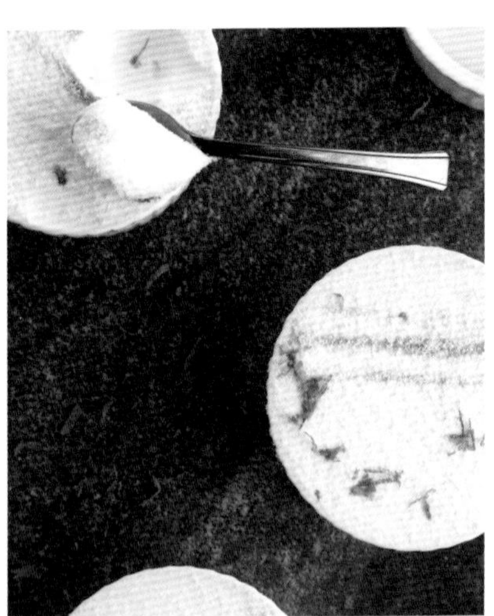

产品名称： 布丁。

组合结构： 上下结构。

装　　饰： 糖粉、青柠屑等。

层次说明： 这是烘烤型的布丁。在陶瓷杯中心处可以铺一层焦糖液，再加入蛋奶糊，经过水浴烘烤定型后，在表面挤一层香缇奶油，至与模具齐平，使用抹刀将表面抹平。食用前，在表面挤几条焦糖酱汁作为装饰，可以筛一层糖粉营造浪漫的气氛。

使用模具： 无模具；盛装器皿为陶瓷布丁杯。

产品名称： 甜蜜甘薯。

组合结构： 上下结构。

装　　饰： 干果片、奶油馅料、香缇奶油等。

层次说明： 基本上属于布丁类产品，底层是蛋奶糊，可以加一层煮熟的甘薯颗粒，烘烤后定型。出炉后，使用锯齿形花嘴挤出甘薯奶油，成型后使用火枪灼烧表面使色彩更加多元化，使用勺子挖一勺香缇奶油放在表面，摆放几片干果片即可。

使用模具： 无模具；挤裱使用锯齿形花嘴进行造型；盛装器皿为陶瓷布丁杯。

产品名称：桃子果酱。

组合结构：上下结构。

装　　饰：迷迭香、草莓果酱等。

层次说明：比较基础的杯装甜品，注重装饰和仪式感。底层是外交官奶油，上层是桃子果酱，果酱颗粒比较大，旁边摆放的是草莓颗粒酱汁，一点迷迭香增色不少。

使用模具：无模具；盛装器皿为鸡尾酒杯。

产品名称：司汤达。

组合结构：上下结构。

装　　饰：覆盆子、巧克力件等。

层次说明：高脚杯甜品，注重装饰和仪式感。底层是一层可可碎，第二层是巧克力香缇奶油，内部嵌入一层巧克力达垮次底坯进行质地补充。第四层是覆盆子泥。顶层是香草香缇奶油，中间放了一颗新鲜的覆盆子（尖部朝上）。杯口处设计比较有特点，利用圆形的巧克力片做了一个遮盖，即卫生又有仪式感，弯曲形的巧克力件可以拉伸视觉空间。

使用模具：无模具；盛装器皿为高脚杯。

产品名称：栗子风味黑加仑巴巴。

组合结构：上下结构。

装　　饰：奶油、小滴管等。

层次说明：本次使用了巴巴面团，入杯子前先用肉桂糖浆浸泡了一段时间，风味比较独特。第二层添加了黑加仑酱汁，第三层加入外交官奶油，第四层叠加黑加仑慕斯，第五层是栗子香缇奶油。比较有特点的是此杯子蛋糕使用了滴管装饰，滴管内吸有一定量的朗姆酒，食用时可根据需要挤入，丰富口感和香味的同时，也是一个有意思的装饰件。

使用模具：无模具；表层挤裱使用了锯齿形花嘴；盛装器皿为圆柱形一次性塑料杯子。

盘式甜品装饰

盘式甜品的组合与设计所需知识面比较广，其制作比较考验甜品师的功力。盘式甜品注重器物一体、意境统一，在提供美食的同时，也同样传达更深层次的艺术表达。

盘式的组合结构与种类有很多，各层次在盘内以一定的形式展开和拼合，或基于传统慕斯组合，配以其他装饰加强整体性设计，都是比较常见的盘式甜品制作方法。

产品名称： 洛依柏丝焦糖梨。

组合结构： 盘式平铺（各层次独立式平铺）。

装　　饰： 三色堇、各式组合层次等。

层次说明： 使用欧式意面碗作为盘式甜品的盛器，有一定的容积，所以较适合使用酱汁、果酱等流质类材料作为铺底装饰。本款产品主要使用褐色酱汁炼乳焦糖布丁，其带有香草籽，可以增加香气和视觉细节。其他组合层次围绕圆形弧底做“C”形摆放，有冷冻定型的圆形梨子雪泥、冷冻定型的橄榄形焦糖冰淇淋、烘烤定型的意式蛋白霜。焦糖瓦片立在其他层次上，形成向上的空间延伸。小颗粒梨子呼应主题，以梨子的形状呈现在盘式装饰表面。使用勺子或裱花袋将水煮梨浆挤在层面上，呈水滴状，作为底层酱汁。其他细节如三色堇、瓦片碎粒等都可以依靠色彩、质地等功能性需求补充在角落上。

使用模具： 橄榄形、球形硅胶小型模具。

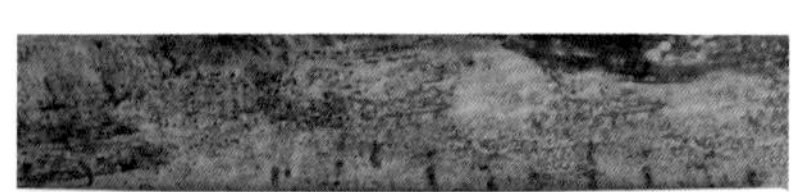

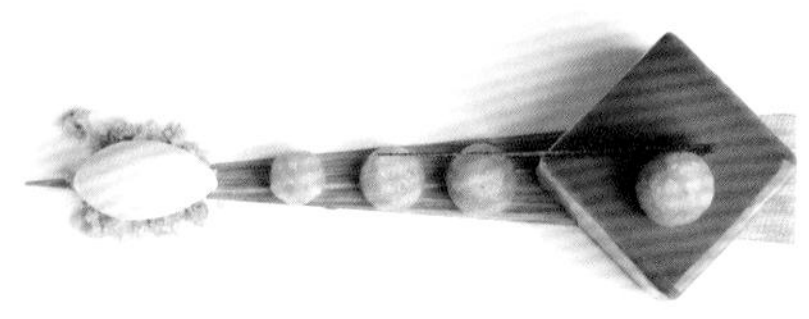

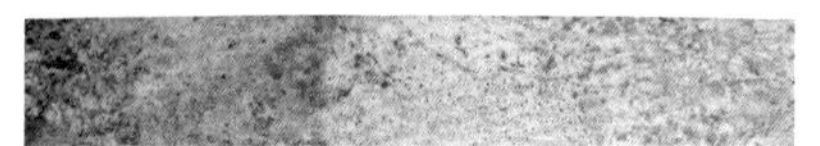

产品名称： 梨子蛋糕。

组合结构： 盘式平铺（各层次独立式平铺）+组合式平铺。

装　　饰： 各式组合层次、可可脂刷色、巧克力装饰件等。

层次说明： 本次使用长方形平盘。依据盘子特性，在盘子上画出图案：使用绿色色淀调节可可脂和白巧克力的混合物，形成绿色巧克力溶液；将两段长胶带以“V”字形粘在盘子表面中心处（防止后期刷溶液时沾染其他空间），然后使用刷子蘸取巧克力溶液刷在V字形中间空白处，形成图案。底色形状是三角形，有延伸感，依靠图案可以将组合层次设计成具有律动性的大小或形状。右边是使用方形模具制作的慕斯蛋糕（根据喜好，可以在内部填充其他层次），表面淋上红色淋面，左边是3个大小递减的梨子慕斯，最左边是使用勺子塑形的橄榄形香缇奶油，底部铺的是底坯碎粒。

使用模具： 圆形硅胶模具、方形圈模、不锈钢勺子。

产品名称： 栗子小卷。

组合结构： 盘式平铺（各层次独立式平铺）+组合式平铺。

装　　饰： 糖渍栗子碎、奶油等。

层次说明： 本款产品使用的盘子带有纹路，较为古朴。主要组合层次是栗子瓦片饼做成的圆筒状产品（使用有糖栗子馅混合栗子抹酱按1：1搅拌成型，入炉烘烤，出炉后趁热将圆柱体卷起，形成空心式筒状物）。瓦片筒状物内可以填充各式馅料，两端使用抹刀抹平整。表面可以用奶油装饰。盘中使用糖渍栗子碎装饰，给视觉一个留白和想象空间。

使用模具： 低高度的框模用于瓦片烘烤（可以自制：用醋酸纤维纸切割出框架模），小型圆柱体模具用于瓦片定型（可以自制）。

产品名称： 情人节。

组合结构： 盘式平铺（各层次独立式平铺）+组合式平铺。

装　　饰： 巧克力装饰件、果酱等。

层次说明： 本款产品主体是两个心形组合甜品，使用相同的小号心形模具，内部填充底坯和黑巧克力慕斯、白巧克力慕斯，完成后，对应产品表面淋上黑巧克力淋面和白巧克力淋面。底部浸蘸一下熔化的黑巧克力。表面使用彩色巧克力件装饰。盘内空白处放上心形压模切割出草莓啫喱、滴状草莓酱和芒果酱汁等。本次组合重点是大圆形巧克力件的使用，扩大了视觉空间，且对两个主体产品有连接作用，是比较有特点的主题组合方式。

使用模具： 小号心形硅胶模具、心形压模等。

产品名称： 双巧塔。

组合结构： 盘式平铺（各层次独立式平铺）+组合式平铺。

装　　饰： 巧克力装饰件、果酱等。

层次说明： 本款产品主体层次是巧克力甜酥面团和黑巧克力奶油馅料，挞是主体产品，表面使用牛奶巧克力香缇奶油做裱花装饰。这个可以作为常规甜品呈现。变换成盘式甜品后，采用线条分割面来增大空间感，两面是灰色和白色（香缇奶油）对比，在装饰上降低了整体的亮度，使整体色调保持协调，充满内敛感。

使用模具： 圆形挞模具。

产品名称： 樱桃炸弹。

组合结构： 盘式平铺（各层次独立式平铺）+组合式平铺。

装　　饰： 杯装装饰、瓦片、可可脂等。

层次说明： 将红色可可脂（30~35℃）取少量倒入杯子（低温）中，轻轻向各个方向倾斜、凝结，使可可脂在杯底形成花纹形状，向杯子内部填入樱桃奶油、海绵蛋糕、香草慕斯等，顶部使用覆盆子瓦片饼做遮挡，放一颗巧克力面糊裹樱桃（油炸），盘子旁边也放两颗。

使用模具： 不锈钢勺子，（用于橄榄形樱桃奶油制作）杯装模具。

索 引

产品配方速查速配

配方类别	配件名称	色	质	味	所在产品名称	产品类别
表面装饰	扁桃仁瓦片碎	棕黄色	脆	甜香	脆米苹果芒果挞	水果装饰
表面装饰	藏红花/八角苹果球	绿色、黄色	软弹	苹果味	脆米苹果芒果挞	水果装饰
表面装饰	草莓	红色	多汁	草莓味	草莓泡芙	喷砂装饰
表面装饰	草莓奶油	粉红色	滑	草莓味	草莓泡芙	喷砂装饰
表面装饰	脆面	烘烤色	脆	甜	草莓泡芙	喷砂装饰
表面装饰	蛋白饼	白色	脆	甜	蒙布朗小挞	蛋白霜与马卡龙装饰
表面装饰	防潮糖粉	白色	—	甜	玫瑰覆盆子奶油干酪布丁	杯子装饰
表面装饰	粉色马卡龙饼壳	粉色	脆	甜	覆盆子开心果	喷砂装饰
表面装饰	覆盆子果酱	深红色	软弹	覆盆子味	覆盆子开心果	喷砂装饰
表面装饰	覆盆子和开心果	红色、绿色	多汁	覆盆子味、开心果味	覆盆子开心果	喷砂装饰
表面装饰	各式水果	各式水果色	多汁	各式水果味	覆盆子慕斯	水果装饰
表面装饰	红玫瑰花瓣	红色	—	—	玫瑰覆盆子奶油干酪布丁	杯子装饰
表面装饰	弧形巧克力件	浅棕色	硬	苦甜	蒙布朗小挞	蛋白霜与马卡龙装饰
表面装饰	黄桃	橙色	多汁	黄桃味	杏子蛋糕	巧克力装饰
表面装饰	绿色花纹巧克力片	彩色	硬	甜	圆顶柠檬挞	蛋白霜与马卡龙装饰
表面装饰	马卡龙	粉色	脆	甜	法式草莓蛋糕	水果装饰
表面装饰	芒果啫喱	橙色	软弹	芒果味	脆米苹果芒果挞	水果装饰
表面装饰	巧克力配件	黄色	硬	甜	蜂蜜藏红花胡萝卜蛋糕	喷砂装饰
表面装饰	巧克力配件	紫、白色	硬	甜	紫色梦	巧克力装饰
表面装饰	巧克力配件	棕色	硬	苦甜	覆盆子开心果	喷砂装饰
表面装饰	巧克力配件	棕色	硬	苦甜	焦糖苹果蛋糕	巧克力装饰
表面装饰	巧克力片	白色	硬	甜	水果合奏	水果装饰
表面装饰	巧克力圆片	红色	硬	甜	草莓泡芙	喷砂装饰
表面装饰	巧克力装饰件	彩色	硬	甜	法式草莓蛋糕	水果装饰
表面装饰	三色堇	黄色	—	—	草莓泡芙	喷砂装饰
表面装饰	水果装饰	青色、紫红色、红色	多汁	苹果味、无花果味、草莓味	水果合奏	水果装饰
表面装饰	香缇奶油	乳白色	黏稠	奶香	蘑菇蛋糕	蛋白霜与马卡龙装饰

（续）

配方类别	配件名称	色	质	味	所在产品名称	产品类别
表面装饰	意式蛋白霜	黄褐色	滑（轻盈）	甜	蘑菇蛋糕	蛋白霜与马卡龙装饰
表面装饰（烘烤型）	装饰面糊	彩色	软	甜香	覆盆子慕斯	水果装饰
布丁	布丁奶糊	浅棕色	软滑	甜香微苦	巧克力布丁	杯子装饰
布丁	布丁液	乳黄色	软滑	甜香	焦糖布丁	杯子装饰
蛋糕底坯	菠萝丁	黄色	软	菠萝味	椰浆米水果杯子甜点	杯子装饰
蛋糕底坯	橙子玛德琳底坯	烘烤色	软	橙子味	杏子蛋糕	巧克力装饰
蛋糕底坯	蜂蜜软底坯	烘烤色	软	甜香	焦糖苹果蛋糕	巧克力装饰
蛋糕底坯	海绵蛋糕（少麦麸）	烘烤色	软	甜	紫色梦	巧克力装饰
蛋糕底坯	胡萝卜蛋糕	烘烤色	软	胡萝卜味	蜂蜜藏红花胡萝卜蛋糕	喷砂装饰
蛋糕底坯	黄油海绵蛋糕	烘烤色	软	甜香	水果合奏	水果装饰
蛋糕底坯	开心果底坯	烘烤色	软（颗粒性）	开心果味	覆盆子开心果	喷砂装饰
蛋糕底坯	开心果底坯	浅绿色	软	开心果味	法式草莓蛋糕	水果装饰
蛋糕底坯	巧克力底坯	烘烤色	软	甜香微苦	蘑菇蛋糕	蛋白霜与马卡龙装饰
蛋糕底坯	巧克力底坯	烘烤色	软	甜香微苦	覆盆子巧克力	喷砂装饰
蛋糕底坯	香蕉海绵蛋糕	烘烤色	软	香蕉味	度思香蕉	巧克力装饰
蛋糕底坯	杏仁海绵蛋糕	烘烤色	软	甜香	覆盆子慕斯	水果装饰
蛋糕底坯	榛果达克瓦兹	烘烤色	绵密（颗粒性）	榛果香	度思香蕉	巧克力装饰
夹心馅料	巴伐利亚脆米	白色	软糯（颗粒性）	米香	脆米苹果芒果挞	水果装饰
夹心馅料	白巧克力打发牛奶慕斯	乳白色	滑	甜香	紫色梦	巧克力装饰
夹心馅料	白巧克力慕斯	白色	滑	甜	覆盆子慕斯	水果装饰
夹心馅料	白巧克力慕斯	乳白色	滑	甜香	玫瑰覆盆子奶油干酪布丁	杯子装饰
夹心馅料	草莓果冻	红色	软弹	草莓味	水果合奏	水果装饰
夹心馅料	橙子藏红花啫喱	橙色	软弹	藏红花味	蜂蜜藏红花胡萝卜蛋糕	喷砂装饰
夹心馅料	覆盆子果冻	红色	软弹	覆盆子味	覆盆子慕斯	水果装饰
夹心馅料	覆盆子慕斯	粉色	滑	覆盆子味	覆盆子慕斯	水果装饰
夹心馅料	覆盆子奶油	粉色	滑	覆盆子味	覆盆子巧克力	喷砂装饰
夹心馅料	黑加仑果冻	紫黑色	软弹	黑加仑味	水果合奏	水果装饰
夹心馅料	黄油奶油	乳白色	滑	甜香	法式草莓蛋糕	水果装饰
夹心馅料	焦糖开心果	淡黄色	滑	焦香	覆盆子开心果	喷砂装饰
夹心馅料	焦糖奶油	棕色	滑	焦香微咸	焦糖苹果蛋糕	巧克力装饰
夹心馅料	焦糖香蕉	橙黄色	黏	香蕉	蘑菇蛋糕	蛋白霜与马卡龙装饰

（续）

配方类别	配件名称	色	质	味	所在产品名称	产品类别
夹心馅料	焦糖香蕉酱	橙色	滑	焦香	度思香蕉	巧克力装饰
夹心馅料	焦糖汁	棕色	硬脆	焦香	焦糖布丁	杯子装饰
夹心馅料	卡仕达酱	乳黄色	滑	甜香	紫色梦	巧克力装饰
夹心馅料	开心果黄油奶油	乳黄色	滑（厚重）	甜香	草莓开心果马卡龙	蛋白霜与马卡龙装饰
夹心馅料	芒果果冻	橙色	软弹	芒果	水果合奏	水果装饰
夹心馅料	慕斯	乳黄色	滑	甜香	度思香蕉	巧克力装饰
夹心馅料	巧克力黄油薄脆	棕黄色	脆	甜香微苦	蘑菇蛋糕	蛋白霜与马卡龙装饰
夹心馅料	青苹果果冻	绿色	软弹	青苹果味	水果合奏	水果装饰
夹心馅料	酸奶慕斯	乳白色	滑	酸甜	水果合奏	水果装饰
夹心馅料	咸焦糖黄油轻奶油	浅棕色	滑	焦香	焦糖苹果蛋糕	巧克力装饰
夹心馅料	香草巴伐露	乳黄色	滑（轻盈）	香草	蘑菇蛋糕	蛋白霜与马卡龙装饰
夹心馅料	香草柠檬慕斯琳奶油	乳黄色	滑	甜香	柠檬覆盆子马卡龙	蛋白霜与马卡龙装饰
夹心馅料	香蕉慕斯	浅棕色	滑（轻盈）	香蕉	蘑菇蛋糕	蛋白霜与马卡龙装饰
夹心馅料	香缇奶油	乳白色	黏稠	奶香	覆盆子开心果	喷砂装饰
夹心馅料	椰浆米	米白色	软（颗粒性）	甜香	椰浆米水果杯子甜点	杯子装饰
夹心馅料（烘烤型）	液态扁桃仁奶油	奶黄色	软（厚重）	甜	脆米苹果芒果挞	水果装饰
夹心馅料（烘烤型）	扁桃仁奶油	奶黄色（浅）	软（厚重）	酒香	圆顶柠檬挞	蛋白霜与马卡龙装饰
夹心馅料/表面装饰	扁桃仁达垮次底坯	烘烤色	软（颗粒性）	甜香	蒙布朗小挞	蛋白霜与马卡龙装饰
夹心馅料/表面装饰	扁桃仁奶慕斯	乳白色	滑	扁桃仁香	杏子蛋糕	巧克力装饰
夹心馅料/表面装饰	草莓	红色	多汁	草莓味	法式草莓蛋糕	水果装饰
夹心馅料/表面装饰	草莓、开心果、蓝莓	红色、绿色、蓝色	多汁	各式水果味	草莓开心果马卡龙	蛋白霜与马卡龙装饰
夹心馅料/表面装饰	草莓果酱	红色	软弹	草莓味	草莓泡芙	喷砂装饰
夹心馅料/表面装饰	法式蛋白霜	白色	脆	甜	圆顶柠檬挞	蛋白霜与马卡龙装饰
夹心馅料/表面装饰	蜂蜜打发奶油	乳白色	黏稠	奶香	焦糖苹果蛋糕	巧克力装饰
夹心馅料/表面装饰	蜂蜜慕斯	淡黄色	滑	蜂蜜	蜂蜜藏红花胡萝卜蛋糕	喷砂装饰
夹心馅料/表面装饰	覆盆子	红色	多汁	覆盆子香	柠檬覆盆子马卡龙	蛋白霜与马卡龙装饰

（续）

配方类别	配件名称	色	质	味	所在产品名称	产品类别
夹心馅料/表面装饰	覆盆子	红色	多汁	覆盆子味	玫瑰覆盆子奶油干酪布丁	杯子装饰
夹心馅料/表面装饰	覆盆子慕斯	粉色	滑（轻盈）	覆盆子味	覆盆子开心果	喷砂装饰
夹心馅料/表面装饰	覆盆子水果软糖	红色	软弹	覆盆子味	玫瑰覆盆子奶油干酪布丁	杯子装饰
夹心馅料/表面装饰	红果果酱	紫红色	软弹	酸甜	草莓泡芙	喷砂装饰
夹心馅料/表面装饰	煎苹果	棕黄色	软（颗粒性）	清香	焦糖苹果蛋糕	巧克力装饰
夹心馅料/表面装饰	焦糖打发甘纳许	乳白色	滑	甜香	度思香蕉	巧克力装饰
夹心馅料/表面装饰	开心果香缇奶油	淡黄色	黏稠	奶香	覆盆子开心果	喷砂装饰
夹心馅料/表面装饰	蓝莓果酱	紫色	软弹	蓝莓味	紫色梦	巧克力装饰
夹心馅料/表面装饰	栗子奶油	浅棕色	滑	栗子味	蒙布朗小挞	蛋白霜与马卡龙装饰
夹心馅料/表面装饰	栗子碎屑香草香缇奶油	乳白色	黏稠（颗粒感）	栗子味	蒙布朗小挞	蛋白霜与马卡龙装饰
夹心馅料/表面装饰	柠檬奶油	乳黄色	滑	柠檬味	圆顶柠檬挞	蛋白霜与马卡龙装饰
夹心馅料/表面装饰	巧克力慕斯	浅棕色	滑	甜香微苦	覆盆子巧克力	喷砂装饰
夹心馅料/表面装饰	香草香缇奶油	乳白色	黏稠	奶香	椰浆米水果杯子甜点	杯子装饰
夹心馅料/表面装饰	杏子果酱	橙色	软弹	杏子味	杏子蛋糕	巧克力装饰
夹心馅料/表面装饰	榛子酥粒	烘烤色	脆	甜香	玫瑰覆盆子奶油干酪布丁	杯子装饰
夹心馅料/蛋糕基底	热带水果泥	黄色	软弹	水果味	椰浆米水果杯子甜点	杯子装饰
夹心馅料/蛋糕基底	酸奶油	乳白色	滑	酸奶	紫色梦	巧克力装饰
夹心馅料/馅料基底	巴伐利亚脆米-脆米	乳白色	软（颗粒性）	米香	脆米苹果芒果挞	水果装饰
夹心馅料/馅料基底	打发牛奶	白色	滑	奶香	紫色梦	巧克力装饰
夹心馅料/馅料基底	黄油奶油-香草奶油	黄色	滑（厚重）	奶香	法式草莓蛋糕	水果装饰

（续）

配方类别	配件名称	色	质	味	所在产品名称	产品类别
夹心馅料/馅料基底	黄油奶油-意式蛋白霜	白色	滑（轻盈）	甜	法式草莓蛋糕	水果装饰
夹心馅料/馅料基底	卡仕达奶油	黄色	滑	甜香	蒙布朗小挞	蛋白霜与马卡龙装饰
夹心馅料/馅料基底	卡仕达奶油	乳黄色	滑	甜香	脆米苹果芒果挞	水果装饰
烤布蕾	蛋奶糊	乳黄色	软滑	甜香	烤布蕾	杯子装饰
马卡龙	马卡龙饼壳	粉红色	脆	甜	柠檬覆盆子马卡龙	蛋白霜与马卡龙装饰
马卡龙	马卡龙饼壳	红色	脆	甜	草莓开心果马卡龙	蛋白霜与马卡龙装饰
面团底坯	扁桃仁底坯	烘烤色	脆	甜香	杏子蛋糕	巧克力装饰
面团底坯	扁桃仁油酥面团	烘烤色	酥脆	甜	脆米苹果芒果挞	水果装饰
面团底坯	扁桃仁油酥挞皮	烘烤色	酥脆	甜香	蒙布朗小挞	蛋白霜与马卡龙装饰
面团底坯	布列塔尼酥饼	烘烤色	酥脆	甜香	水果合奏	水果装饰
面团底坯	甜巧克力面糊底坯	烘烤色	脆	甜香微苦	蘑菇蛋糕	蛋白霜与马卡龙装饰
面团底坯	油酥挞皮	烘烤色	酥脆	甜香	圆顶柠檬挞	蛋白霜与马卡龙装饰
面团底坯/表面装饰	油酥底坯（少麦麸）	烘烤色	硬脆	糙米味	紫色梦	巧克力装饰
泡芙	泡芙面糊	烘烤色	软韧	甜	草莓泡芙	喷砂装饰
贴面装饰	白色喷面	白色	—	—	蜂蜜藏红花胡萝卜蛋糕	喷砂装饰
贴面装饰	橙色镜面淋面	橙黄色	滑	甜	杏子蛋糕	巧克力装饰
贴面装饰	黑色喷面	棕黑色（深棕）	—	—	覆盆子巧克力	喷砂装饰
贴面装饰	红色镜面	红色	滑	覆盆子味	法式草莓蛋糕	水果装饰
贴面装饰	红色喷面	红色	—	—	覆盆子开心果	喷砂装饰
贴面装饰	红色喷面	红色	—	—	草莓泡芙	喷砂装饰
贴面装饰	黄色中性淋面	黄色	滑	甜	圆顶柠檬挞	蛋白霜与马卡龙装饰
贴面装饰	镜面果胶	透明色	滑	甜	蒙布朗小挞	蛋白霜与马卡龙装饰
贴面装饰	蓝莓淋面	紫色	滑	蓝莓味	紫色梦	巧克力装饰
贴面装饰	淋面	红色	滑	覆盆子味	覆盆子慕斯	水果装饰
贴面装饰	巧克力配件	黄色、白色、棕色	硬	苦甜、甜	度思香蕉	巧克力装饰
贴面装饰	巧克力配件	浅黄色	硬	甜	杏子蛋糕	巧克力装饰
贴面装饰	无色淋面	透明色	滑	甜	水果合奏	水果装饰
贴面装饰	中性淋面	红色	滑	甜	覆盆子巧克力	喷砂装饰